食品酶技术
及其实践应用研究

魏　涛◎著

中国水利水电出版社
www.waterpub.com.cn
·北京·

内 容 提 要

本书在论述食品酶技术基本理论的基础上，较为全面地阐述了酶技术在食品工业各领域中的广泛应用，主要内容包括：酶学基础理论、酶的合成与发酵生产技术、酶的提取与分离纯化技术、酶固定化技术、酶分子改造和修饰、食品工业中常见酶及其应用、酶技术在食品领域的应用等。

本书融合大量的实际应用和酶领域最新技术，理论与实践相结合，实用性强，并融科学性、前沿性、系统性和通俗性于一体，具有较强的可读性，可供食品科研、食品生产等部门的有关技术人员参考使用。

图书在版编目(CIP)数据

食品酶技术及其实践应用研究/魏涛著. — 北京：中国水利水电出版社，2018.8 （2024.1重印）

ISBN 978-7-5170-6881-5

Ⅰ.①食… Ⅱ.①魏… Ⅲ.①食品工艺学－酶学－研究 Ⅳ.①TS201.2

中国版本图书馆CIP数据核字(2018)第215643号

书　　名	食品酶技术及其实践应用研究 SHIPINMEI JISHU JI QI SHIJIAN YINGYONG YANJIU
作　　者	魏　涛　著
出版发行	中国水利水电出版社 （北京市海淀区玉渊潭南路1号D座 100038） 网址：www.waterpub.com.cn E-mail：sales@waterpub.com.cn 电话：(010)68367658(营销中心)
经　　售	北京科水图书销售中心(零售) 电话：(010)88383994、63202643、68545874 全国各地新华书店和相关出版物销售网点
排　　版	北京亚吉飞数码科技有限公司
印　　刷	三河市元兴印务有限公司
规　　格	170mm×240mm　16开本　17印张　220千字
版　　次	2019年3月第1版　2024年1月第3次印刷
印　　数	0001—2000册
定　　价	82.00元

前　言

人们对酶的认识起源于对发酵机理的探索。100年前，法国著名微生物学家巴斯德对酒精的发酵机理作出了理论的解释，他认为酒精的发酵是酵母活细胞引起的，并提出了“生机论”的观点，对此观点，有人提出了异议。1897年，德国生物学家巴赫纳兄弟使用石英砂磨碎酵母细胞，过滤后得到酵母细胞抽提物，添加蔗糖后发现，酶离开活细胞也可以起到催化作用，这一发现具有划时代意义。此后，人们对酶的认识进一步加深，酶的催化功能以及酶的蛋白质本性相继被发现。

现代酶学研究的是酶在细胞内的生物合成机理、酶的发酵生产及调节控制、酶分子提纯、酶的作用特性与反应动力学、酶的催化作用机制、酶的固定化技术、酶的分子修饰、酶的蛋白质分子改性以及酶的应用。本书从现代酶学出发，系统阐述了食品酶技术以及其应用研究。全书分为8章，分别是绪论、酶学基础理论、酶的合成与发酵生产技术、酶的提取与分离纯化技术、酶固定化技术、酶分子改造和修饰、食品工业中常见酶及其应用、酶技术在食品领域的应用。第一部分为绪论，着重讲述酶的发展历程以及酶的分类与命名。第二部分包括第二章至第六章，讲述的是酶学的基础，主要包括酶的催化机理、酶的生物合成过程与酶的分离、纯化、固定化与修饰等技术，这部分为本书的重点。第三部分包括第七章、第八章，主要讲述了食品工业中常见的酶以及酶在食品产业化过程中的应用。

除了食品领域，酶在医药、轻工、化工、环境保护、生物技术方面都有广泛的应用，可见酶的作用是十分巨大的，可以肯定，酶的应用还将进一步扩展。

本书在撰写过程中，参考了大量的文献和资料，在此我对本书的参考文献的作者表示衷心的感谢。

由于作者水平有限，写作过程中难免有疏漏和不足之处，望广大读者见谅，还希望你们能够提出宝贵的意见，谢谢你们！

作　者

2018 年 6 月

目　录

第一章　绪　论

现代生活中琳琅满目的食品，其最初的加工原料主要来源于生物材料。生物，无论动物、植物还是微生物，区别于非生物的核心特征是其具有生命活动，新陈代谢是生命活动最重要的特征。新陈代谢中各种化学反应都是在酶的作用下进行的，酶是促进一切代谢反应的物质，没有酶，代谢就会停止，生命也即停止。

酶工业是现代工业的重要组成部分，在食品工业领域，酶制剂的生产和应用具有非常重要的地位：食品原料的贮藏、保鲜、改性，食品加工工艺的改进，食品品质的提高等都离不开酶学与酶工程。因此，研究学习食品酶学与酶工程的理论与技术具有重要的理论及实践意义。

第一节　酶的概况

人们对于酶的认识和酶学的发展起源于人类的生产实践，在生产劳动过程中，人们逐渐意识到酶的作用，于是酶的理论研究也就随之产生并发展起来。

酶的应用可以追溯到几千年前，但对酶的真正发现和对酶本质的认识直到 19 世纪中叶才开始起步，随着现代科技的发展和人们对酶本质认识的不断深化，酶的定义也不断变化。Dixon 和 Webb 在 1979 年的著作中对酶定义为："酶是一种由于其特异的活性能力而具有催化特性的蛋白质。"综合 20 世纪 80 年代之前的研究结果，这可能是最好、最科学的定义，它不但明确了酶的蛋白质属性及其具有的特殊生物催化功能，而且也是一个有实用价值的定义，通过此定义可以研究酶的活性原理和应用，特别是与现在和将来食品工业中酶的应用有关的一些基本问题。但在20世纪80年代初，Cech和Ahman等分别发现了具有催化功能的RNA-核酶(ribozyme)，不但打破了酶是蛋白质的传统观念，开辟了酶学研究的新领域，同时基于这一研究结果，酶的定义也须做一定的修改。因此有理由重新对酶下一个更加科学的定义：酶是由生物活细胞所产生的、具有高效和专一催化功能的生物大分子。需要指出的是“酶”的传统术语还将在一般情况下使用，特别是以蛋白质的特性来描述生物催化作用时，尤其在食品工业中现在和可预见的将来所使用的所有酶都是蛋白质。

第二节　食品酶学的定义及发展

一、食品酶学的定义

食品酶学(food enzymology)是酶学基本理论在食品工业与技术中应用的科学，是酶学的一个重要分支学科。酶学是生物科学和食品科学的基础，懂得酶学才能理解酶在动植物原料及其加工过程中的变化和作用，才能理解食物在体内的生理作用和营养功能。此外，酶对食品质量(包括食品的感官指标、理化指标及卫生要求等)的影响是很大的，有可能产生好的效果，也有可能产生坏的作用。食品酶学主要内容包括酶学基础理论、食品工业中应用的水解酶类、食品工业中应用的氧化酶类及其他酶类等。

食品酶学的重要特点是基础酶学和食品工程学相互渗透，它是将酶学、食品微生物学的基本原理应用于食品工程并与酶工程有机结合而产生的交叉科学技术。酶学、食品酶学与酶工程三者含义有所不同，但它们之间又能有机联系、互相渗透。特别是现代生物工程的兴起和发展，极大地丰富了酶学和食品酶学的研究内容。酶工程(enzyme engineering)是生物工程的重要组成部分，是从规模生产角度，采用酶催化技术，在生物反应器中控制性地将原料成分转化为人类所需要产品的工程技术。

当今，酶工程的发展日新月异，并与现代基因工程(gene engineering)、蛋白质工程(protein engineering)、发酵工程(fermentation engineering)和细胞工程(cell engineering)紧密结合，对于改良产酶的菌种和采用细胞固定化技术等新技术，改造传统的食品、发酵、医药和环保工业等均起着越来越重要的作用。从现代酶工程发展角度而言，酶工程又可分为化学酶工程和生物酶工程。前者包括固定化酶(细胞)、酶的化学修饰和有机溶剂中酶的催化作用等内容，而后者则包括核酸酶、酶分子定向进化和抗体酶等。总之，酶学与酶工程将为改造传统的食品工业、发展社会经济提供极大的帮助。

二、食品酶学发展简史

任何一门科学都有其一定的形成和发展历程，而且与其他科学的发展紧密相关。食品酶学的发展，可划分为史前时期、近代发展、现代食品酶学发展3个时期。

(一)史前时期

人类应用酶的催化作用的历史可谓源远流长。我国早在夏禹时代已盛行酿酒，“曲”(即今天的酶)的发现功不可没。另据记载，公元前12世纪能制饴、制酱。《书经》记载“若作酒醴，尔惟曲蘖”，“曲”是指长霉菌的谷物，“蘖”是指谷芽。《左传》一书也记载有用“曲”“蘖”治病等内容。

现代科学证明，“曲”和“蘖”均富含淀粉酶、糖化酶及附着天然的酵母菌，可以将淀粉水解成发酵性糖，再由酵母发酵成酒精。用大豆制酱是我国先民对人类文化的一个伟大贡献，秦汉以前的人们已掌握了利用微生物制造美味豆酱的技术。而饴糖是麦芽淀粉酶作用于淀粉分子使之转变而成的，近 3 000 年前的《诗经·大雅》中提到了“饴”字。到了北魏，贾思勰著的《齐民要术》已详细叙述了制曲和酿酒的技艺。我国制曲技艺先后传至朝鲜、日本、印度和东南亚各国。日本著名科学家坂口谨一郎认为，“中国制曲应用于酿酒，可与中国古代四大发明相媲美”。这些都说明酶学起源于我国古代劳动人民的生产实践和中华民族光辉灿烂的历史文化。

(二)近代发展

1876 年德国学者 Kühne 首先引用“enzyme”一词。1897 年 Büchner 兄弟俩阐述了酵母酒精发酵及离体酶的作用，这一科学的发现为酶制剂产业化奠定了理论基础。1902 年 Pekelharing 提取出胃蛋白酶。1909 年德国 Rohm 制取胰酶应用于制革，并用于洗涤剂。1908 年法国学者 Boidin 制得了细菌淀粉酶，用于纺织退浆。1911 年美国 Wallestein 制得木瓜蛋白酶，用于啤酒澄清。1926 年美国 Sumner 从刀豆中制得结晶脲酶，证实酶的化学本质是蛋白质，为研究酶学奠定了基础。

从 20 世纪 30 年代开始酶学发展很快。1930—1936 年，Northrop 等人制取出胃蛋白酶、胰蛋白酶和胰凝乳蛋白酶的结晶。Hill 和 Meyerhof 等提出了糖酵解途径；Krebs 等人发现了三羧酸循环及脂肪酸氧化降解途径，并指出这些复杂的新陈代谢途径是由一系列酶催化而实现的。

随着生化技术不断进步，新酶的不断发现和开发，人们对于酶作为工业催化剂的价值有了认识，并且了解到许多酶是可以用微生物发酵生产的。随后，特别是第二次世界大战后抗生素工业的兴起，酶制剂在食品、医疗、化工和环境等领域的应用，酶制剂工业才有了飞跃发展。

(三)现代食品酶学发展

20 世纪中叶，已由微生物发酵制得了酶制剂，并在工业上大规模应用。1949年，由于日本采用深层培养法生产细菌α-淀粉酶获得成功，酶制剂进入工业化生产阶段。此后，蛋白酶、果胶酶、转化酶等相继投入市场。1959年，由于采用葡萄糖淀粉酶催化淀粉的新工艺研究成功，彻底改变了原来葡萄糖生产中需要的高温高压的酸水解工艺，这项改革的成功，大大促进了酶在工业上的应用发展。1969年日本第一次将固定化酶成功地应用于工业生产，标志着酶工程的诞生。进入20世纪70年代，酶和细胞的固定化技术已用于分析和临床化验。1970年美国的Smith发现了限制性内切酶。1971年召开第一届酶工程国际学术研讨会，统一规定固定化酶即一种修饰酶，并将其称为第二代酶工程。随后又有以固定化多酶反应器为特点的第三代酶工程。再然后，便出现了“化学酶工程”“生物酶工程”“分子酶工程”或“酶分子工程”等术语；同时由于基因工程的鹊起，又有“工程酶”这一术语出现。1982年，T. Cech发现了他称之为ribozyme的RNA催化剂(核酶)。至20世纪90年代初，新的研究热点如抗体酶或催化抗体的研制，酶在非水介质中的反应的研究，溶剂工程研究，杂合酶、进化酶研究等，频频登台。现代酶工程的概念因此应运而生。1994年，A. Break等又发现了可以切割RNA的DNA酶，并称为deoxyribozyme(脱氧核酶)。近20年来，由于蛋白质工程、基因工程和计算机信息等技术的发展，使酶工程技术得到了迅速发展和应用。

现代食品酶学发展有如下几个新的突破：

1. 酶及细胞固定化技术的开发应用

作为一种催化剂，在催化过程中自身不发生变化，可以反复使用。但是酶是水溶性的，不易回收，其提纯比较困难，有些酶反应尚需三磷酸腺苷(ATP)及辅酶，后者价格昂贵，这些都限制了酶的使用范围。若用物理或化学方法将酶与不溶性载体结合而固定化，便可以从反应体系中回收而重复使用，并且可以装入反应器进行连续化反应，那么不仅酶不会进入产品，而且可以节约酶的用量,有利于产品的提纯,反应器也可大大缩小。

2.基因工程与高新技术的应用

20世纪50年代初分子生物学的诞生,70年代初基因工程的诞生和生物工程的兴起,大大地推动了食品酶工程的发展。当今,许多产酶微生物菌种的选育不仅靠传统的物理、化学方法,而且采用基因工程技术改造的菌种,其产酶活力及其稳定性远远超过传统方法改造的菌种。世界上最大的酶制剂生产企业诺维信(Novozyme)公司所生产的酶制剂约有75%以上是通过基因工程改造过的菌种(称为工程菌)生产的。同时酶的分子修饰及提高酶的稳定性,其最新研究成果也离不开基因工程和蛋白质工程等高新技术的应用。

3.传统的生物催化剂理论受到挑战

在20世纪80年代初以前,学术界一直认为,酶的化学本质是蛋白质。但是,1982年美国科罗拉多大学博尔德分校的Thomas Cech研究四膜虫(tetrahynena)细胞内26s rRNA转录加工时发现,并一再研究证实RNA也具有催化活性,从而改变了酶化学本质的传统概念。

核酶的结构改性和固定化技术也已陆续有成功的报道,并已在工业上、医学上获得应用。例如,将核酶构建于特定载体上,在爪蟾卵母细胞、Hela细胞等已表达成功,产生的核酶能阻断特定基因(氯霉素酰基转移酶基因等)的表达,在医疗保健等领域具有应用前景。

4.抗体酶的发现

1986年美国R. A. Lerner研究组、P. G. Schutz研究组研究发现有一种具有催化功能的抗体分子,这种分子称为抗体酶(abzyme),它是antibody与enzyme的组合词。抗体酶又称为催化性抗体(catalytic antibody)。

随着抗体酶研究的发展，将进一步拓宽催化反应和蛋白质改性的应用范围，特别是对那些天然酶不能催化的反应，则可制备抗体酶来进行催化。在医学上可用于诊断和治疗，在有机合成中抗体酶可解决外消旋混合物对映体的拆分等难题，也可应用于生物传感器和食品安全的检测。现在，抗体酶技术已受到国内外高度重视，美国 IGEN 公司已实现抗体酶技术商品化。

5. 酶的非水相催化作用

1984 年美国麻省理工学院以 Klibanov 教授为首的研究小组，建立了非水酶学(nonaqueous enzymology)分支学科，在界面酶学和非水酶学的研究取得突破性进展，极大地促进了脂肪酶多功能催化作用的开发。随着油脂加工业的发展和脂肪食品的开发，有机相的生物催化成为当今酶工程的研究热点。

6. 酶的定向进化改性研究

当今，蛋白质工程对酶的修饰改造引起广泛关注，从定位突变到定向进化取得一系列研究成果。研究表明，通过酶的定向进化，在体外进行基因的人工随机突变，建立突变基因文库，在人工控制条件的特殊环境下，定向选择得到具有优良催化特性酶的突变体的技术过程。2004 年 A. Aharoni 等采用基因家族分子重排定向进化技术使大肠杆菌磷酸酶活力提高 40 倍。

7. 新酶源开发和极端酶的研究

自然界中有数亿种微生物，但是，人们已经发现和正在利用生产酶的微生物还不到 1%。近年来，人们从生产实践出发，非常重视新酶源的开发。同时，对极端环境微生物，特别是对耐高温微生物生产酶的开发，并在生产过程中应用具有重要学术价值和经济意义。

8. 酶在食品行业的应用促进酶工程产业化的形成和发展

20 世纪 70 年代初，美国实现酶的固定化应用于玉米淀粉酶促降解转化为高果糖浆，并应用于饮料代替蔗糖作为甜味剂。70年代末，我国成功地采用α-淀粉酶和糖化酶“双酶法”代替酸法从淀粉水解生产葡萄糖，彻底革除了原来葡萄糖生产中需要高温高压的酸水解工艺。后来，又相继成功地采用酶法生产麦芽糖、超高麦芽糖、功能性寡糖等。同时，大规模开展了固定化细胞、增殖性固定化研究并根据酶反应动力学理论，研究设计了多种类型的酶反应器，逐渐形成了较完整的酶工程。

9.酶工程在节能减排、循环经济和“三废处理”等方面应用的突破性进展

除汽油外，乙醇也是重要能源。在世界性的石油危机面前，乙醇汽油(在汽油中掺入10%乙醇)受到越来越多的关注。纤维素是最丰富的再生资源，植物通过光合作用利用太阳能生产大量的纤维素类物质。20世纪70年代开始进行纤维素酶的开发和应用，现在已能成功地应用纤维素酶把一些纤维废弃物如稻草、麦秸、锯木屑和蔗渣等转化为葡萄糖，然后再用酵母菌进行酒精发酵。

食品企业存在着大量“三废”(废气、废水和废渣)。大豆蛋白制品厂在加工生产分离蛋白后，剩余的“下脚料”含有丰富的可溶性膳食纤维，现在已能采用酶法分离并喷雾干燥制成优质的可溶性膳食纤维，应用于各种保健食品的生产。此外，屠宰和禽畜加工厂有大量的骨骼下脚料，同样可采用酶工程技术制备出各种营养品，如骨蛋白、骨奶、骨粉、骨素和骨泥食品，均可“变废为宝”。

第三节　酶的分类和命名

酶(enzyme)在希腊语里是存在于酵母中(in yeast)的意思。也就是在酵母中各种各样进行着生命活动的物质被发现，然后被这样命名。但是酶不等于酵母。酵母是单细胞微生物，内含有许多酶，酵母具备细胞组织。

一、酶的分类

(一)蛋白类酶的分类

作为大的分类,酶类分为“分解系酶”和“合成系酶”。为了区分身体组织内和身体组织外被使用的酶,称在身体组织内被使用的酶为“代谢酶”,称在肠胃内等身体组织外被使用的酶为“消化酶”。在生物化学上,国际酶学委员会(IEC)规定,按酶促反应的性质,可把酶分成六大类,分别用1、2、3、4、5、6的编号来表示,依次为氧化还原酶、转移酶、水解酶、裂解酶、异构酶和合成酶六大类。再根据底物分子中被作用的基团或键的特点,将每一大类分为若干个亚类,每一亚类又按顺序编为若干亚亚类。均用1、2、3、4……编号,见表1-1。

表1-1　酶的国际系统分类原则

第1位数字(大类)	反应的本质	第2位数字(亚类)	第3位数字(亚亚类)	占有比例/%
1.氧化还原酶类	电子、氢转移	供体中被氧化的基团	被还原的受体	27
2.转移酶类	基团转移	被转移的基团	被转移的基团的描述	24
3.水解酶类	水解	被水解的键:酯键、肽键等	底物类型:糖苷、肽等	26
4.裂解酶类	键裂开*	被裂开的键:C—S,C—N等	被消去的基团	12
5.异构酶类	异构化	反应的类型	底物的类别,反应的类型和手性的位置	5
6.合成酶类	键形成并使ATP裂解	被合成的键:C—C、C—O等	底物类型	6

*键裂开指的是非水解地转移底物上的一个基团而形成双键及其逆反应。

1. 氧化还原酶类

氧化还原酶类指催化底物进行氧化还原反应的酶类，可分为氧化酶和还原酶两类。例如：乳酸脱氢酶、细胞色素氧化酶、过氧化氢酶等，反应通式为

$$AH_2+B \rightleftharpoons A+BH_2$$

(1)氧化酶类。

催化底物脱氢，氧化并生成 H_2O_2 或 H_2O。

$$A \cdot 2H+O_2 \leftrightarrow A+H_2O_2$$

$$2A \cdot 2H+O_2 \rightarrow 2A+H_2O$$

(2)脱氢酶类。

催化直接从底物上脱氢的反应。

$$A \cdot 2H+B \rightarrow A+B \cdot 2H$$

2. 转移酶类

转移酶类催化某一化合物上的某一基团转移到另一个化合物上，反应通式为

$$AB+C \rightleftharpoons A+BC$$

该大类酶根据其转移的基团不同，分为 8 个亚类。每一亚类表示被转移基团的性质。如转移氨基、羰基、酰基、磷酸基等。

3. 水解酶类

水解酶类指催化底物发生水解反应的酶类，如淀粉酶、蛋白酶、脂肪酶等。这类酶在体内担负降解任务，其中许多酶集中于溶酶体，反应通式为

$$AB+H_2O \rightleftharpoons AH+BOH$$

碱性磷酸酯酶专一性较低，在碱性 pH 下能作用于各种底物。

4. 裂解酶类

裂解酶类指催化一个底物分解为两个化合物或两个化合物

合成为一个化合物的酶类，是酶促底物基团的非水解性移去的酶类。凡能催化底物分子中 C—C(或 C—O、C—N 等)化学键断裂，断裂后，分子底物转变为 2 分子产物的酶，均称为裂解酶，反应通式为

$$AB \rightleftharpoons A+B$$

这类酶催化的反应多数是可逆的，由左向右进行的反应是裂解反应，由右向左是合成反应，所以又称为裂合酶。如柠檬酸合成酶、醛缩酶、脱羧酶、脱氨酶等。

5.异构酶类

异构酶能催化底物分子发生几何学或结构学的同分异构变化，反应通式为

$$A \rightleftharpoons B$$

常见的异构酶有顺反异构酶、表异构酶、变位酶和消旋酶。异构酶所催化的反应都是可逆的。糖酵解中的异构酶有磷酸葡萄糖变位酶、磷酸丙糖异构酶及磷酸甘油酸变位酶。

6.合成酶类(连接酶类)

合成酶类是催化两个分子连接在一起，并伴随有 ATP 分子中的高能磷酸键断裂的一类酶，又称连接酶，反应通式为

$$A+B+ATP \rightarrow AB+ADP+Pi$$

$$A+B+ATP \rightarrow AB+AMP+PPi$$

此类反应多数不可逆。反应式中的 Pi 或 PPi 分别代表无机磷酸与焦磷酸。反应中必须有 ATP(或 GTP)等参与。常见的合成酶有丙酮酸羧化酶、谷氨酰胺合成酶、谷胱甘肽合成酶等。

如乙酰 CoA 合成酶(EC 6.2.1.1)反应通式为

$$CH_3COOH + CoASH \xrightleftharpoons[\text{(催化 C—S 键连接)}]{\text{乙酰 CoA 合成酶}} CH_3C(=O){\sim}SCoA$$

合成酶类包括生成 C—O、C—S、C—N、C—C 和磷酸酯键 5 个亚类。

(二)核酸类酶的分类

自1982年以来,被发现的核酸类酶(ribozyme,R-酶)越来越多,对它的研究也越来越深入和广泛,但由于历史不长,对于其分类和命名还没有统一的原则和规定,已形成的分类方式有以下几种:

根据酶催化反应的类型,可以将R-酶分为3类:剪切酶、剪接酶和多功能酶。

根据酶催化的底物是其本身RNA分子还是其他分子,可以将R-酶分为分子内催化(incis,或称为自我催化)和分子间催化(intrans)两类。

根据R-酶的结构特点不同,可分为锤头形R-酶、发卡形R-酶、含Ⅰ型IVS R-酶、含Ⅱ型IVS R-酶等。

二、酶的命名

(一)国际系统命名法

1961年国际生物化学和分子生物学学会以酶的分类为依据,提出系统命名法,规定每一个酶有一个系统名称,它标明酶的所有底物和反应性质。各底物名称之间用“:”分开。如草酸氧化酶,因为有草酸和氧两个底物,用“:”隔开,又因是氧化反应,所以其系统命名为草酸:氧氧化酶,如有水作为底物,则水可以不写。有时底物名称太长,为了使用方便,从每种酶的习惯名称中,选定一个简便和实用的作为推荐名称,可从手册和数据库中检索。

系统命名的原则是相当严格的,一种酶只可能有一个名称,不管其催化的反应是正反应还是逆反应。当只有一个方向的反应能够被证实,或只有一个方向的反应有生化重要性时,就以此方向来命名。有时也带有一定的习惯性,例如在包含有NAD^+和NADH相互转化的所有反应中($DH_2+NAD^+=D+NADH+$

H^+)，命名为 DH_2：NAD^+ 氧化还原酶，而不采用其反方向命名。

(二)习惯名或常用名

采用国际系统命名法所得酶的名称往往很长，使用起来十分不便。时至今日，日常使用最多的还是酶的习惯名称。因此，每一种酶除有一个系统名称外，还有一个常用的习惯名称。1961 年以前使用的酶的名称都是习惯沿用的，称为习惯名(recommended name)。其命名原则如下：

(1)根据酶作用的底物命名，如催化淀粉水解的酶称淀粉酶，催化蛋白质水解的酶称蛋白酶。

(2)根据酶催化的反应类型来命名，如水解酶催化底物水解，转氨酶催化一种化合物的氨基转移至另一化合物上。

(3)有的酶将上述两个原则结合起来命名，如琥珀酸脱氢酶是催化琥珀酸氧化脱氢的酶，丙酮酸脱羧酶是催化丙酮酸脱去羧基的酶等。

(4)在上述命名基础上有时还加上酶的来源或酶的其他特点，如碱性磷酸酯酶等。

第四节 我国食品加工用酶制剂企业良好生产规范

一、适用范围

食品用酶制剂，也称为食品加工用酶制剂、食品工业用酶制剂、食品酶制剂，是作为加工助剂用于食品生产加工的酶制剂产品。我国《食品加工用酶制剂企业良好生产规范》(GB/T 23531—2009)，由国家质量监督检验检疫总局、国家标准化管理委员会于 2009 年 4 月 27 日发布，2009 年 11 月 1 日开始实施。该标准适用于食品加工用酶制剂生产企业的设计、建造、改造、生产管理和技术管理。

二、基本要求

(一)厂区环境

(1)厂房应建在周围环境无有碍食品卫生的区域,厂区周围应清洁卫生,无物理、化学、生物等污染源,不存在害虫滋生环境。

(2)厂区内路面坚硬平整,有良好排水系统,无积水,主要通道铺设水泥等硬质路面,空地应绿化。

(3)厂区内应没有有害(毒)气体、煤烟或其他有碍卫生的设施。

(4)厂区内不应饲养与生产加工无关的动物。

(5)卫生间应有冲水、洗手、防蝇、防虫、防鼠设施。

(6)应有合理的供水、排水系统。废弃物应集中存放,远离车间并及时清理出厂。

(7)应建有与生产能力相适应的原料、辅料、成品、化学物品、包装物料等的储存设施并分开设置。

(8)应按工艺要求布局,生产区与生活区隔离,锅炉房应远离车间,并设在下风向位置。

(9)生产用水和污水的管道不得形成交叉,且易于辨认。

(10)厂区如有员工宿舍和食堂,应与生产区域隔离。

(二)人员管理和培训

1.健康状况

从事食品用酶生产的人员应身体健康、无不良嗜好,如果具有以下的一种或更多种症状或疾病(化脓的伤口;发烧(>38℃);沙门氏菌感染;超过两天的腹泻;黄疸),应停止生产操作,直到恢复健康。

2.个人卫生

(1)应保持良好的个人卫生和健康习惯。

(2)在工作岗位上不得有妨碍生产操作和产品安全的行为。在生产及仓储区域不得饮食、吸烟和咀嚼口香糖等。

(3)食品加工用酶区域内生产操作工应穿戴干净的工作服/帽/鞋。易掉落的东西应放在腰部以下的口袋中。不允许穿短裤/短裙。

进行开放性操作的区域不允许佩戴不牢靠的饰品,如项链、耳环、手表、有镶嵌物的戒指等。

进行任何接触产品或设备内表面的操作时,应佩戴干净的新的一次性手套(防渗透材料)。劳保手套应保持清洁。

(4)在进行开放性操作的区域,蓄须的操作人员应佩戴胡须罩。

3.外部人员

(1)制定外部人员的管理制度。

(2)进入食品加工用酶生产、加工和操作处理区的外部人员,应穿防护工作服并遵守本章中其他的个人卫生要求。

4.教育和培训

(1)企业应建立各级人员的定期培训制度,并设立考核机制,持证上岗。

(2)新进入企业的人员应根据工作岗位分别进行上岗培训和生产基本知识的相关培训,经考核合格后,方可上岗工作。

(3)企业员工应定期进行生产和食品安全理论知识培训,并对培训和培训效果进行评估。

(4)培训应有记录,并存档。

(三)工艺和控制

1.总体要求

(1)所有涉及食品加工用酶制剂的各工序的操作应按特定的卫生程序进行,并应包含在各公司/部门的质量文件中。

(2)应对相关生产过程制定操作规程。对实际操作加以记录,由专人定期检查,并规定相关记录的保留时间。

(3)所有物料或产品均应有标识以确保其完成的可追溯性。

(4)应在关键工艺控制点采取必要的检测手段来识别卫生问题或可能的污染。包装材料经批准才可用于食品。

(5)对定期清洁任务及日常车间清洁应做出程序化的书面的计划并记录存档。

(6)至少每季度应进行一次由多部门代表组成的小组开展的内部 GMP 检查。检查情况应进行记录存档。

2.发酵过程

(1)发酵罐、种子罐、管路、设备应保持清洁。保持生产环境的清洁,避免生长霉菌和其他杂菌。软管、跨接管等临时设备,使用前/后应及时清洗、消毒,防止污染。

(2)菌种管理需制定严格的操作制度,菌种保存、扩大培养的生产过程应做到无菌操作,人员需进行微生物和菌种相关知识的培训,并具有相关技能。

(3)发酵过程应制定操作规程,实际操作应进行记录,生产负责人或工艺管理人员应定期对记录进行检查,应有书面规定记录的留存时间。

3.发酵后加工过程

(1)发酵后加工车间的墙壁、地面以及设备、工器具、管路应保持清洁,避免生长霉菌和其他杂菌。间断使用须用清洗剂、消毒剂彻底清洗、消毒。

(2)加工助剂和添加剂应严格按国家规定采购和使用。

4.包装过程

(1)包装材料应符合国家有关标准的规定。

(2)包装材料在使用前应避免受到污染。包装过程中应避免引入异物。

(四)成品储存和运输

(1)成品储存及运输使用的车辆/机械应可以有效地保护成品不受到化学、物理及微生物的污染。

(2)仓库应经常清理,储存物品不得直接放置在地面。成品仓库应按生产日期、品名、包装形式及批号分别堆置,应设明确标识,并做记录。

(3)为确保成品质量,应定期查看,如有异常情况需进行处理。

(4)每批成品应经检验,确实符合产品质量标准后,方可出货,并遵行"先进先出"的原则。

(5)成品的储存应有存量记录,成品出厂应做出货记录。内容应包括批号、出货时间、地点、对象、数量等,便于质量追踪。

(6)对于有外包装的成品,运输车辆应适合成品的运输,便于清洁,并且不得运输可能污染成品的非食品级物料。对于散装成品的运输,运输车辆应是专门用于食品级物料的车辆,在装卸成品前应检查车辆/容器的卫生情况,并做相关记录。

第五节　食品酶技术的发展前景

现代生物工程技术发展迅猛,正在引发一场全球范围的新技术革命浪潮。现代生物技术在食品领域所起的作用是传统技术无法比拟的,食品生物工程技术包括食品酶技术已成为食品工业的支柱,是未来发展最快的食品工业技术之一,具有广阔的发展前景和美好的未来。

现代食品酶技术的发展前景可以归纳为以下 5 个方面:

一、基础研究更加深入

基础研究的任务是要更深入地揭示酶的结构和功能的关系、酶的催化机制与调节机制、酶基因的克隆与酶表达特性以及酶与食品品质的关系等。近 20 年来有不少酶的作用机制被阐明。随着 DNA 重组技术及聚合酶链式反应(PCR)技术的广泛应用,酶结构与功能的研究进入了新阶段。只有具有了良好的基础研究成果,才能进一步设计酶、改造酶,为酶在食品领域中的应用奠定坚实的基础。

二、应用领域更加广泛

在食品工业中的各个环节(如原料品质改良、储藏保鲜、食品加工、食品分析等)酶无论是对传统产品(如发酵食品等)还是对新型产品(如功能食品等)都起着越来越重要的作用。

三、酶工程日益成为食品酶学的重点

酶工程的任务是更经济有效地进行酶的生产、制备与应用,将基因工程、分子生物学成果用于酶的生产,进一步开发固定化酶技术与酶反应器。

四、基因工程等新技术的促进

基因工程等新技术的运用正在成为食品酶学发展的推动力,并已经深刻地促进了食品酶学的发展。例如,改良面包酵母菌种是酶基因工程应用于食品工业中的第一个例子。其原理是将具有较高活性的酶基因转移至面包酵母(saccharomyces cerevisiae)中,使面包酵母显著地提高麦芽糖透性酶(mahose permease)及麦芽糖酶(maltase)的活性,面团发酵时可产生大量的 CO_2,形成膨发性能良好的面团,从而提高面包质量和生产效率。

五、开发食品领域应用的新酶源

全世界工业用酶的销售可达 20 亿美元,但是大部分的酶主要应用在非食品领域,如洗衣粉和动物饲料等行业。在食品中应用的酶大约只占整个酶市场的 25%。此外,现在食品生产领域广泛应用的酶也主要集中在几类传统的水解酶上,如凝乳酶用于生产奶酪已有几十年的历史。但是令人高兴的是,传统酶的新应用和一些新开发的酶将会在食品行业中发挥巨大的作用。

可以预期,在 21 世纪,食品酶技术作为食品生物工程技术的一个重要组成部分,充满生机,发展迅速,前景光明。酶将在食品工业中得到更加广泛的应用,促进食品工业的迅速发展。

第二章　酶学基础理论

酶在生命现象的化学过程中起着催化剂的作用。酶学基础理论主要包括酶的催化特性、酶的结构与功能、酶作用的专一性机制、酶的催化作用机制、酶促反应动力学、酶活力及其测定等，是对酶自身研究的主要内容，也是酶的进一步深入应用的前提。

第一节　酶的特性

酶的化学本质是蛋白质。酶也和蛋白质一样会受到某些物理、化学因素作用而发生变性，失去活力。酶分子质量较大，具有胶体性质，一般不能透过半透膜。酶也能被蛋白酶水解。酶催化反应具有高效性。1 个酶分子在 1 min 内能引起数百万个底物分子转化为产物，酶的催化能力比一般催化剂的催化能力大 10^7～10^{13}倍。酶催化反应的另一个特点就是酶对底物高度的专一性：一种酶只能催化一种或一类物质反应，即酶是一种仅能促进特定化合物、特定化学键、特定化学变化的催化剂。酶可以在常温常压及温和的酸碱度条件下进行催化反应，可以简单地用调节 pH、温度或添加抑制剂等方法来调节控制酶反应的进行。有些酶的作用还具有需要辅因子（包括辅酶、辅基和金属离子）的参与等特点，与酶的催化活性密切相关：若将它们除去，酶就失去活性。

第二节 酶的结构与功能

大分子物质的特定空间构象决定其生物学功能，酶的空间构象也决定其催化功能。1926 年 J. B. Summer 首次把脲酶提纯为结晶，其后，J. H. Northrop 及 Willstatter 等相继分离提纯多种酶为结晶。到目前为止，有上千种酶已提纯为结晶，有数百种已采用现代物理方法确定其空间构象，这为阐明酶分子结构与催化功能关系提供了依据。

一、酶的成分组成

(一)酶蛋白

酶与其他蛋白质一样，由氨基酸构成，具有一、二、三、四级结构及与蛋白质一样的理化性质。

有些酶属于简单蛋白质，它们只由蛋白质组成，不含其他成分。例如，脲酶、蛋白酶、淀粉酶、脂肪酶、核糖核酸酶等一般水解酶类都属于这种类型的酶，它们的催化活性仅取决于其蛋白质结构。另有一些酶属于结合蛋白质，其分子组成中除了蛋白质外，还有对热稳定的非蛋白质小分子物质。其蛋白质部分称为酶蛋白(apoenzyme)，非蛋白质成分称为辅因子(cofactor)，只有二者结合的复合物才具有催化活力，称为全酶(holoenzyme)。

(二)辅酶或辅基

与酶蛋白结合较松弛，可以用透析等物理方法除去的辅因子称为辅酶(eoenzyme)。有些与酶蛋白结合得较牢固，不易用透析等物理方法除去的辅因子称为辅基(prostheticgroup)。二者之间的差别只在于它们与酶蛋白结合的牢固程度不同，并无严格的界限。在催化反应中，辅酶和辅基则作为电子、原子或基团的载体参与反应，并促进整个反应过程。金属离子在酶分子中可作为酶活性部位的组成成分，协助维持酶的构象，或酶和底物连接的桥梁。

现将几种重要的辅酶或辅基分述如下：

1. 铁卟啉

铁卟啉是细胞色素氧化酶、过氧化氢酶、过氧化物酶等氧化酶的辅基。通过对酵母菌细胞色素C辅基结构的研究表明，其铁原子与蛋白质的一段肽链上的组氨酸相连接，卟啉环则与该肽链上的两个半胱氨酸相连接，两者通过二硫键等化学键牢固地结合(见图 2-1)。氧化酶的铁卟啉的功能在于靠铁的价电子变化($Fe^{2+} \rightleftharpoons Fe^{2+} + e$)来传递电子，催化氧化还原反应。

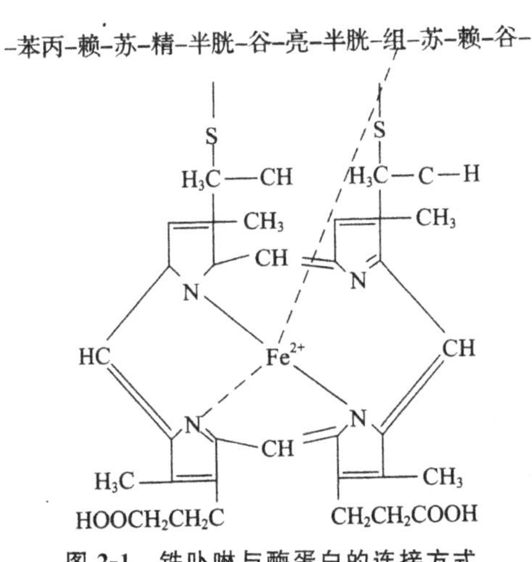

图 2-1　铁卟啉与酶蛋白的连接方式

2. 黄素核苷酸(FMN 和 FAD 等)

黄素核苷酸是维生素 B_2(核黄素)衍生物，是黄素酶类(如氨基酸氧化酶、琥珀酸脱氢酶等)的辅基。黄素嘌呤单核苷酸(FMN)及黄素腺嘌呤二核苷酸(FAD)的氧化型均呈黄色并有黄绿色荧光，因此，所形成的酶呈黄色，称为黄(素)酶类(黄素蛋白)。FMN 的最大吸收高峰在 445 nm,FAD 的最大吸收高峰在 450 nm、375 nm 及 260 nm,如图 2-2 所示。

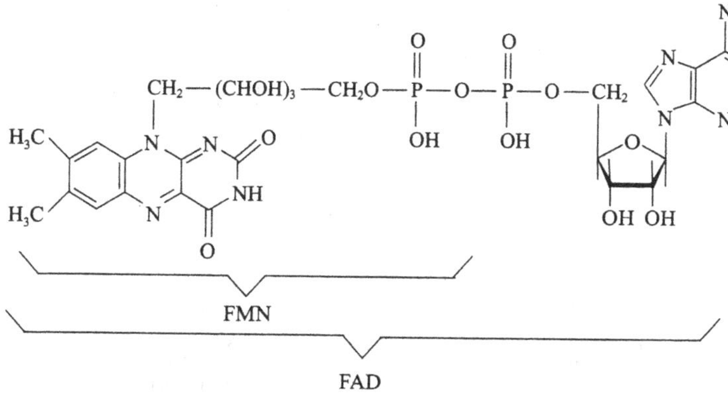

图 2-2 FMN 与 FAD 的分子结构

在酶的催化作用下,FMN 和 FAD 的功能是传递氢[传递质子和电子($2H \rightleftharpoons 2H^+ + 2e$)],而自成氧化-还原体系。反应主要表现在 6,7-二甲基异咯嗪基团中的第 1 位及第 10 位 N 原子之间有一对活泼的共轭双键很容易发生可逆的加氢或脱氢反应,其反应式如图 2-3 所示。

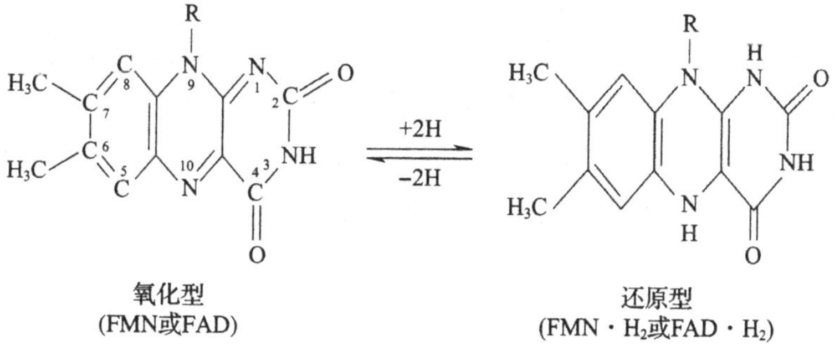

氧化型
(FMN或FAD)

还原型
($FMN \cdot H_2$或$FAD \cdot H_2$)

图 2-3 FMN 与 FAD 的氧化-还原体系

以 FAD 为辅酶的酶有琥珀酸脱氢酶、脂酰 CoA 脱氢酶等;以 FMN 或 FAD 为辅酶的酶有 L-氨基酸氧化酶等。因此,它们作为酶的组成部分广泛参与体内多种氧化还原反应,促进糖、脂肪和蛋白质的代谢。

3. 烟酰胺核苷酸(NAD 及 NADP)

烟酰胺核苷酸是许多脱氢酶(如异柠檬酸脱氢酶、谷氨酸脱氢酶、乙醇脱氢酶等)的辅酶。主要有两种:烟酰胺腺嘌呤二核苷酸(NAD、辅酶Ⅰ)和烟酰胺腺嘌呤二核苷酸磷酸(NADP、辅酶Ⅱ),它们都是烟酸的衍生物,其分子结构式如图 2-4 所示。

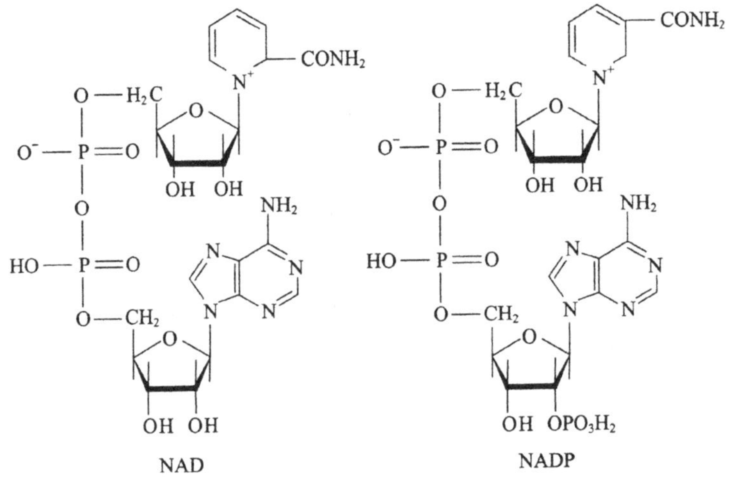

NAD　　NADP

图 2-4　NAD 与 NADP 的分子结构

NAD 及 NADP 在脱氢酶催化过程中参与传递氢的作用,其氧化还原体现在烟酰胺环的第 4 位碳原子上的加氢或脱氢。在中性环境中氧化还原的反应式如图 2-5 所示。因此,NAD(P)又用 $NAD(P)^+$ 表示其氧化型;NAD(P)H 表示其还原型。

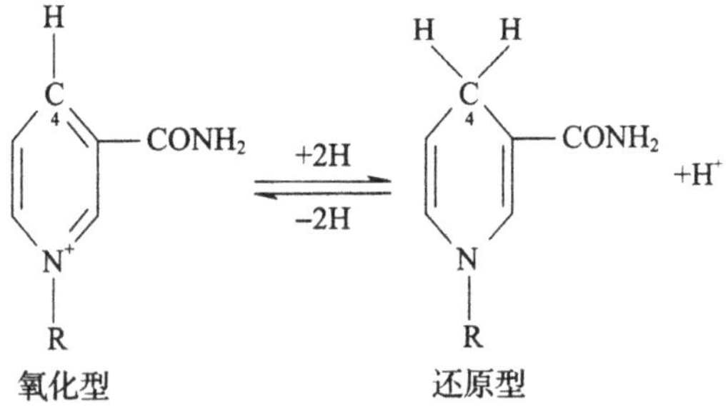

氧化型　　还原型

$$\text{或: } NAD\ (P)^+ \underset{-2H}{\overset{+2H}{\rightleftharpoons}} NAD\ (P)\ H + H^+$$

图 2-5　NAD 与 NADP 传递氢过程

烟酰胺来源分布广泛，一般人体不缺，除了可由食物供给外，尚可在体内由色氨酸转变成烟酰胺。人体缺少色氨酸会造成烟酰胺缺乏症，表现为皮炎、腹泻及痴呆。

4. 硫辛酸(6,8-二硫辛酸)

硫辛酸在生物体中广泛存在，呈黄色。它与酶蛋白呈牢固的结合状态，水解后为自由态，存在氧化型和还原型两种，其结构式如图 2-6 所示。

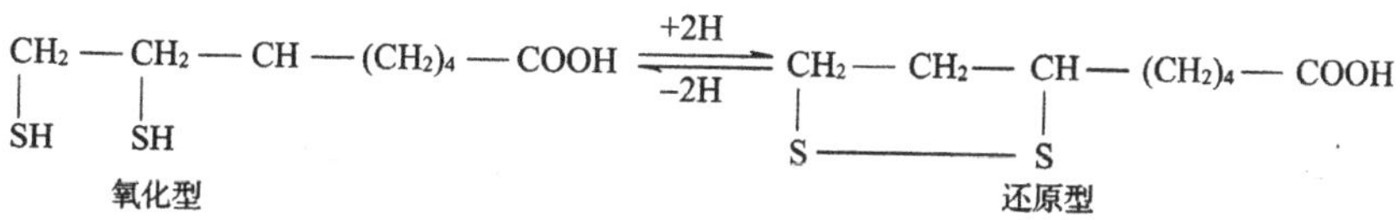

$$\underset{\text{SH}}{\underset{|}{CH_2}}-\underset{\text{SH}}{\underset{|}{CH_2}}-CH-(CH_2)_4-COOH \underset{-2H}{\overset{+2H}{\rightleftharpoons}} \underset{\text{S}}{\underset{|}{CH_2}}-CH_2-\underset{\text{S}}{\underset{|}{CH}}-(CH_2)_4-COOH$$

氧化型　　　　还原型

图 2-6　硫辛酸的两种结构式

当两者互相转变时，起传递氢的作用。另外，在酮酸氧化脱羧反应中，还起传递酰基的作用。

5. 泛醌(辅酶 Q，简写为 UQ)

泛醌是生物体中广泛存在的一种醌类衍生物。它是呼吸链上的一个组成部分，其功能是传递氢和电子，在氧化磷酸化作用中起重要作用，其结构式如图 2-7 所示。

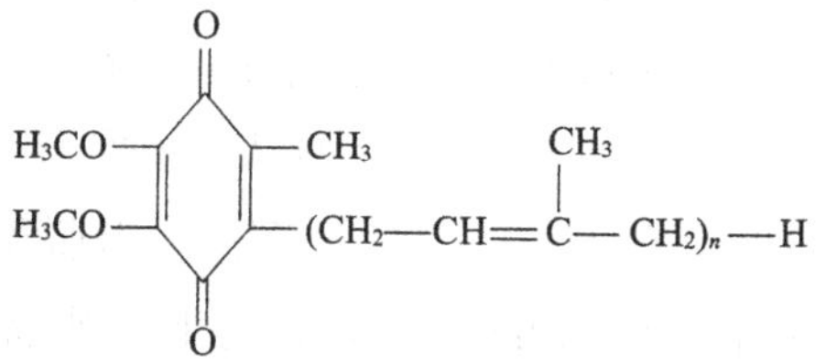

O
H_3CO—　—CH_3　　CH_3
H_3CO—　—$(CH_2—CH{=}C—CH_2)_n—H$
O

图 2-7　泛醌的结构式

图中异戊烯单位数目 n 可以为 6、7、8、9 或 10。不同来源的泛醌，其 n 的数目不同。例如，啤酒酵母的 n 为 8(通常写作 UQ8)，固氮菌的 n 为 6(UQ6)。

6. 辅酶 A(CoA)

辅酶 A 在脂肪代谢中极为重要，其分子结构中含有 B 族维生素的泛酸部分。此外，尚含有腺嘌呤核苷酸和氨基乙硫醇部分，其结构式如图 2-8 所示。

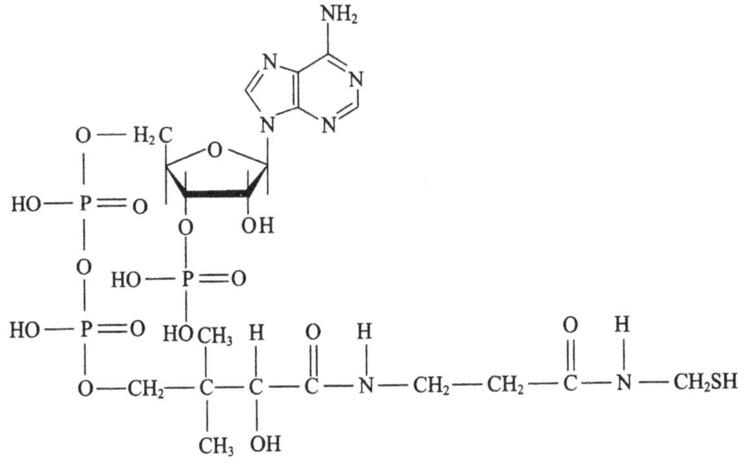

辅酶A

图 2-8 辅酶 A 的结构式

辅酶 A 也可写为 CoASH。CoASH 通过其巯基(—SH)连接的受酰基与脱酰基，参与转酰基作用，其反应式如图 2-9 所示。

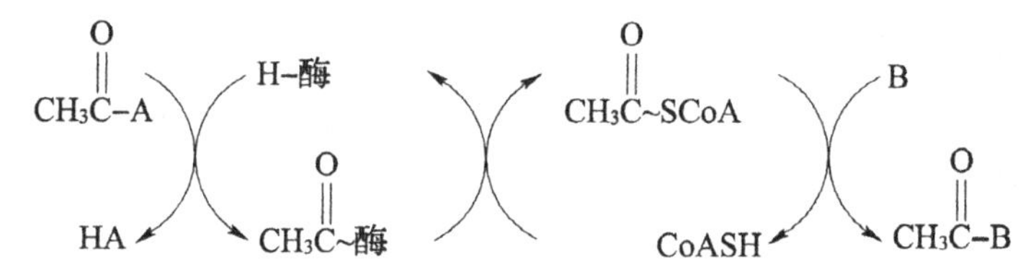

图 2-9 CoASH 参与转酰基作用的反应式

图中 A 为酰基的供体，B 为酰基的受体。乙酰辅酶 A ($CH_3CO\sim SCoA$)的硫酯键为一种高能键。当脱酰基时可放出大量的自由能，供给合成反应的需要，在酰化时则需要能量，因此，在酰化与脱酰过程中有能量的转移。脂肪酸的分解与合成也必须在酯酰辅酶 A 的参与下才能进行。所以，辅酶 A 在脂肪代谢上非常重要，与脂肪酸结合成酯酰 CoA 而进入 β-氧化；辅酶 A 作为酰基载体蛋白(ACP)的辅基，参与脂肪酸合成代谢，还参与糖代谢和氨基酸代谢等。辅酶 A 在酵母、肝、肾、蛋、小麦和蜂王浆中含量丰富。

7. 磷酸腺苷及其他核苷酸类

磷酸腺苷及其他核苷酸类在代谢过程中起着重要作用，它们是许多转磷酸基酶（如磷酸激酶）的辅酶。这些辅酶主要有腺嘌呤核苷三磷酸（ATP）、鸟嘌呤核苷三磷酸（GTP）、尿嘧啶核苷三磷酸（UTP）和胞嘧啶核苷三磷酸（CTP）等。由于它们的磷酸键（如ATP）是富有能量的高能键，因此，通过磷酸基的转移，能量可以贮存并有效地供给合成时利用。

8. 焦磷酸硫胺素（TPP）

焦磷酸硫胺素为维生素 B_1 的焦磷酸酯，缩写为TPP，其结构式如图2-10所示。

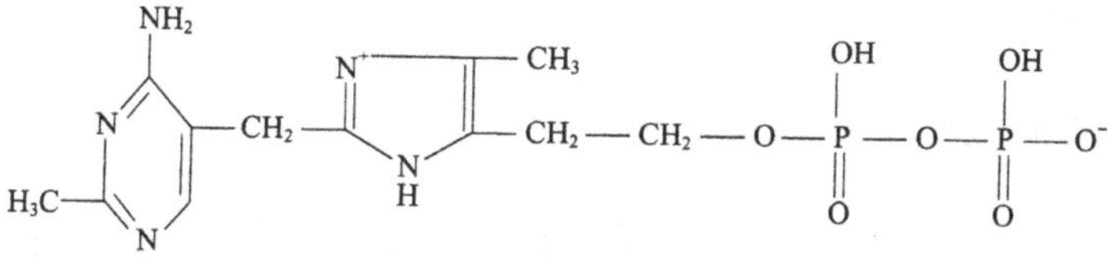

焦磷酸硫胺素

图 2-10 焦磷酸硫胺素的结构式

焦磷酸硫胺素是 α-酮酸脱羧酶和糖类的转酮酶的辅酶。在丙酮酸的脱羧反应中，它首先以其噻唑环上的第二位碳原子与丙酮酸结合生成复合物，随即脱去羧基生成“活性乙醛”。活性乙醛不脱离酶复合体，但可以与另一个丙酮酸分子交换，生成游离的乙醛，被交换上去的丙酮酸又脱羧生成“活性乙醛”，再和另一个分子的丙酮酸交换，如此往复进行，其过程如图2-11所示。

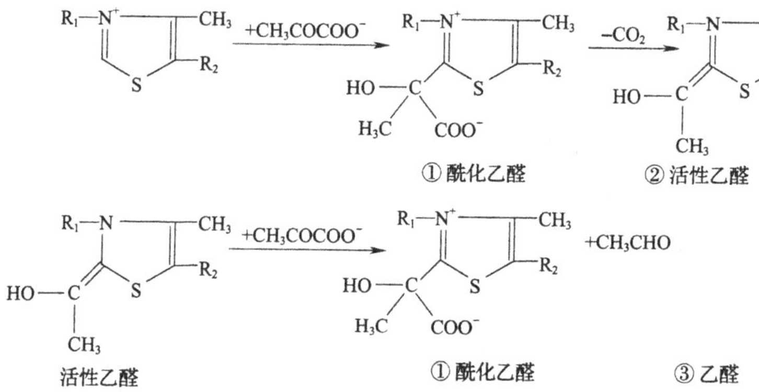

R₁—N⁺ CH₃ R₂ S　+CH₃COCOO⁻ →　R₁—N⁺ CH₃ R₂ S HO—C H₃C COO⁻　−CO₂ →　R₁—N CH₃ R₂ S HO—C CH₃

① 酰化乙醛　② 活性乙醛

R₁—N CH₃ R₂ S HO—C CH₃　+CH₃COCOO⁻ →　R₁—N⁺ CH₃ R₂ S HO—C H₃C COO⁻　+CH₃CHO

活性乙醛　① 酰化乙醛　③ 乙醛

图 2-11　丙酮酸脱羧反应

维生素 B_1 和糖代谢密切相关，人体缺乏它时，糖代谢受阻，丙酮酸积累，造成在临床上称为的“脚气病”。

维生素 B_1 在植物中分布广泛，谷类、豆类的种皮含量特别丰富，在米糠和酵母中尤多。

9. 磷酸吡哆醛和磷酸吡哆胺

磷酸吡哆醛是氨基酸的转氨酶、消旋酶和脱羧酶的辅酶，磷酸吡哆胺与转氨作用有关。这两种辅酶的结构如图 2-12 所示。

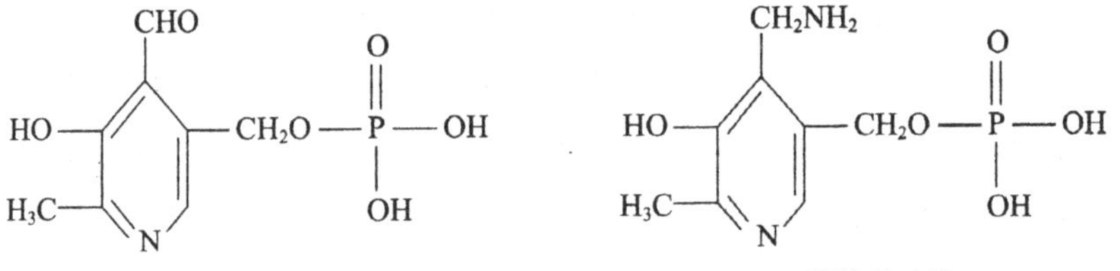

CHO HO H₃C N CH₂O—P(=O)(OH)—OH　CH₂NH₂ HO H₃C N CH₂O—P(=O)(OH)—OH

磷酸吡哆醛　磷酸吡哆胺

图 2-12　磷酸吡哆醛和磷酸吡哆胺的结构式

作为转氨酶的辅酶，参与转氨作用；作为脱羧酶的辅酶，参与氨基酸脱羧反应；作为消旋酶的辅酶，则参与消旋作用；而作为丝氨酸转羟甲基酶的辅酶，则参与转一碳基团的反应等。维生素 B_6 在动植物中分布广泛，蜂王浆、麦胚芽、米糠、大豆、酵母、蛋黄、鱼肉等含量丰富。

10. 生物素(维生素 H)

生物素为羧化酶的辅基，属于 B 族维生素。它与酶蛋白结合后可催化 CO_2 的掺入与转移。生物素是酵母及其他微生物的生长因子，其结构式如图 2-13 所示。

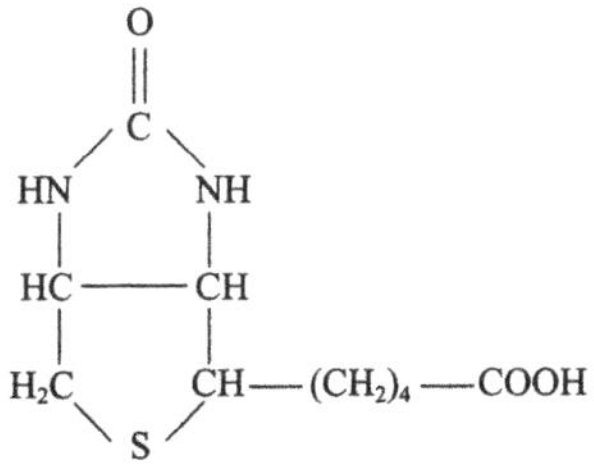

图 2-13　生物素的结构式

生物素是作为羧化酶的辅酶或辅基，生物素的羧基与酶蛋白的氨基结合参与细胞内固定 CO_2 的反应。它在 CO_2 的固定和脂肪的合成中起催化作用。进行羧化反应时，CO_2 首先与生物素分子结合形成酶与 CO_2 的复合体，然后再将 CO_2 转交其他分子。反应所需的能量一般由 ATP 供给。

11. 四氢叶酸(辅酶 F，THFA)

叶酸的 5、6、7、8 位上各加一个氢原子称为四氢叶酸，其结构式如图 2-14 所示。

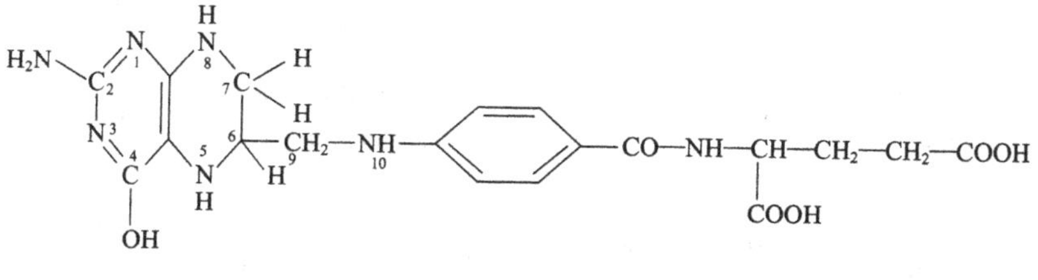

图 2-14　THFA 的结构式

四氢叶酸是甲酰基(H—C(=O)—)、亚甲基($=CH_2$)等一碳基团的载体，能参与一碳化合物的代谢。例如，氨基酸的互变、甲基的生物合成、嘌呤碱与嘧啶碱的生物合成。

在酶的作用下，羧甲基和甲酰基结合于四氢叶酸的 5 位、10

位或5、10位氮原子上，形成甲酰四氢叶酸（N^{10}-甲酰THFA）、亚甲基四氢叶酸（N^{5}，N^{10}-亚甲基THFA）等。如甲酰THFA的甲酰基在转甲酰基酶的作用下，被转移到其他化合物上，在嘌呤合成中作为甲酰基供体。

12.金属

除卟啉环含铁或铜离子外，还有许多酶尚含有铜、镁、锌、钴等金属离子作为辅基，这些金属是酶的催化作用不可缺少的组分。

从上述辅酶或辅基的介绍中可知，维生素是人类维持正常生命活动所必需的物质。但就微生物而言，对各种维生素的需要情况有着显著的差别，微生物生长所需要的维生素称为生长因子，主要是B族维生素物质。现将辅酶的组成及功能归纳入表2-1。

表2-1　辅酶的组成及功能

辅酶名称	代号	主要化学组成	有关全酶	生理功能
硫辛酸	$\begin{matrix}S\\ \vert\\ S\end{matrix}\!>L$	6,8-二硫辛酸	α-酮酸氧化脱羧酶系	促进α-酮酸氧化脱羧
焦磷酸硫胺素	TPP	维生素B_1	丙酮酸脱羧酶	促进脱羧作用
黄素单核苷酸	FMN	维生素B_2	细胞色素还原酶、黄酶	递氢
黄素腺嘌呤二核苷酸	FAD	维生素B_2	氨基酸氧化酶、黄嘌呤氧化酶	递氢
烟酰胺腺嘌呤二核苷酸	NAD	维生素B_5	脱氢酶	递氢
烟酰胺腺嘌呤二核苷酸磷酸	NADP	维生素B_5	脱氢酶	递氢

续表 2-1

辅酶名称	代号	主要化学组成	有关全酶	生理功能
磷酸吡哆醛、磷酸吡哆胺		维生素 B_6	转氨酶，氨基酸脱羧酶	转移氨基，脱羧基
四氢叶酸（辅酶 F）	CoF THFA	维生素 B_{11}（叶酸）	转甲酰基酶，有关转羟甲基反应的酶	传递甲酰基及羟甲基
辅酶 A	CoA CoA～SH	维生素 B_3（泛酸）	酰化酶	传递酰基
生物素		维生素 H（生物素）	羧化酶	促进羧化反应，传递 CO_2
铁卟啉		铁卟啉	细胞色素 过氧化氢酶 过氧化物酶	传递电子 促进 H_2O_2 分解 促进过氧化物分解
腺嘌呤核苷酸类	ATP ADP AMP	腺嘌呤核苷和磷酸	激酶及其他磷酸转移合成酶	转移磷酸基及能量

由一条多肽链构成的酶称为单体酶(monomeric enzyme)，分子质量在 13 000～35 000 u 之间，如溶菌酶、木瓜蛋白酶、核糖核酸酶等：由多条多肽链以非共价键结合而成的酶称为寡聚酶(oligomeric enzyme)，分子质量从几万到几百万 u，如 3-磷酸甘油醛脱氢酶、己糖激酶、烯醇化酶、磷酸化酶 a 等。

有时在生物体内由多种功能相关的酶嵌合形成的复合体，有利于一系列反应连续进行，被称为多酶复合体(muhienzyme complex)。它的分子质量很大，一般在几百万 u 以上，如丙酮酸脱氢酶复合体、脂肪酸合成酶复合体等。构成多酶体系是机体代谢的需要，可以降低底物和产物的扩散限制，提高总反应的速度和效率。

二、酶的分子结构及其功能

酶分子结构与蛋白质一样，具有一级、二级、三级结构，有的还有四级结构。

到目前为止，许多酶的一级结构已经研究清楚，有的二级、三级和四级结构也已阐明。

例如，牛胰核糖核酸酶，其相对分子质量为 14 000 u，由 124 个氨基酸组成，只有一条肽链。N 末端为赖氨酸，C 末端为缬氨酸，肽链上的 8 个半胱氨酸通过 4 个二硫键连接，如图 2-15 所示。

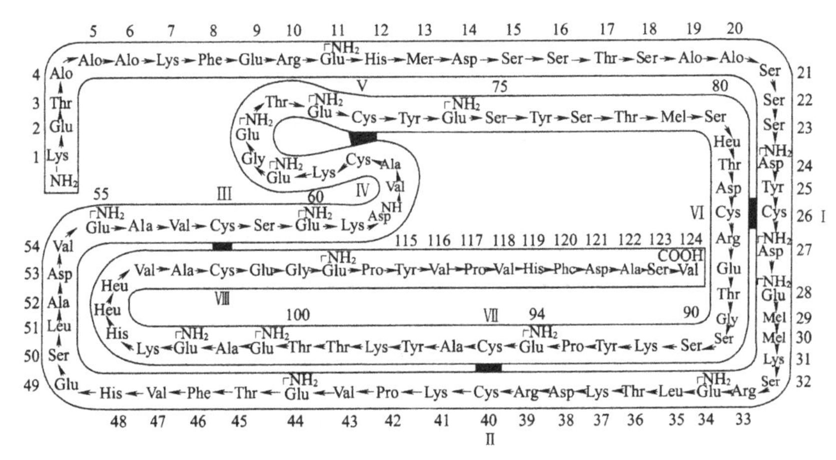

图 2-15 牛胰核糖酸酶结构

在研究一级结构时，必须交替使用多种手段来揭示酶和其他蛋白质的全部序列。如酶蛋白有一个以上的肽链，首先把多肽链彼此分开，一条多肽链卷曲而成的二硫键也要打开，然后切开特定的肽键，把多肽链切为较短的肽。可用酶法，也可用化学方法达到这个目的。用酶法时所用的酶称为蛋白水解酶或肽酶。自然界存在很多种这样的酶，其中有些作用能力很强，几乎能催化多肽链中全部肽键的水解，只剩下自由氨基酸或很短的肽，如木瓜蛋白酶、耐热蛋白酶、胃蛋白酶和枯草杆菌蛋白酶等，但它们的键专一性较差。因此，在实际操作时要严格控制。例如，枯草杆菌蛋白酶，控制在 0℃下几分钟后，便能有效地切断 Ala21 和

Ser22 间的肽键(见图 2-15)。

可引起肽键专一性水解的化学方法,最广泛使用的是溴化氰(CNBr)法,它在甲硫氨酰残基处引起裂解,如图 2-16 所示。

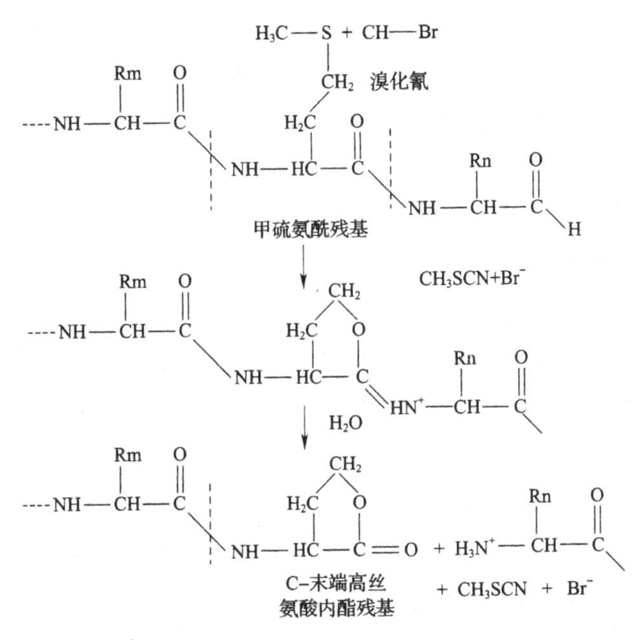

图 2-16 肽键的专一性水解

Rm,Rn—两个不定(不同)的基团

此反应结果产生的一个肽是原来肽段甲硫氨酰残基为止的N端部分,现在这个肽的C末端为高丝氨酸内酯。产生的另一肽是原来肽链的C端部分。

把蛋白质的一级结构分裂为较小的肽链碎片后,用色层方法把它们彼此分离提纯。在一定条件下,有些片段可用自动氨基酸序列测定法测定它们的序列。

牛胰核糖核酸酶的二级结构为 α-螺旋结构,酶分子中的 4 个二硫键中的 3 个在螺旋体中侧向按 3 个不同的方向连接两个平行的螺旋环圈。其第 4 个二硫键所连接的第 65 号和第 72 号半胱氨酸以及其间的 6 个氨基酸则位于螺旋环圈的内侧。

大多数酶只由一条肽链组成,有的酶有两条、三条或多条肽链组成,这种由数条相同或相似的肽链组成的酶呈四级结构,其中每一条肽链称为一个亚基。具有四级结构的酶通常含 2～6 个亚基,个别的含有几十个。四级结构破坏时,亚基即分离。

一般而言,酶是具有催化功能的一类蛋白质。但是,其所催化(或作用)的底物不一定是大分子物质,酶是大分子的物质,但是其所起催化功能也不是所有结构部分。此问题涉及酶的分子结构与催化功能关系问题。

(一)酶活力部位概念

酶学研究认为,在酶分子上,不是全部组成多肽的氨基酸都起作用,而只有少数氨基酸残基与酶的催化活性直接相关。这些特殊的氨基酸残基,一般比较集中在酶蛋白的一个特定区域,这个区域称为酶的活性部位或活力中心(active site or active center)。

酶活性部位包括底物结合部位(combining site of substrate)和催化部位(catalytic site)。前者只有与相适应的底物分子才能结合(如底物分子大小、形状及电荷等),决定着酶的专一性;而后者在催化反应中直接参与电子授受关系的部位(含酶的辅酶或金属部分)。例如,胰凝乳蛋白酶的活性部位是采用化学修饰及 X 一射线衍射等方法进行研究的。利用一种对丝氨酸有特异性的标记来和丝氨酸上的羧基起共价化学反应,然后再加以测定。在各种标记剂中,二异丙基氟磷酸(DFP)最有效,10^{-10} mol/L 的 DFP 即可使酶活性部位上丝氨酸的羧基起共价修饰作用,其反应式如图 2-17 所示。

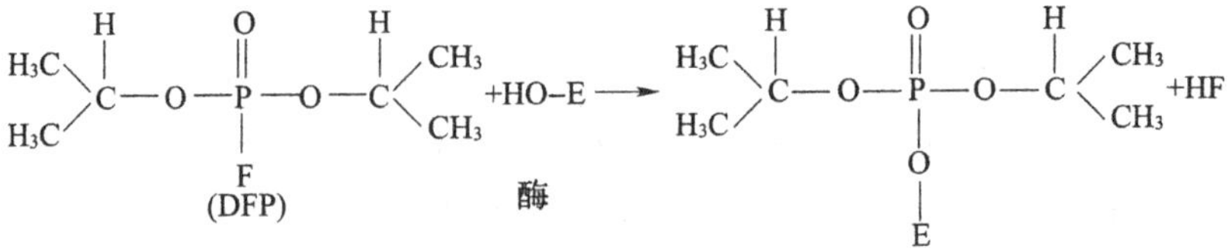

$$(H_3C)_2CH-O-P(=O)(F)-O-CH(CH_3)_2 + HO-E \longrightarrow (H_3C)_2CH-O-P(=O)(O-E)-O-CH(CH_3)_2 + HF$$

(DFP)　　　酶

图 2-17　DFP 起共价修饰作用的反应式

上述形成的酶与丝氨酸共价修饰复合物,实际上 DFP 把肽链上的丝氨酸残基保护起来,然后,再用放射性 P 标记的 DFP 来进行上述反应，可得到放射性的D-磷酰丝氨酸，活性部位的丝氨酸(Ser-1 95)由此被证实，它是直接参与催化作用的结合部位。

采用同样的方法确定了RNA酶的活性部位由Lys-41、His-12-His-119组成；溶菌酶由Glu-35、Asp-52组成；木瓜蛋白酶由Gys-25、His-159组成；羧肽酶由Glu-270、Tyr-245组成等。

由于基因工程的发展，研究酶活性部位方法有了很大改进，可以采用对一个酶的编码基因进行定位突变，这样可以任意地改变酶分子上任何一个位置的氨基酸残基，然后再检测其与酶活力的关系，从而测定其酶的活性部位。

(二)别构部位(allosteric site)

酶分子不仅能起催化功能，同时也具有调节功能。因此，在酶的结构中不仅存在着酶的活性部位(或活力中心)，而且存在调节部位(或调节中心)，称为别构部位(allosteric site)。别构部位不同于活性部位，活性部位是结合配体(底物)，并催化配体转化，而别构部位也是结合配体，但结合的不是底物，而是别构配体，这种配体称为效应剂。效应剂在结构上与底物毫无共同之处，效应剂结合到别构部位上引起酶分子构象上的变化，从而导致活性部位构象的变化。这种改变可能增进催化能力，也可能降低催化能力。增强催化活力者称为正效应剂，反之，称为负效应剂。例如，天冬转氨甲酰酶，它存在活性部位，也存在别构部位，这一酶同时具有催化功能和调节功能，如图2-18所示。

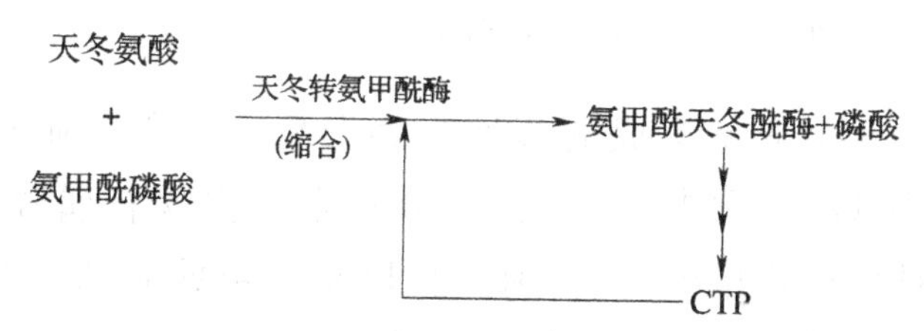

图2-18　天冬转氨甲酰酶的活性部位和别构部位

图中，代谢反应中的CTP是天冬转氨甲酰酶的负效应剂，其结构与该酶底物毫无相似之处，但它能和酶的调节亚单位结合并引起其结构上的变化，从而钝化酶活力，达到调节作用。但不是所有的酶都具有别构部位，受别构调节控制的酶，一般为寡聚酶，即具有四级结构的酶。

具有别构部位的酶和其他恒态酶在动力学性态上是不同的，它往往偏离米氏动力学方程，酶反应速度与底物浓度间不是呈矩形双曲线关系，而是呈S形曲线或表观双曲线特征。

(三)酶原(proenzyme)

酶是由活细胞合成的，但不是所有新合成的酶都具有酶的催化活性，这种新合成酶的无催化活性的前体称为酶原。就生命现象而言，酶原是酶结构一种潜在的形式，如果没有这种形式，生命就会停止。

(四)酶的多形性与同工酶

1975年H. Harris提出酶的多形性概念，认为有很多酶催化相同的反应，但其结构和物理化学性质有所不同，这种现象称为酶的多形性。根据其来源可分为异源同工酶和同工酶(isoenzyme)。前者是不同来源的同工酶，例如，酵母菌中醇脱氢酶和动物肝脏中的醇脱氢酶。而后者是指来自同一生物体同一细胞的酶，能催化同一反应，但由于结构基因不同，因而酶的一级结构、酶的物理化学性质以及其他性质有所差别的一类酶，称为同工酶。

(五)寡聚酶(oligomeric enzyme)

由2～10个亚基组成的酶称为寡聚酶。其所含亚基可以是相同的，也可以是不同的。绝大部分寡聚酶都含有偶数亚基，而且一般以对称形式排列，极个别的寡聚酶含奇数亚基。亚基是蛋白质分子中的最小单位。亚基与亚基之间一般以非共价键结合，彼此易于分开。寡聚酶分子质量一般高于30 000 u。

上述寡聚酶其功能表现为多催化部位和可调节性。前者称为多催化部位酶(muhisite enzyme)，即每个亚基上都有一个催化部位，但无调节部位。一个底物与酶的一个亚基结合，而对其他亚基与底物结合无关。但当一个酶任何一亚基游离后，此酶则无活性。一个多催化部位的酶并不是多个分子的聚合体，而仅仅是一个功能分子。此类酶的动力学属双曲线型动力学，而后者为可调节酶（regulatory enzyme）。此类酶主要指别构酶（allosteric enzyme）和共价调节酶（covalently modulated enzyme）。

以亚基单位组成的寡聚酶一般属胞内酶，而胞外酶一般是单体酶。相当数量的寡聚酶属调节酶，其活力可受各种形式的控制调节，在代谢过程中起着重要作用。

（六）多酶复合体（multienzyme complex）

多酶复合体是由两个或两个以上的酶，在生活细胞某一部位靠非共价键连接而成一连串酶催化反应系统。其中每一个酶催化一个反应，所有反应依次连接构成一个代谢途径或代谢途径中的一部分。其反应效率特别高，促进生物体的新陈代谢。例如，大肠杆菌（E. coli）丙酮酸脱氢复合体，是由 3 种酶组成：①丙酮酸脱氢酶（E1），它是以二聚体存在，分子质量为 2×96 000 u；②二氢硫辛酸转乙酰基酶（E2），其分子质量为 70 000 u；③二氢硫辛酸脱氢酶（E3），它是由二聚体组成，其分子质量为 2×56 000 u。El 和 E3 所属的肽链规则地排列在内核周围，而 E2 的肽链组成复合体的内核。复合体直径约为 30 nm。上述 3 种酶组成丙酮酸脱氢酶的多酶复合体。

大肠杆菌色氨酸合成酶复合体也是几种酶组成的，反应链在代谢过程中起连续催化作用。催化这种链反应的几个酶往往组成一个多酶系统（multienzyme system）。有的多酶系统结构化程度很高，有的多酶系统在亚细胞结构上有严格的定位，承担着细胞内许多代谢途径的重要反应。

（七）杂合酶（hybrid enzyme）

鉴于现有酶在相应的工业条件下其稳定性不佳，即使采用工程菌生产酶时，也会遇到变性的包含体以及对蛋白酶敏感等问题。由于蛋白质工程技术的发展，利用自然界进化的各种多样酶的性质及自然界用于进化酶的各种策略，有关杂合酶的研究日益受到重视。

杂合酶是由两种以上酶所组成的，把不同酶分子的结构单元或整个酶分子进行组合或交换，从而构建成具有特殊性质的酶杂合体。

1985 年 R. P. Wharton 等将 434 个阻抑蛋白质识别 DNA 的 α-螺旋外表面上的氨基酸，用 P_{22} 阻抑蛋白质的结合专一性，经体内体外测定均为 P_{22} 阻抑蛋白质的专一性。1986 年 P. T. Jone 等用鼠抗体 B_{1-8} 重链可变区的 CDR 代替人骨髓瘤蛋白的相应 CDR，新抗体则具有 B_{1-8} 的抗原亲和性（$K_{NP-cap}=1.2\ \mu m$），说明抗体间 CDR 的交换可以转移抗原识别专一性。

杂合酶的应用主要包括：①改变酶的非催化性，获得杂合酶的特性值介于双亲酶特性值之间；②创造新催化活性酶，可以调整现有酶的特异性，向结合蛋白引入催化残基；③功能性结构域的交换；④杂合酶技术可应用于产生双功能或多功能蛋白质。

第三节　酶作用的专一性机制

酶促反应之所以具有高效性和专一性，是因为酶与底物专一地形成了中间产物，使反应的活化能降低，从而使活化分子数增加，反应速度加快。

一、锁钥配合学说

德国有机化学大师 Fischer 曾提出了酶专一性的锁钥配合学说，其中心思想认为：酶与底物的作用，好像是锁与钥匙的关系，酶与底物的相互作用在结构上必须是具有一种严密的互补关系，只有符合这种特征要求的物质才是底物，才能和酶结合，并被酶催化。这一学说得到了一定的实验支持。例如，乙酰胆碱酯酶催化乙酰胆碱生成乙酸和胆碱，并要求底物中胆碱部分的氮带正电，根据这种特点，可推测在该酶分子中至少有一个阴离子部位与酯解部位（见图 2-19）。事实也的确如此，这两个部位间有严格的距离，胆碱和酰基间多一个或少一个—CH_2—的衍生物都不适于作底物或竞争性抑制剂，而符合这种键长、键角要求的化合物都能和酶发生作用或被酶催化水解，或者抑制酶。但是，随着对酶作用机制的进一步研究，发现锁钥配合学说存在着很多缺点，与许多实验事实不相符，不能解释催化反应前后的分子行为差异。

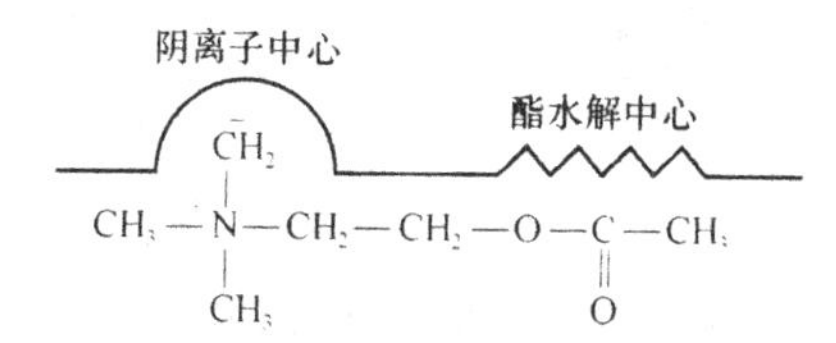

图 2-19 乙酰胆碱酯酶与底物离子键相互作用

二、诱导契合学说

早在 20 世纪 40 年代 Fischer 就提出锁钥假说，他认为只有特定的底物才能契合于酶分子表面的活性部位，底物分子（或其一部分）像钥匙那样专一地嵌进酶的活性部位上，而且底物分子化学反应的敏感部位与酶活性部位的氨基酸残基具有互补关系，一把钥匙只能开一把锁。

如图 2-20 所示，按这个学说，可见只有一定构象的底物才能诱导催化基团 1、2 正确排布，催化反应才能进行。底物类似物也能与基团 1、2 结合，但由于位置不对正或不适合，不能发生反应。

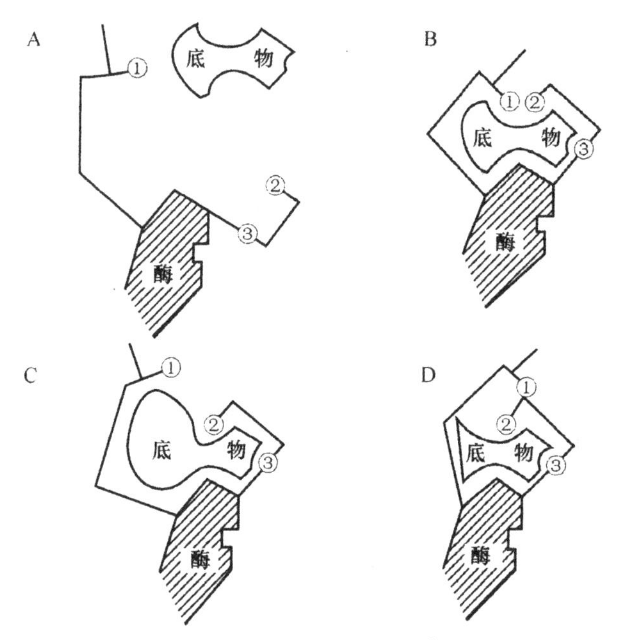

图 2-20 诱导契合理论示意图

粗线代表酶蛋白的肽键，基团 1 和 2 代表催化基团，基团 3 代表结合基团，A～D 代表诱导契合过程。

第四节 酶的催化作用机制

生命的基本特征是复制、繁殖和新陈代谢，几乎所有的这些变化过程，包括合成、分解、氧化还原、基团转移等复杂化学反应都是在酶催化条件下进行的。酶的催化效率高，而且在温和条件下，具有高度专一性和可调节性。例如，人的消化道中如果没有淀粉酶、蛋白酶等起作用，在体温 37℃条件下，要消化一日三餐的食物是不可想象的。为了阐明这些特征，必须从酶催化作用本质加以解释。

分子一般通过相互碰撞而传递能量。要使化学反应能够发生，反应物分子必须发生碰撞。但是，并非所有的分子碰撞都是有效的，只有那些具有足够能量的反应物分子碰撞之后，才能发生化学反应，这种碰撞称为有效碰撞。

催化作用本质就是降低反应的能阈，即降低所需的活化能，从而使反应加速进行，如图 2-21 所示。

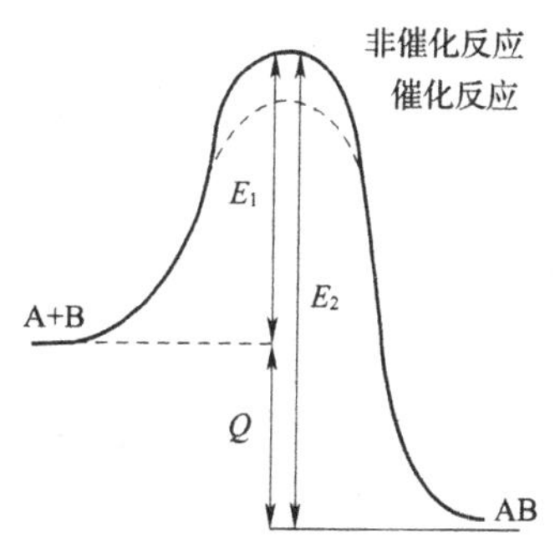

图 2-21　催化反应与非催化反应的能量关系

从图 2-21 可知，在可逆反应 $A+B \rightleftharpoons AB$ 中，当反应 $A+B \longrightarrow AB$ 进行时，所需的活化能是 E_1，反应结果放出热量 Q。而当可逆反应 $AB \longrightarrow A+B$ 进行时，所需的活化能为 E_2，反应结果是吸收热量 Q。

酶作为一种高效的催化剂，与一般催化剂比较，可使反应的能阈降得更低，所需的活化能大为减少（见表 2-2）。因此，酶的催化效率比一般催化剂高得多，同时，能够在温和条件下充分地发挥其催化功能。

表 2-2　若干反应的活化能

反应	催化剂	活化能/(kJ/mol)
H_2O_2 的分解	无	75.4
	胶状铂	46.1
	过氧化氢酶	21.0
丁酸乙酯的水解	H^+	55.3
	OH^-	42.7
	胰脂酶	18.9
蔗糖的水解	H^+	108.9
	酵母蔗糖酶	48.2
酪蛋白的水解	H^+	86.3
	胰蛋白酶	50.3

如上所述，酶的催化本质是降低反应所需的活化能，加快反应进行。为了达到减少活化能的目的，酶与底物之间必然需要通过某种方式而互相作用，并经过一系列的变化过程。酶和底物的相互作用和变化过程，称为酶的催化机制。

关于酶的催化作用机制有以下几种假说：

一、中间产物学说

1913 年，Michaelis 和 Menten 首先提出中间产物学说。他们认为酶(E)和底物(S)首先结合形成中间产物 ES，然后中间产物再分解成产物 P，同时使酶重新游离出来。

$$E+S \rightleftharpoons ES \longrightarrow E+P$$

对于有两种底物的酶促反应，该学说可用下式表示：

$$E+S_1 \longrightarrow ES_1$$

$$ES_1+S_2 \longrightarrow E+P$$

中间产物学说已被许多实验所证实。其中间产物的存在也已得到确证。例如，过氧化物酶 E 可催化过氧化氢(H_2O_2)与另一还原型底物 AH_2 进行反应。按中间产物学说，其反应过程如下：

$$E+H_2O_2 \longrightarrow E-H_2O_2$$

$$E-H_2O_2+AH_2 \longrightarrow E+A+2H_2O$$

在此过程中，可用光谱分析法证明中间产物 $E-H_2O_2$ 的存在。首先对酶液进行光谱分析，发现过氧化物酶在 645 nm、587 nm、548 nm、498 nm 处有 4 条吸收光带。接着向酶液中加入过氧化氢，此时发现酶的 4 条光带消失，而在 561 nm、530 nm 处出现两条吸收光带。说明酶已经与过氧化氢结合而形成了中间产物 $E-H_2O_2$。然后加入另一还原型底物 AH_2，这时酶的 4 条吸收光带重新出现，证明中间产物分解后使酶重新游离出来。

二、邻近效应

化学反应速度与反应物浓度成正比，若反应系统的局部区域的底物浓度增高，反应速度也随之增高。因此，提高酶反应速度的最简单的方式是使底物分子进入酶的活性部位，即增大活性部位的底物有效浓度。酶的活性部位（区域）与底物可逆地接近而结合，这种效应称为邻近效应（approximation）。有实验显示，当底物浓度由 0.001 mol/L 提高到 100 mol/L 时，其酶活力可提高 10^5 倍左右。

以胺催化对硝基苯水解（见图 2-22）为例，A 式为三甲基胺直接对硝基苯酯的羰基进行亲核作用，催化酯进行水解；B 式为三甲基胺与对硝基苯酯结合成一个分子后进行催化。由于二者的反应级不同，无法直接作出反应速率的比较，但是从 $^1K/^2K$ 可以看出，当分子间反应变为分子内反应后，底物的有效浓度增加了近6 000倍，这在一般系统中是不可能达到的。

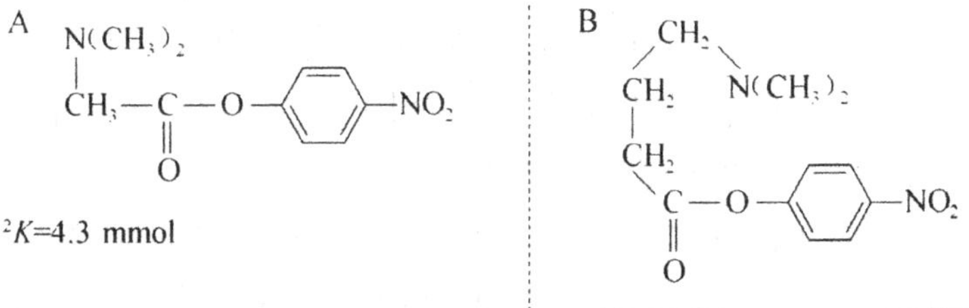

A

^2K=4.3 mmol

B

^1K=21 500 mmol　　$^1K/^2K$=5 610 M

图 2-22　胺催化对硝基苯水解

三、定向效应

定向效应是指反应物的反应基之间和酶的催化基团与底物的反应基之间的正确取位产生的效应。正确定向取位问题在游离的反应体系中很难解决，但当反应体系由分子间反应变为分子内反应后，这个问题就有了解决的基础。表 2-3 表明了分子间反应和分子内反应的有效浓度的关系，以及结构对分子内反应的影响。

表 2-3 二羧酸单苯酯水解相对速率和结构关系

结构	相对速率
$CH_2COO^- + CH_2COOR$	1.0
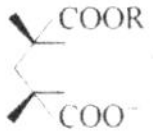 COOR COO⁻	1×10^3
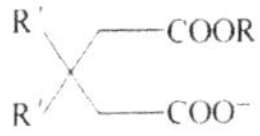 R′ COOR R′ COO⁻	$3 \times 10^3 \sim 1.3 \times 10^4$
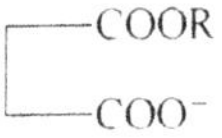 COOR COO⁻	2.2×10^3
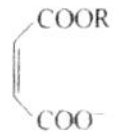 COOR COO⁻	2×10^8
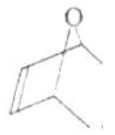 O	约 5×10^7

由表 2-3 数据可知，当反应由分子间转为分子内时，反应相对速率可提高 10^3 倍，而同在分子内反应，羧基和酯之间，自由度越小，越能使它们邻近，并有一定的取向，反应速率就越大。例如，戊二酯由于 α 和 β 碳原子间的连接的旋转自由度很大，因此水解速率较小。相反，当两个羧基的取向完全固定时，如 3,6-环氧-1,2,3,64 四氢苯二甲酸的水解速率则非常大。

据报道，邻近效应与定向效应在双分子反应中起的促进作用至少可分别达 10^4 倍，两者共同作用则可使反应速率升高 10^8 倍。

四、广义酸碱催化

许多酶的活性部位含有质子移变基团，这些基团是由酸性和碱性氨基酸的侧链提供的。根据定义，酸是能给予质子而碱是能接受质子的物质，因而上述的质子移变基团，根据它们的离子化状态，具有作为一个广义酸或广义碱的能力。

广义酸碱催化是通过瞬时地向反应物提供质子或从反应物接受质子以稳定过渡态加速反应的一类催化机制。许多酶催化反应包含一个质子在底物的一个位置和另一个位置之间、在两个底物之间或在酶的一个质子移变基团和底物之间的转移。当反应的速率受质子转移的速率影响时，可以用广义酸或广义碱催化来描述催化反应的机制。以酯或酰氨的水解为例，其非催化反应的反应式如下：

在酸存在下，反应式为

$$\mathrm{R{-}C({=}O){-}X \cdot H_2O \;\; HB \rightleftharpoons R{-}C(O\cdots H\cdots B)(OH_2){-}X \rightleftharpoons R{-}C(^{+}OH)(OH_2){-}X \underset{}{\overset{+B}{\rightleftharpoons}} R{-}C(OH)(OH){-}X + HB}$$

两反应中限制反应速率一步均是水分子的氧与底物碳之间键的生成，HB 与羰基氧原子作用，降低 H_2O 的氧与碳原子间生成共价键的活化能，使反应速率增加。

广义碱催化酯水解的通式为

$$\mathrm{R{-}C({=}O){-}X \cdot HO{-}H{-}B^{-} \rightleftharpoons R{-}C(O)(O(H)H\cdots B){-}X \rightleftharpoons R{-}C(O^{-})(HO){-}X + HB}$$

碱与水分子的氢作用，使它的氧原子有较大的负电性去攻击碳原子，降低了反应的活化自由能。

酸碱催化在酶的催化过程中占有很重要的地位，酶具有各种酸性或碱性氨基酸侧链，如 C 端的 α-羧基、Glu 和 Asp 的羧基、His 的咪唑基、Lys 的 ε-氨基、N 端的 α-氨基、Cys 的巯基，以及 Tyr 的酚羟基等，它们在特定条件下发挥催化作用。溶菌酶催化寡糖水解可以作为广义酸催化的一个例子。在溶菌酶的分子中，Glu35 的侧链处在一个高度非极性的环境中，因而提高了羧基的 pK，使其在 pH6 以内处于不解离状况（游离 Glu 侧链的 pK 为 4.3）。此羧基给予底物分子中糖苷键的氧一个质子，使 C—O 键裂开，由此形成的正碳离子可使邻近的处于解离状态的 Asp52 侧链稳定。此外，磷酸葡萄糖异构酶、顺乌头酸酶及一些水解酶类都有酸碱催化的机制。

五、亲核催化与亲电催化

按照酶对底物进行催化的性质，酶的作用可分为亲核催化与亲电催化(共价催化)两大类。亲核催化是由亲核剂所引起的催化反应。假如酶的作用基团具有一个不共用的电子对，在进行催化反应时，它易与底物缺少电子的原子共用这一对电子，迅速形成不稳定的共价中间复合物，降低反应活化的自由能，以达到加速反应的目的。生物体内的酶促反应，亲核催化显得更为广泛。

HO—虽然具有很强的亲核能力，是一种亲核剂，但其在反应中往往被消耗掉，因此不是亲核催化剂。亲核催化与酸碱催化的不同是，它形成的过渡态复合物不是离子键，而是共价键。另外，也可用一些方法来区别亲核催化和广义酸碱催化。例如，比较在水中和重水中的速率常数，如果有所降低则为酸碱催化，而亲核催化无此效应；可检测出不稳定中间产物的存在，是亲核催化的有力证据。但反之若找不到中间产物，不能成为否定亲核催化的证据。因为有可能是中间产物极不稳定，或者是检测方法不够灵敏。亲核催化在酶促反应中占有极重要的地位，许多酶反应都包含这种机制。例如，以硫胺素为辅酶的一些酶，即丙酮酸脱羧酶、含辅酶 A 的一些脂肪降解酶、含—SH 基的木瓜蛋白酶、以丝氨酸为催化基团的蛋白水解酶等，都有亲核催化的机制。

值得指出的是，酶分子中某些氨基酸侧链既可作为酸碱催化剂，又可作为亲核、亲电催化剂发挥作用，究竟采取什么方式，由酶和这些侧链所处的微环境所决定。

羧基：它们的肽链中的 pK 为 3～4，通常以—COO—形式存在，在酶的催化中—COO—比—COOH 重要，但在疏水和极性环境中，它们的 pK 可能发生变化。例如，溶菌酶中 Glu 以不解离形式存在，而 Asp 以解离形式存在，因而它们在催化中起的作用也不同。

氨基：当底物带负电时，主要取—NH_3^+ 形式起酸碱催化的作用，但很多以 Lys 为活性部位的酶，催化时其 ε-氨基以—NH_2 形式起亲核作用。磷酸吡哆醛、生物素等辅酶也是通过 Lys 的 ε-NH_2 的亲核作用将它们结合在酶分子上发挥作用。

巯基：主要以—SH 形式存在，在许多酶反应中起亲核催化作用；但也可以—S—形式作为酸碱催化剂。

咪唑基：在酶的催化过程中起着特别重要的作用，因为它的 pK 为 6.1～7.1，在生理 pH 条件下，它能迅速建立提供质子与接受质子的平衡及亲核、亲电的平衡。一般来说，涉及磷酰基转移的反应、活泼酯的酰基转移反应中，它作为亲核试剂推动磷酰基或酰基的转移；但在丝氨酸酶和巯基酶催化的非活泼酯及酰胺水解反应中，它主要作为酸碱催化剂，增加 Ser 羟基与 Cys 巯基的亲核性。

亲电催化和亲核催化相反，是由亲电剂起催化反应，亲电剂包括一个可以接受电子对的原子，是亲核反应的逆过程，以磷酸吡哆醛为辅酶的天门冬氨酸氨基转移酶、丙氨酸消旋酶等都可能通过亲电机制反应。

六、微环境的影响

一般催化反应中，尽管多元催化已证明可以使催化效率提高，但是如果要使一个溶液中同时存在高浓度的酸和高浓度的碱却是办不到的。在酶的活性部位，由于微环境的影响，可以创造出这样的条件。X 射线衍射分析表明，酶的活性部位区就是一个特殊的微环境，可以使同样的两个基因，一个起酸的作用，一个起碱的作用，有利于催化反应进行。

七、酶催化机制举例

（一）α-胰凝乳蛋白酶的催化机制

α-胰凝乳蛋白酶的活性部位，是由丝氨酸 195、组氨酸 57 和天冬氨酸 102 组成。其中和底物直接作用的是丝氨酸 195 的—OH 基和组氨酸 57 的咪唑基，而天冬氨酸 102 也作为电子传递系统的一员担负重要的任务。

α-胰凝乳蛋白酶的活性部位的平面图如图 2-23 所示。相互间用氢键连接。

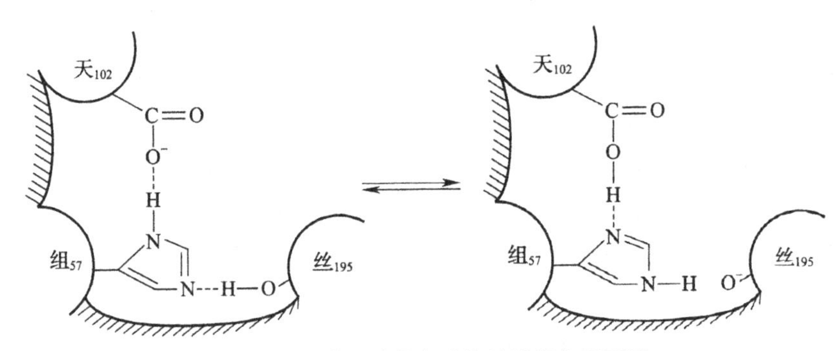

图 2-23　α-胰凝乳蛋白酶的活性部位平面图

当 pH 在中性以上，即组氨酸 57 的咪唑基的亚氨基(—NH)能离解的条件下($pK=6.7$)，可提供一个质子，使天冬氨酸 102 的羧基结合成—COOH，其电子则通过氢键和咪唑环被传递到丝氨酸 195 上，结果使催化部位上的丝氨酸 195 的羟基氧形成活化的阴离子状态。

当底物(蛋白质)进入活性部位时，丝氨酸 195 的活化的羟基氧阴离子攻击底物肽键上的羰基，同时组氨酸 57 咪唑环上的亚氨基与底物肽键上的 N 形成氢键，从而引起肽键断裂，并使酶发生酰基化，生成酰基化酶这一中间产物。然后，这个中间产物加水进行脱酰基的过程，而形成羧酸并使酶重新游离出来，如图 2-24 所示。

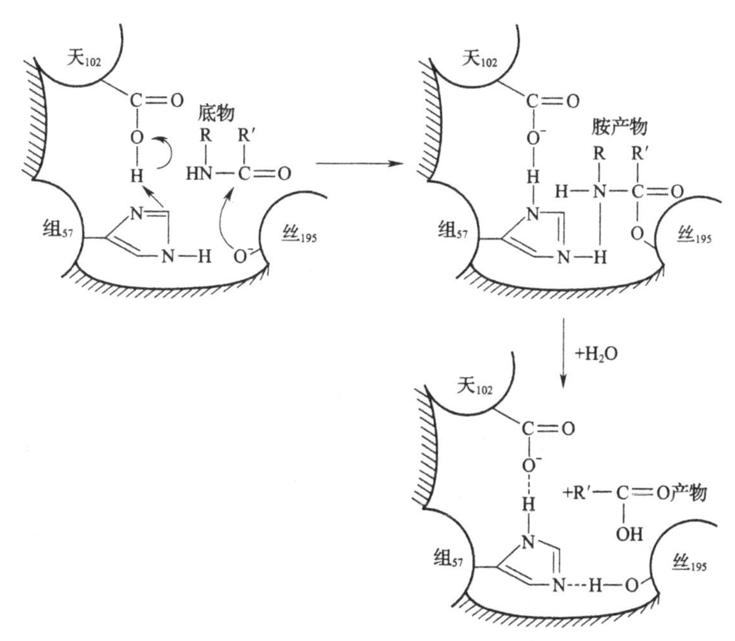

图 2-24 *α*-胰凝乳蛋白酶的催化机制

(二)核糖核酸酶的催化作用机制

关于核糖核酸酶的催化机制最早是由 Mathias 和 Rabin 及其同事们提出的。在序列 12 和 119 位的两个组氨酸残基有协调作用,正如图 2-25 所示的那样,一个向底物 RNA 分子提供质子,而另一个从它那里接受质子。组氨酸 His_{12}先以其未质子化的咪唑环形式开始,并通过激活底物的 2′-OH 基而使反应开始。它是通过先取下来一个质子,留下一个带有部分负电荷的 2′-OH 氧来对磷原子进行亲核攻击。而另一个组氨酸 His_{119}以质子化形式开始,向底物 5′-CH_2OH 基上的氧原子提供一个质子。在达到的过渡态中,His_{12}得到了部分正电荷,His_{119}则留下部分负电荷,而磷原子则呈五价的形式。

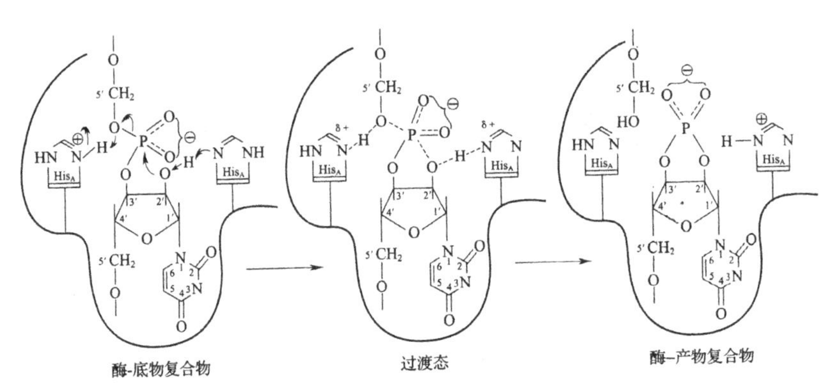

图 2-25 核糖核酸酶催化作用机制

第一步是：通过完全除下 His_{119} 的质子而形成 5′-CH_2OH 基，而 His_{12} 完全占有 2′-OH 基的质子，从而留下一个环状磷酸二酯形式的磷原子。Mathias 和 Rabin 假定：以后 5′-CH_2OH 离开了，它的位置由水分子占据。然后，假定第二步是第一步全过程的完全逆转，得到一个 3′-磷酸单酯产物，并使质子放回到它们开始之处，而准备对新的底物分子进行另一轮催化作用。

第五节 影响酶促反应的因素

一、温度

酶促反应速度达到最大值时的温度称为最适温度(optimum temperature)。最适温度是上述两个相反温度效应综合影响的结果。最适温度使条件常数随反应时间延长而降低；随底物浓度提高而提高。

当温度超过酶的最适温度时，酶蛋白就会逐渐产生变性作用而减弱甚至丧失其催化活性。一般的酶耐温程度不会超过 60℃，但有的酶(来自芽孢菌)的热稳定性比较高。另外，在有的酶中加一些无机离子，可增加其热稳定性。因此，在应用酶制剂前必须做酶的温度试验，找出适合生产工艺要求的最适温度。例如，栖土曲霉（As. 3942）蛋白酶的最适温度的选择试验，可采用以下方法：

将蛋白酶与酪蛋白混合，在不同的温度下保温，测得酶活力的数据，绘成温度对酶活力的曲线，如图 2-26 所示。

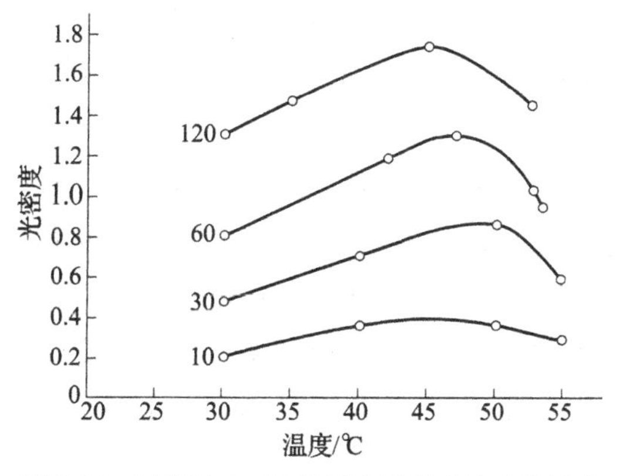

图 2-26 温度对 As. 3942 蛋白酶反应速度的影响

注：图中数字 10、30、60、120 是测定时的具体保温时间，以 min 计

图 2-26 表明，保温时间在 30 min 以内，45～50℃酶活力最高。随着保温时间延长，最适温度降低。保温 120 min，在 40～45℃酶活力最高。如保温时间为 10 min，该酶在 30～40℃时较为稳定。超过 50℃酶活力迅速下降，直至 60℃时，酶几乎全部变性失活。

试验结果表明，选择酶的最适温度和酶反应的时间有关，反应时间长，则最适温度要低一些。若只是温度选择得高，则酶容易变性失活。在制革厂采用蛋白酶脱毛时，一般选用最适温度 40℃为宜。温度过高酶容易失活而达不到脱毛的目的，同时也会产生烂皮的现象；温度过低则酶脱毛时间延长，影响生产效率。由此可知，酶的最适温度不像 K_m 那样为酶的特征常数，它是随酶反应时间变化而改变的。

二、pH

环境 pH 影响酶活性中心各种基团解离。在某一 pH 下，酶反应速度达到最大反应速率，此 pH 称为最适 pH。高于或低于最适 pH 时，酶活性基团解离状况发生改变，酶与底物结合受阻，导致酶活力下降，甚至使酶完全变性。一些酶有较宽的最适 pH 范围，而另一些则较窄。

每种酶对于某一特定的底物，在一定 pH 下酶表现最大活力，高于或低于此 pH，酶的活力均降低。酶表现其最大活力时的 pH 通常称为酶的最适 pH(optimum pH)。在一系列不同 pH 的缓冲液中，测定酶促反应速度，可以得到酶促反应速度对 pH 的关系曲线，pH 关系曲线近似于钟罩形，如图 2-27 所示。

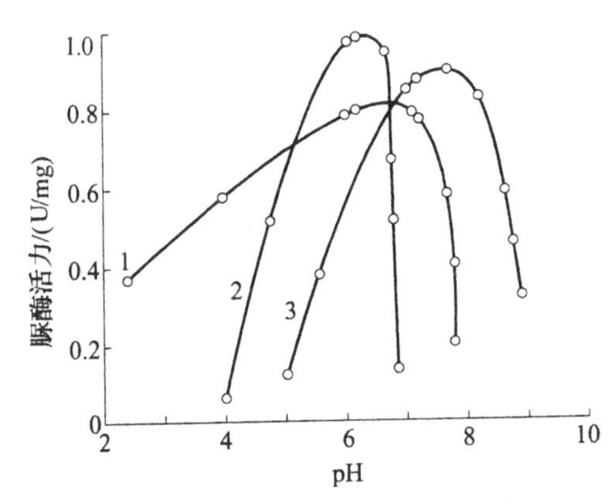

图 2-27　缓冲剂种类及 pH 对脲酶的影响(脲的浓度为 2.5%)

1—乙酸盐；2—柠檬酸盐；3—磷酸盐

三、酶浓度

在底物大量存在时，酶反应速度达最大反应速度，此时，酶促反应的速度随酶浓度增加而加快。

四、激活剂及抑制剂

激活剂是一种促使酶成为活性催化剂的物质，也是一种提高酶催化效率的物质。抑制剂是能引起催化反应速度降低但不引起酶蛋白变性的物质。酶的抑制作用有可逆抑制作用和不可逆抑制作用。在可逆抑制时，当移除抑制剂后，酶能恢复其活力；在不可逆抑制的情况下，移除抑制剂后，酶不能恢复活力。

五、底物浓度

在反应一开始也就是初速度($\tilde{\omega}$)时，符合一级反应动力学，米氏方程可以简化为

$$\tilde{\omega}=\frac{v_{\max}}{K_{\mathrm{m}}}[S]$$

即初速度与底物浓度成正比，K_{m} 为米氏常数。当反应速度加快达到最大反应速度($v_{\max}$)时，符合零级反应动力学，米氏方程可以简化为下列形式：

$$\tilde{\omega}=v_{\max}$$

此时，速度不再随底物浓度而变化。在食品工业中，为了节省成本，缩短反应时间，一般以过量的底物在短时间内达到最大的反应速度。

第六节　酶反应速度的测定

酶促反应速度和普通化学反应一样，可用单位时间内底物减少量或产物增加量来表示。一般采用测定产物在单位时间的增加量来表示的较多，因为测定起来比较灵敏，可制作出产物浓度与时间关系曲线(见图 2-28)。为准确表示酶活力，就必须采用如

图 2-28 中的直线部分，即用初速度来表示。酶反应速度，是对初速度而言。一般所用底物浓度至少要比酶的 K_m 值大 5 倍以上。酶反应速度越大，酶催化活力越高。

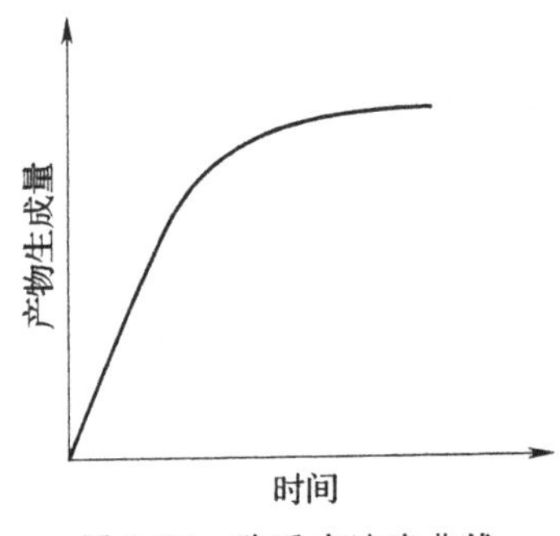

图 2-28　酶反应速度曲线

由于大多数酶制剂在贮存过程中其生物活性也会受外界环境影响而逐渐失活，同时，有些酶的分子结构和分子质量还没确定，因此，难以对酶量进行准确表示，既不采用重量单位，又暂不能采用物质的量浓度表示，而是采用酶的活力单位(active unit)表示。

一、酶活力的测定

在一定条件下，酶所催化的反应速度称为酶活力。即一定时间内底物分解量或产物生成量，用单位数表示。1961 年国际生化协会规定：在特定条件下，每分钟催化 1 μmol 的底物转化为产物所需要酶量称为 1 个单位(U)，称国际单位(IU)。

酶的比活力是指在固定条件下，每毫克酶蛋白(或 RNA)所具有的酶活力。

$$比活力=\frac{酶活力}{每毫克酶蛋白(或 RNA)}$$

对液体状态酶活力常以 U/mL(酶液)表示，酶的比活力是酶纯度的一个指标。

国际上另一个常用的酶活力单位是卡特(kat)。在特定条件下，每秒催化 1 mol 底物转化为产物的酶量定义为 1 卡特。

1 kat = 1 mol/s = 60 mol/min = 60×10^6 Umol/min = 6×10^7 IU

二、酶活力测定条件

由于酶促反应受许多条件的影响，因此，在测定酶活力时要使反应条件恒定，对于温度和氢离子浓度需要严格控制。

温度对酶反应的影响较一般化学反应更为灵敏，酶本身也容易受热破坏。所以，在测定酶反应时必须使温度保持恒定，一般采用恒温容器（如恒温水槽）。

测定时 pH 也必须保持一定，通常在溶液中加入缓冲溶液。同时，还应注意避免混入任何微量杂质。

三、测定酶活力常用的方法

各种酶的专一性不同，其活力测定方法亦不同。酶活力测定是研究该酶特性、分离纯化及酶制剂生产与应用的一项不可缺少的指标。因此，建立正确的酶活力测定方法对每种酶都是必须的。根据测定原理，可将酶活力的测定方法分为终止法（stopped method）和连续法（continuous method）。

终止法是将酶促反应进行一定时间后终止反应，用比色、光吸收、滴定等方法定量测定底物的减少量或产物的生成量，计算出酶活力，一般以测定产物为宜。

连续法是基于反应过程中光吸收、电位、酸碱度、黏度等的变化，用仪器跟踪监测产物形成，底物消耗或其他变化而推算出酶活力。采用连续法测定酶活力无须终止反应，使用方便，一个样品可以多次测定且有利于动力学研究，但很多酶活力还不能用该方法测定。

终止法和连续法都是通过检测酶促反应中特定信号的变化来计算酶促反应速度的。根据信号检测手段的不同，酶底物或产物变化量的检测可分为直接测定法、间接测定法和酶偶联测定法。

(1)直接测定法:有些酶促反应进行一段时间后,酶底物或产物的变化量可直接检测。如测定脱氢酶活力时,根据酶的辅助因子 NADH(或 NADPH)在 340 nm 处有光吸收,而 NAD^+(或 $NADP^+$)无光吸收的性质,通过观察光吸收的变化,计算酶活力。直接测定法一般不破坏酶反应体系,用于动力学研究时比较方便。

(2)间接测定法:有些酶促反应的底物或产物不易直接检测,因此必须使其与特定的化学试剂反应,形成稳定的可检测物质。

(3)偶联测定法:此方法与间接测定法相类似,只是需使用指示酶,使第一个酶的产物在指示酶的作用下转变成可测定的新产物。

四、酶活力测定的条件及应注意的问题

酶活力与底物浓度、酶浓度、pH、温度、激活剂、抑制剂及缓冲液的种类、组成和浓度等因素有关,因此,酶反应条件的设定既要满足酶本身的性质,又要使体系中的其他条件最大限度地满足酶活力的发挥。在酶活力测定时应做到:设定条件,混合均匀,准确计时,设置对照。

(一)反应时间

要进行酶活力的测定,首先要确定酶的反应时间。酶的反应时间应该在时间进程曲线初速度范围内进行选择。

(二)底物

在实际测定过程中,为了保证测得的是初速度,往往使底物浓度足够大,使酶完全饱和,整个酶反应对于底物来说是零级反应,而对于酶来说是一级反应。通常采用的底物浓度相当于 20～

100倍的 K_m 值。但是，对于某些会受过量底物抑制的酶，底物的浓度要选择最适合的浓度。对于有多个底物的酶，一般选择最适底物，同时要求在测试系统中底物性质稳定，并且反应后最好有明显的可测定的理化性质变化。

（三）pH

选用最适 pH。由于最适 pH 随底物浓度、温度和其他条件而变化，所以最适 pH 选择应标明实验测定的条件。测定酶活力时通常选用缓冲系统来维持 pH 在一定最适范围内，缓冲系统的选择应考虑缓冲液离子种类、强度以及是否对酶反应和检测信号有干扰等。

（四）温度

选用最适温度。最适温度随反应的时间而定，若待测酶的活力低，含量少，必须延长保温时间，使其有足够量的可被检测出的产物，温度应适当低些；反之，则可适当增高温度。由于反应温度每变化1℃，反应速度大约相差10%，因此保持温度恒定很关键，一般温差应控制在±1℃。

（五）辅助因子、激活剂或抑制剂

辅助因子是某些酶表现活力的必要条件，例如，在测定乳酸脱氢酶活力时，必须加入辅酶Ⅰ。有的酶可受激活剂的激活而活力增强，需在反应体系中加入激活剂，例如，Cl^- 能增强唾液淀粉酶的活力。有的酶对反应体系中存在的微量抑制物极为敏感，为避免其抑制作用，必须去除或避免抑制物的污染。例如，脲酶对微量的汞离子极为敏感，所用器皿事先须用浓硝酸处理，以除去汞离子。

（六）设置空白对照

酶活力测定都应设置相应的空白对照组。空白对照组用于抵消未知因素产生的本底影响，空白对照组可通过底物不加酶或加入失活的酶来设置。

第七节　缬氨酸转氨酶拆分DL-缬氨酸的催化条件

D-氨基酸作为重要的中间体，在食品添加剂、医药和农药等行业应用，广泛市场需求较大，已逐渐成为氨基酸行业新的发展方向。D-丙氨酸作为原料可用于合成甜味剂阿力甜，也可用于合成农药精甲霜灵。D-缬氨酸作为重要的中间体可用于合成高效杀虫剂氟胺氰菊酯。

转氨酶在合成某些氨基酸及其衍生物领域具有一定应用价值。目前，关于转氨酶的研究报道较多的是该酶的酶学性质、催化机制及抑制动力学研究。大肠杆菌缬氨酸转氨酶可以催化L-缬氨酸与丙酮酸反应生成α-酮异戊酸和L-丙氨酸。理论上，利用该酶可以把缬氨酸外消旋混合物中的L-缬氨酸转化为α-酮异戊酸，从而实现外消旋缬氨酸的拆分。目前，关于缬氨酸转氨酶在氨基酸手性拆分领域的应用报道甚少。张飞，魏涛，刘寅①等利用具有缬氨酸转氨酶活性的工程菌对DL-缬氨酸进行拆分，考察了反应温度、pH、底物摩尔比、底物浓度和金属离子对酶活性和底物转化率的影响，进而确定了酶促反应的最佳条件。

一、温度对酶活力的影响

温度对酶活力的影响如图2-29所示。缬氨酸转氨酶在45℃时酶活达到最大值，可以看出在一定范围内，随着温度升高，酶活性逐渐增大；相对酶活达到最大值后，随着温度的进一步升高，酶

① 张飞，魏涛，刘寅，等.缬氨酸转氨酶拆分DL-缬氨酸的催化条件[J].食品与发酵工业，2013，39(2)：41-44.

活反而减小。

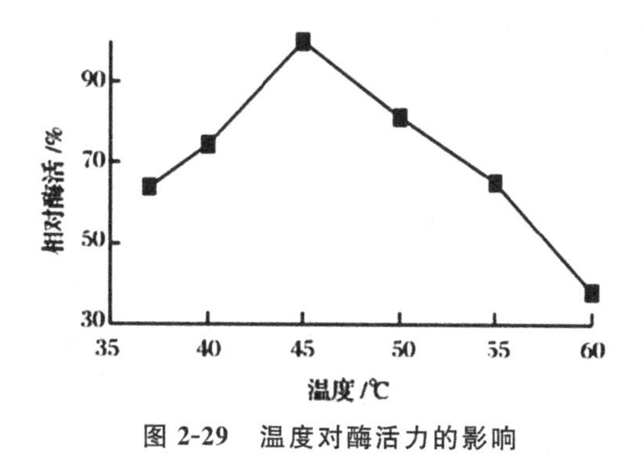

图 2-29　温度对酶活力的影响

二、pH 对酶活力的影响

酶活随 pH 的变化规律如图 2-30 所示。在一定 pH 范围内，酶活随着 pH 的升高而相应升高；当酶活性升高到最大值后随着 pH 的进一步升高，酶活性开始降低；菌体的最适 pH 在 pH = 9 附近。该酶的最适 pH 比生物体内天然 pH 高，其原因是转氨反应属于加成反应，其反应机理是由供体氨基氮原子的孤对电子进攻受体酮酸羰基碳原子，在酶的作用下，形成反应中间体，然后生成产物。较高的 pH 可以使供体氨基氮原子更多处于自由态，而不是结合 H^+，这样更有利于氮原子进攻羰基碳原子发生化学反应。

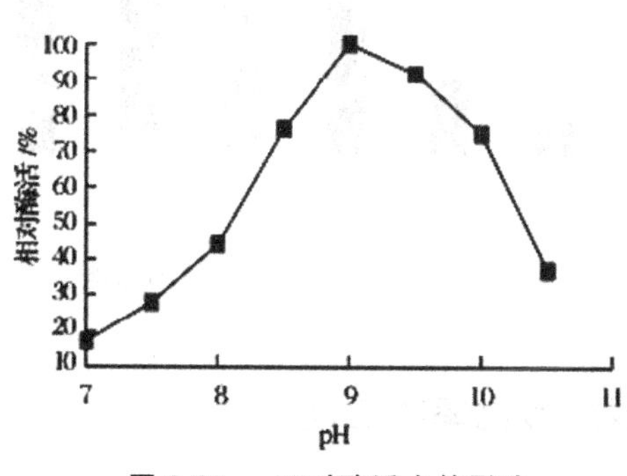

图 2-30　pH 对酶活力的影响

三、底物摩尔比对转化率的影响

DL-缬氨酸浓度固定为 0.2 mol /L，另一底物丙酮酸浓度分别为 0.1 mol/L、0.2 mol/L、0.4 mol/L、0.8 mol/L、1.0 mol/L、1.2 mol /L，即 L-缬氨酸与丙酮酸的摩尔比分别为 1∶1、1∶2、1∶4、1∶8、1∶10 和 1∶12。反应体积 20 mL，菌体用量 0.2 g，调节 pH 至 9，于 45℃下搅拌反应 18 h。然后取样测定样品中 L-丙氨酸含量。转化率定义为

$$转化率/\% = \frac{\text{L-丙氨酸浓度(mol/L)}}{\text{L-缬氨酸初始浓度(mol/L)}} \times 100$$

在酶催化的多底物生化反应中，增加其中一种底物的相对浓度常常可以促进另一种底物的转化。从图 2-31 可以看出，随着底物 L-缬氨酸与丙酮酸的摩尔比逐渐增大，转化率也同时增大；当底物 L-缬氨酸与丙酮酸的摩尔比增加到 1∶8 时，转化率达到最大值 98.7%；之后，随着摩尔比的进一步增加，转化率趋于稳定。因此，选择 L-缬氨酸与丙酮酸摩尔比 1∶8 为最佳底物比例。

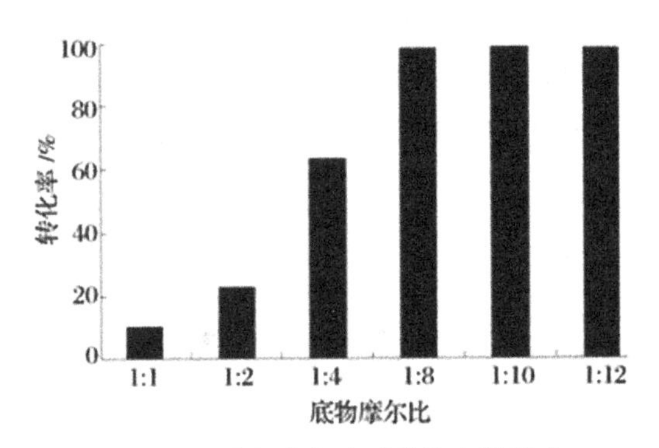

图 2-31　底物摩尔比对转化率的影响

四、底物浓度对转化率的影响

DL-缬氨酸终浓度分别为 0.2 mol/L、0.6 mol/L、1.0 mol/L、1.4 mol/L、1.8 mol /L，丙酮酸终浓度分别为 0.8、2.4、4.0、5.6、

7.2 mol /L,即 L-缬氨酸与丙酮酸摩尔比为 1∶8。反应体积 30 mL,菌体用量 0.6 g,调节 pH 至 9,于 45℃下搅拌反应 48 h。然后取样测定 L-丙氨酸含量。

从图 2-32 可以看出,随着底物浓度的增加转化率有降低的趋势。当 L-缬氨酸底物浓度为 0.1 mol /L 和 0.3 mol /L 时,转化率分别是 98.6% 和 98.3%;当 L-缬氨酸浓度进一步升高时,转化率明显降低。高底物浓度条件下转化率降低的原因可能是高浓度产物对催化反应的抑制。因此,为了充分发挥酶的催化效率,实际应用中以 DL-缬氨酸为 0.6 mol /L 和丙酮酸浓度为 2.4 mol /L 作为最适底物浓度。

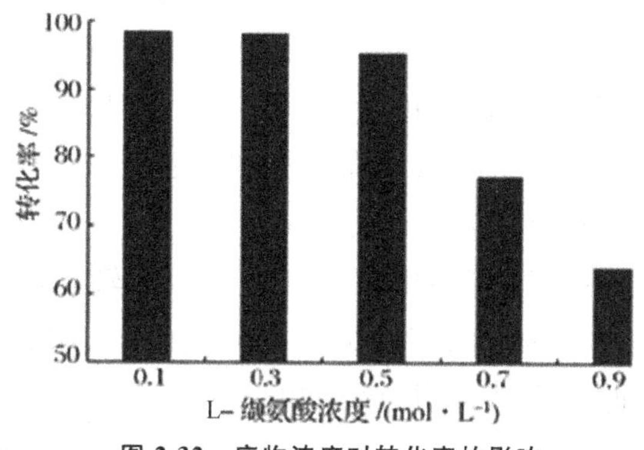

图 2-32 底物浓度对转化率的影响

五、金属离子对酶活的影响

在反应体系中分别加入终浓度为 0.5 mmol /L 的 Cu^{2+}、Co^{2+}、Fe^{2+}、Mn^{2+}、Mg^{2+}、Na^{+},测定酶活力,以不加金属离子作为对照。

金属离子可以影响酶解底物络合物的形成,以及改变和影响酶的催化活性。从图 2-33 可以看出,金属离子对缬氨酸转氨酶活性影响比较明显,Cu^{2+}、Co^{2+}、Fe^{2+}、Mn^{2+} 对酶活性有抑制作用,而 Mg^{2+}、Na^{+} 对酶活性有一定的激活作用。

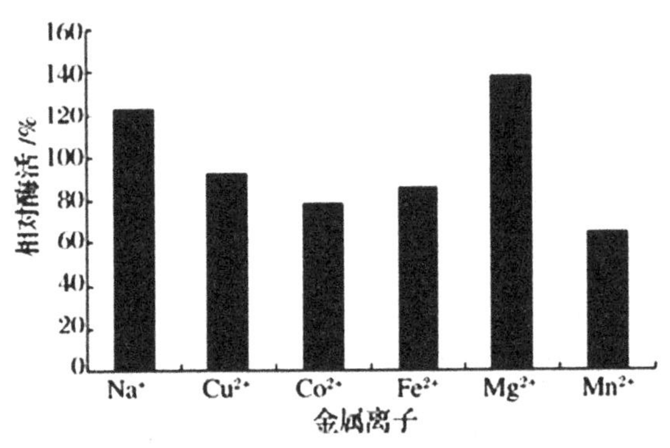

图 2-33 金属离子对酶活的影响

目前制备 D-氨基酸的方法主要有生物酶法、不对称化学合成法和光学拆分法。不对称合成法需要纯手性试剂或贵金属络合物作催化剂,该法成本高不适合大规模制备。光学拆分法(或非对映体盐法)需要筛选合适的化学拆分剂,该法应用领域有限也不适合大量制备。生物酶法制备 D-氨基酸由于具有经济、高效、环保等优点逐渐成为国内外研究热点。

张飞,魏涛,刘寅①等利用大肠杆菌缬氨酸转氨酶把缬氨酸外消旋混合物中的 L-缬氨酸转化为 α-酮异戊酸,从而实现外消旋缬氨酸的拆分。研究结果表明,该催化反应的最适反应条件为:反应温度是 45℃,pH=9,L-缬氨酸与丙酮酸的摩尔比 1∶8,DL-缬氨酸初始浓度为 0.6 mol /L 和丙酮酸初始浓度为 2.4 mol /L,0.5 mmol /L 的 Mg^{2+} 和 Na^{+} 对酶活性有明显的促进作用。

① 张飞,魏涛,刘寅,等.缬氨酸转氨酶拆分 DL-缬氨酸的催化条件[J].食品与发酵工业,2013,39(2):41-44.

第三章 酶的合成与发酵生产技术

阐明酶的生物合成机制，是生物科学中极为重要的理论问题。随着分子生物学的发展，特别是 DNA 结构与功能相互关系的阐明，对揭示酶生物合成机制及其在发酵生产中调节控制具有重大的科学意义。

第一节 酶蛋白合成过程（机制）

酶或蛋白质合成过程包括氨基酸活化、肽链合成的起始、肽链的延伸、肽链合成的终止和肽链的加工修饰等过程。

一、氨基酸活化

氨基酸是蛋白质合成的主要原料，而氨基酸在蛋白质合成前首先要活性化，即在氨基酰-tRNA（AA-tRNA）合成酶的催化下进行活化，其所需能量由细胞内 ATP 提供。细胞内 tRNA 有几十种，每一个 tRNA 能专一地运送一种氨基酸，而一种氨基酸可分别被几种 tRNA 专一运送，其结构式如图 3-1 所示。这一过程是由细胞内氨基酰-tRNA 合成酶所催化的。如大肠杆菌（*E. coli*）异亮氨酰 tRNA 合成酶分子质量为118 000 U，为一个多肽链；甲硫氨酰 tRNA 合成酶分子质量为 180 000 U，为两个亚单位即两条多肽链，均具有专一催化作用。

氨基酸活化过程的反应式如图 3-2 所示。

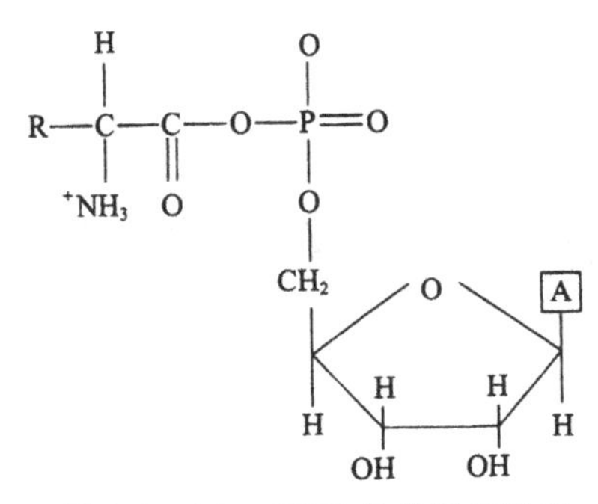

图 3-1 AA—tRNA 的分子结构式

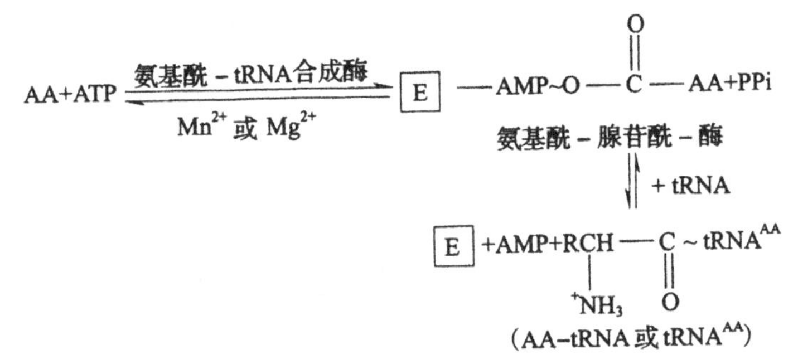

图 3-2 氨基酸活化过程

二、多肽链合成的起始

多肽链合成的起始密码多数为 AUG(少数为 GUG),起始氨基酸为甲酰甲硫氨酸(fMet),起始过程如下:

(1)30S 与模板 mRNA 结合形成 30S—mRNA 复合物。

(2)30S-mRNA 复合物在起始因子(initiative factor)IF_3 参与下形成 30S-mRNA-IF,复合物(分子比为 1∶1∶1)。IF_3 分子质量为 23 000 U,能促进 30S 与 mRNA 链上起始密码结合,也能促进 70S 的解离。

(3)在 $tRNA^{fMet}$、GTP、IF_1、IF_2 的参与下形成 30S-mRNA-$tRNA^{fMet}$-GTP-IF_1-IF_2,并释放 IF_3。

(4)掺入 50S,并含有 $tRNA^{fmet}$-mRNA,GTP 分解放出能量并释放 IF_1、IF_2。

三、肽链合成的延伸

肽链合成的延伸过程如图 3-3 所示。

(1)肽链的延伸(elongation)在延伸因子(elongation fator)EFTu 和在 GTP、第 2 个 $tRNA^{Aa}$ 参与下形成 $70S\text{-}tRNA^{fMet}\text{-}mRNA$ 复合物。

(2)在转肽酶(peptidyl transferase)作用下形成一个肽链连接的二肽衍生复合物。

(3)70S 位移一个三联体密码,具有肽键的 tRNA 由 A 位移至 P 位。

(4)第 2 个携带 Aa 的 tRNA 进入 A 位,然后再位移形成第 2 个肽键连接的三肽衍生物。

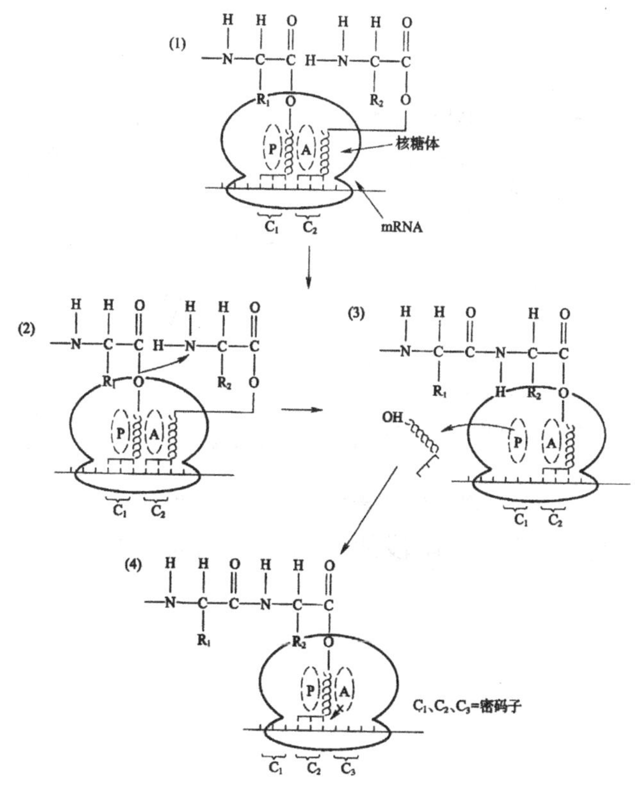

图 3-3　多肽链合成过程

四、肽链的终止

肽链的终止是在终止因子或释放因子(releast factor)参与及其辅助因子 S、TR 的作用下进行的。

在多聚核糖体由模板 mRNA 和 tRNA、酶和辅助因子作用下形成的多肽,通过脱甲酰酶和氨肽酶的作用,对新合成多肽进行分子修饰,形成特定构象具有功能性的天然蛋白质。

由电子显微镜可观察到多聚核糖体(polyribosome),它是一条 mRNA,可以结合多个核糖体,许多核糖体连接起来而形成纤细的 mRNA 线段。然而,每一个单独的核糖体是独立起作用的,并不依赖其他核糖体的存在。多聚核糖体结构及其作用如图 3-4 所示。

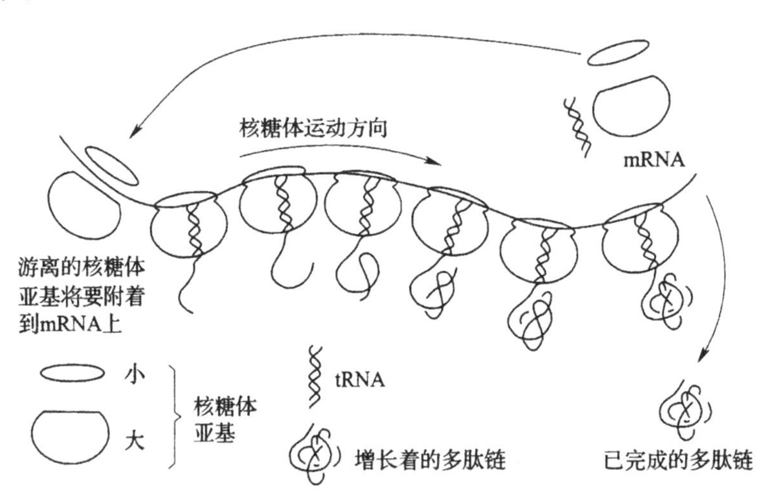

图 3-4　多聚核糖体结构示意图

酶生物合成的 5 个阶段的必需组分见表 3-1。

表 3-1　酶生物合成各阶段的必需组分

阶段	必需组分	
	原核生物	真核生物
1. 氨基酸活化	20 种 AA 20 种氨基酰-tRNA 合成酶 20 种或更多的 tRNA、ATP、Mg^{2+}	20 种 AA 20 种氨基酸-tRNA 合成酶 20 种或更多的 tRNA、ATP、Mg^{2+}
2. 肽链起始	mRNA N-甲酰甲硫氨酰-tRNA 30S 核糖体亚基 50S 核糖体亚基 GTP、Mg^{2+} IF_1、IF_2、IF_3	mRNA 甲硫氨酸 40S 核糖体亚基 60S 核糖体亚基 更多起始因子 IF
3. 肽链延伸	核糖体 mRNA AA-tRNA 延伸因子（EFTu、EFG、EFTs） Mg^{2+}、GTP、肽基转移酶	核糖体 mRNA AA-tRNA 更多的延伸因子 GTP、Mg^{2+}、肽基转移酶
4. 肽链终止	ATP mRNA 上的终止密码 释放因子（RF_1、RF_2、RF_3）	ATP mRNA 的终止密码 释放因子 RF
5. 肽链修饰	参与起始氨基酸的切除修饰、折叠等加工过程的酶	参与起始氨基酸切除、修饰、折叠等加工过程的酶

第二节　酶发酵生产常用微生物

所有的生物细胞在一定的条件下都能合成多种多样的酶，但是并不是所有的细胞都能够用于酶的生产。一般来说，用于酶的生产的细胞必须具备几个条件：①酶的产量高；②容易培养和管理；③产酶稳定性好；④利于酶的分离纯化；⑤安全可靠，无毒性。

一、细菌

细菌是一类原核微生物,它在工业上有很重要的价值。在酶生产中应用最多的细菌有大肠杆菌、枯草芽孢杆菌等。

(一)大肠杆菌

大肠杆菌(*escherichia coli*)细胞有的呈杆状,有的近似球状,大小为 0.5 μm×(1～3)μm,一般无荚膜,无芽孢,革兰氏染色阴性,运动或不运动,运动者周生鞭毛。菌落从白色到黄白色,光滑闪光,扩展。大肠杆菌可以用于生产多种酶。大肠杆菌产生的酶一般都属于胞内酶,需要经过细胞破碎才能分离得到。

采用大肠杆菌生产的限制性核酸内切酶、DNA 聚合酶、DNA 连接酶、核酸外切酶等,在基因工程等方面广泛应用。图 3-5 所示为大肠杆菌。

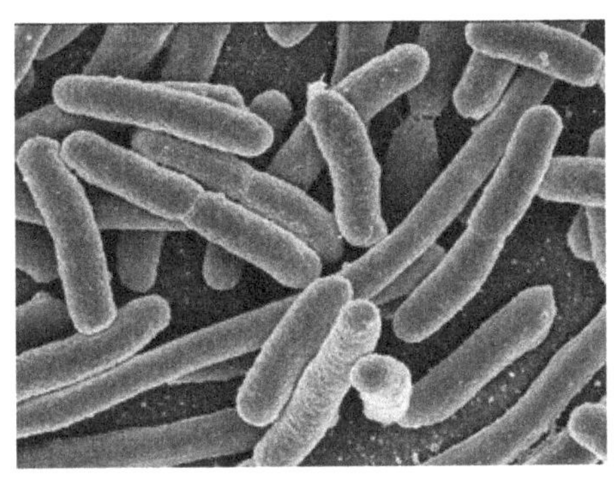

图 3-5　大肠杆菌

(二)枯草杆菌

枯草杆菌(*bacillus subtilis*)是芽孢杆菌属细菌。细胞呈杆状,大小为(0.7～0.8)μm×(2～3)μm,单个细胞,无荚膜,周生鞭毛,运动,革兰氏染色阳性。芽孢(0.6～0.9)μm×(1～1.5)μm,椭圆至柱状。菌落粗糙,不透明,不闪光,扩张,污白色或微带黄色。枯草芽孢杆菌是应用最广泛的产酶微生物,可以用于生产 α-

淀粉酶、蛋白酶、β-葡聚糖酶、5′核苷酸酶和碱性磷酸酶等。电镜下的枯草杆菌如图 3-6 所示。

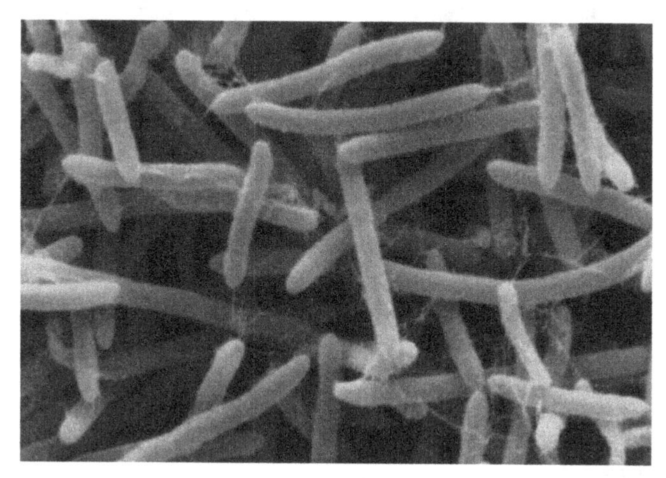

图 3-6　枯草杆菌

二、放线菌

放线菌(*actinomycetes*)是具有分支状菌丝的单细胞原核微生物。常用于酶发酵生产的放线菌主要是链霉菌(*streptomyces*)。链霉菌菌落呈放射状,具有分支的菌丝体,菌丝直径 0.2～1.2 μm,革兰氏染色阳性。菌丝有气生菌丝和基内菌丝之分,基内菌丝不断裂,只有气生菌丝形成孢子链。链霉菌是生产葡萄糖异构酶的主要微生物,同时还可以用于生产青霉素酰化酶、纤维素酶、碱性蛋白酶、中性蛋白酶、几丁质酶等。此外,链霉菌还含有丰富的 16α-羟化酶,可用于甾体转化。电镜下的链霉菌如图 3-7 所示。

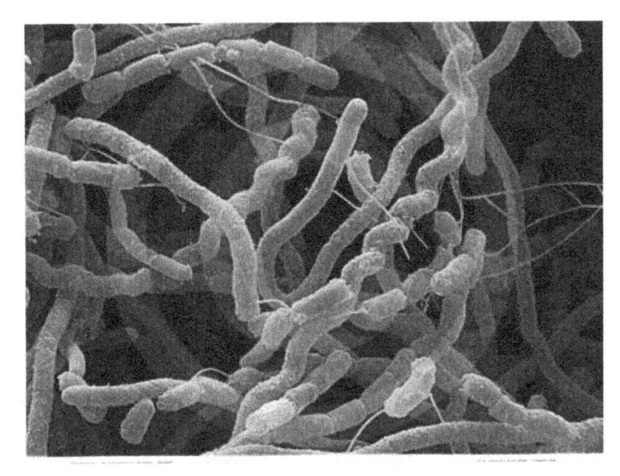

图 3-7 链霉菌

三、霉菌

霉菌是一类丝状真菌，用于酶的发酵生产的霉菌主要有黑曲霉、米曲霉、红曲霉、青霉等。

（一）黑曲霉

黑曲霉（*aspergillus niger*）是曲霉属黑曲霉群霉菌。菌丝体由具有横隔的分支菌丝构成，菌丛黑褐色，顶囊大球形，小梗双层，分生孢子球形，平滑或粗糙。黑曲酶可用于生产多种酶，有胞外酶也有胞内酶。例如，糖化酶、α-淀粉酶、酸性蛋白酶、果胶酶、葡萄糖氧化酶、过氧化氢酶、核糖核酸酶、脂肪酶、纤维素酶、橙皮苷酶和柚苷酶等。电镜下的黑曲霉如图 3-8 所示。

图 3-8　电镜下的黑曲霉

(二)米曲酶

米曲霉(*aspergillus oryzae*)是曲霉属黄曲霉群霉菌。菌丛一般为黄绿色,后变为黄褐色,分生孢子头呈放射状,顶囊球形或瓶形,小梗一般为单层,分生孢子球形,平滑,少数有刺,分生孢子梗长达 2 mm 左右,粗糙。米曲霉中糖化酶和蛋白酶的活力较强,这使米曲霉在我国传统的酒曲和酱油曲的制造中广泛应用。此外,米曲霉还可以用于生产氨基酰化酶、磷酸二酯酶、果胶酶、核酸酶 P 等。

(三)红曲霉

红曲霉(*monascus*)菌落初期白色,老熟后变为淡粉色、紫红色或灰黑色,通常形成红色色素。菌丝具有隔膜,多核,分支甚繁。分生孢子着生在菌丝及其分支的顶端,单生或成链,闭囊壳球形,有柄,其内散生 10 多个子囊,子囊球形,内含 8 个子囊孢子,成熟后子囊壁解体,孢子则留在闭囊壳内。红曲霉可用于生产 α-淀粉酶、糖化酶、麦芽糖酶、蛋白酶等。电镜下的红曲霉如图 3-9 所示。

图 3-9　红曲霉

(四)青霉

青霉(*penicillium*)属半知菌纲。其营养菌丝体无色、淡色或具有鲜明的颜色,有横隔,分生孢子梗亦有横隔,光滑或粗糙,顶端形成帚状分支,小梗顶端串生分生孢子,分生孢子球形、椭圆形或短柱形,光滑或粗糙,大部分生长时呈蓝绿色。有少数种会产生闭囊壳,其内形成子囊和子囊孢子,亦有少数菌种产生菌核。青霉菌种类很多,其中产黄青霉(*penicillium chrysogenum*)用于生产葡萄糖氧化酶、苯氧甲基青霉素酰化酶(主要作用于青霉素)果胶酶、纤维素酶等。橘青霉(*penicillium cityrinum*)用于生产5′-磷酸二酯酶、脂肪酶、葡萄糖氧化酶、凝乳蛋白酶、核酸酶 S_1、核酸酶 P_1 等。电镜下的青霉如图 3-10 所示。

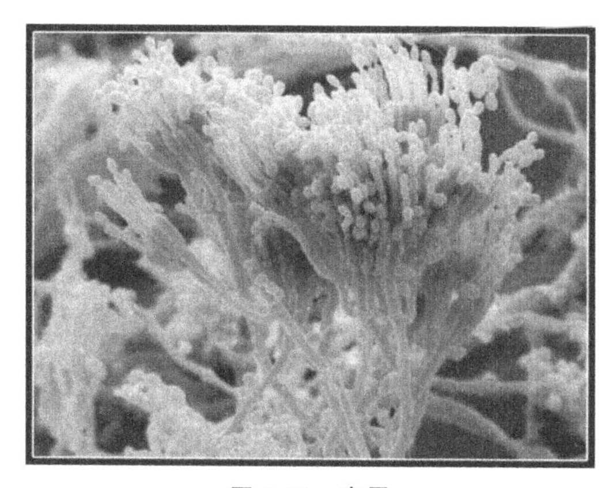

图 3-10 青霉

四、酵母

(一)啤酒酵母

啤酒酵母(*saccharomyces cerevisiae*)是啤酒工业上广泛应用的酵母。细胞圆形、卵形、椭圆形或腊肠形。在麦芽汁培养基上,菌落为白色,有光泽,平滑,边缘整齐。营养细胞可以直接变为子囊,每个子囊含有1~4个圆形光亮的子囊孢子。啤酒酵母除了主要用于啤酒、酒类的生产外,还可以用于转化酶、丙酮酸脱羧酶、醇脱氢酶等的生产。高倍显微镜下的啤酒酵母如图3-11所示。

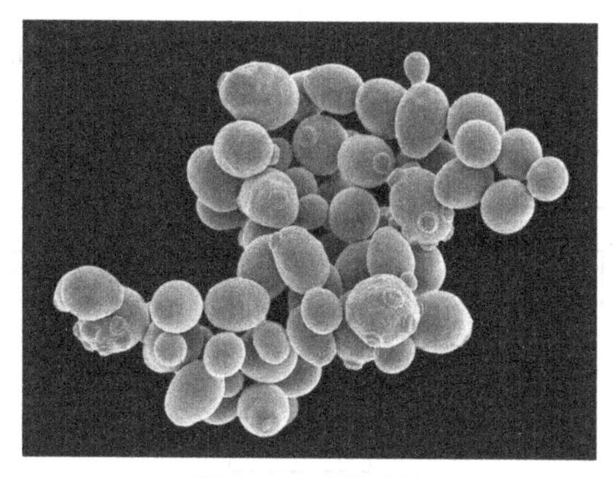

图 3-11 啤酒酵母

(二)假丝酵母

假丝酵母(*candida*)的细胞圆形,卵形或长形。无性繁殖为多边芽殖,形成假菌丝,也有真菌丝,可生成无节孢子、子囊孢子、冬孢子或掷孢子,不产生色素。在麦芽汁琼脂培养基上,菌落呈乳白色或奶油色。假丝酵母可以用于生产脂肪酶、尿酸酶、尿囊素酶、转化酶、醇脱氢酶等。具有较强的17-羟化酶,可以用于甾体转化。

第三节　微生物发酵产酶工艺

在酶的发酵生产中,除了选择性能优良的产酶细胞以外,还必须控制好各种工艺条件,并且在发酵过程中,根据发酵过程的变化情况进行调节,以满足细胞生长、繁殖和产酶的需要。微生物发酵产酶的一般工艺流程如图3-12所示。

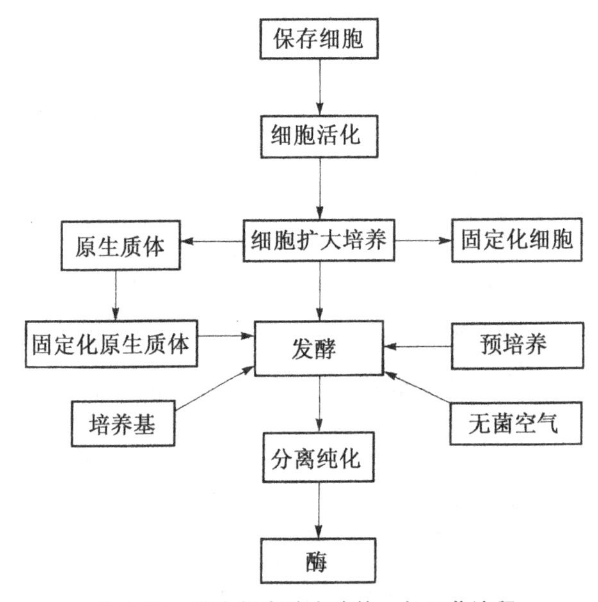

图3-12　微生物发酵产酶的一般工艺流程

一、产酶微生物的保藏

发酵工艺的首要步骤是产酶微生物的保藏。精选的宿主一旦确定，用于接种的摇瓶培养体开始正常储存和保存菌株。储存培养物的常用方法包括以下几种：①在液氮温度下（－190℃）加入10%～20%甘油或二甲基亚砜（DMSO）；②细胞冷冻干燥；③琼脂平板或斜面培养，放在冰箱冷冻和定期转移。

在从摇瓶到生产期的发酵放大过程中，需要培养应用于工业发酵生产规模的菌种。对菌种的要求是在发酵前期能使培养液中的起始细胞浓度尽可能高，在不损害菌体生理代谢的条件下，尽量缩短菌体生长的延迟期。三角瓶菌种液是从冷冻、冷冻干燥或平皿保藏的菌种开始制备的。三角烧瓶含有培养液体，培养液的组成是按最适于菌体生长进行设计的。首先在三角摇瓶中接种保藏的菌种，然后在摇床上培养4～48 h。转移时间和细胞生长周期是非常关键的因素。另外，接种的目的是使细胞能在生长环境中生长，所以设计菌种液应该以菌体的生理特性为依据。

二、细胞活化与扩大培养

（一）菌种活化

工业生产为了防止菌种退化，一般都采用各种方法保藏菌种。保藏的菌种活性很低，处于休眠状态，使用之前必须接种于新鲜的斜面培养基上，在一定的条件下进行培养，以恢复细胞的生命活动，这一过程称之为菌种的活化。

（二）菌种的扩大培养

所谓扩大培养是指将已经活化的细胞通过扁瓶或摇瓶及种子罐逐级扩大培养，最终获得一定数量和质量的纯种过程。这些纯种培养物称为种子,用于细胞扩大培养的培养基称为种子培养基。通常种子培养基中氮源比较丰富,碳源相对较少。此外,种子培养基还应满足种子生长所需的温度、pH 以及溶解氧的供给等。种子扩大培养进入对数生长期后,就可以进入下一级扩大培养或发酵。若以孢子接种,则要培养至孢子成熟,才能接入进行发酵。接种量一般为发酵培养基总量的 1%～10%。

三、培养基的配制

培养基是指人工配制的用于细胞培养与发酵的营养混合物。培养基的配制一定要满足细胞生长的需求,不同的细胞对培养基的要求不同,同一细胞在生产不同的物质时所需的培养基也不同。

(一)培养基的基本组分

培养基的基本组分包括碳源、氮源、无机盐和生长因子等几大类组分。

1. 碳源

碳源为细胞生长提供碳素化合物,通常碳源也是细胞的能量的来源。碳是细胞不可或缺的元素,也是酶的重要组成部分,因此碳源是酶生物合成法中不可或缺的营养物质。

不同的细胞对碳源的营养需求也不相同,因此在配制培养基时应根据细胞的需求选择不同的碳源。

除了营养因素之外,还要考虑到某些碳源对酶的生物合成具有代谢调节的功能,主要包括酶生物合成的诱导作用及分解代谢物阻遏作用。

2. 氮源

氮源是指向细胞提供氮元素的营养物质,氮源是构成细胞中蛋白质与核酸的主要元素之一，也是酶生长与组成酶分子的主要元素之一。氮源分为有机氮源和无机氮源两大类。

不同的细胞生长对氮源的需求也不同，所以在配制培养基时应根据细胞的营养需求进行合理的选择。实验发现，碳和氮两者浓度的比例，即碳氮比（[C]/[N]），对酶的产量有显著影响。因此在配制之前一定要计算好这一比例。

3. 无机盐

细胞生长中必须有无机元素，有的无机元素是细胞的主要组成元素，有些则是酶分子的组成元素，有些作为酶的抑制剂调节酶的活性，有些作为酶的激活剂调节酶的活性，有些则对 pH、氧化还原电位、渗透压有调节作用。

根据细胞对无机元素需要量的不同，无机元素可分为大量元素和微量元素两大类。微量元素的需要很少，过量反而对细胞的生命活动有不良影响，必须严加控制。

无机元素是通过在培养基中添加无机盐来提供的。一般采用添加水溶性的硫酸盐、磷酸盐、盐酸盐或硝酸盐等。有些微量元素在配制培养基所使用的水中已经足量，不必再添加。

4. 生长因素

生长因素（即生长因子）是指细胞生长、繁殖所必需的微量有机化合物。主要包括各种氨基酸、嘌呤、嘧啶、维生素及动植物生长激素等。

有的细胞可以通过自身的新陈代谢合成所需的生长因素，有的细胞属营养缺陷型细胞，本身缺少合成某一种或某几种生长因素的能力，需要在培养基中添加所需的生长因素，细胞才能正常生长、繁殖。

在酶的发酵生产中，一般在培养基中添加含有多种生长因素的天然原料的水解物，如酵母膏、玉米浆、麦芽汁、麸皮水解液等，以提供细胞所需的各种生长因素；也可以加入某种或某几种提纯的有机化合物，以满足细胞生长、繁殖之需。

（二）微生物发酵产酶的几种发酵培养基

微生物发酵产酶的培养基多种多样。不同的微生物，生产不同的酶，所使用的培养基不同。即使是相同的微生物，生产同一种酶，在不同地区、不同企业中采用的培养基也有所差别，必须根据具体情况进行选择和优化。现举例如下：

（1）枯草杆菌 BF7658 α-淀粉酶发酵培养基：玉米粉 8%、豆饼粉4%、磷酸氢二钠 0.8%、硫酸铵 0.4%、氯化钠 0.2%、氯化铵 0.15%（自然 pH）。

（2）黑曲霉糖化酶发酵培养基：玉米粉 10%、豆饼粉 4%、麸皮 1%（pH＝4.4～5.0）。

（3）地衣芽孢杆菌 2709 碱性蛋白酶发酵培养基：玉米粉5.5%、豆饼粉 4%、磷酸氢二钠 0.4%、磷酸二氢钾 0.03%（pH＝8.5）。

（4）橘青霉磷酸二酯酶发酵培养基：淀粉水解糖 5%、蛋白胨 0.5%、硫酸镁 0.05%、氯化钙 0.04%、磷酸氢二钠 0.05%、磷酸二氢钾 0.05%（自然 pH）。

四、pH 的调节控制

培养基的 pH 与细胞的生长、繁殖及发酵产酶关系密切，在发酵过程中必须进行必要的调节控制。

不同的细胞，其生长繁殖的最适 pH 有所不同。一般细菌和放线菌的最适生长 pH 在中性或碱性范围（pH 为 6.5～8.0）；霉菌和酵母的最适生长 pH 为偏酸性（pH 为 4～6）；植物细胞的最适生长 pH 为 5～6。

细胞发酵的最适产酶 pH 与最适生长 pH 往往有所不同。细胞生产某种酶的最适 pH 通常接近该酶催化反应的最适 pH。

有些细胞可以同时产生若干种酶，在生产过程中，通过控制培养基的 pH，往往可以改变各种酶之间的产量比例。例如，黑曲

霉可以生产 α-淀粉酶，也可以生产糖化酶。在培养基的 pH 为中性范围时，α-淀粉酶的产量增加而糖化酶减少；反之在培养基的 pH 偏向酸性时，则糖化酶的产量提高而 α-淀粉酶的量降低。

随着细胞的生长、繁殖和新陈代谢产物的积累，发酵过程中培养基的 pH 往往会发生变化。这种变化的情况与细胞特性有关，也与培养基的组成成分及发酵工艺条件密切相关。

因此，在发酵过程中，必须对培养基的 pH 进行适当的控制和调节，以满足细胞生长和产酶的要求。

五、温度的调节控制

细胞的生长、繁殖和发酵产酶需要一定的温度条件。在一定的温度范围内，细胞才能正常生长、繁殖和维持正常的新陈代谢。例如，枯草杆菌的最适生长温度为 34～37℃，黑曲霉的最适生长温度为 28～32℃等。

有些细胞发酵的最适产酶温度与细胞最适生长温度有所不同，而且往往低于最适生长温度，这是由于在较低温度条件下，可以提高酶所对应的 mRNA 的稳定性，增加酶生物合成的延续时间，从而提高酶的产量。因此，必须进行试验，以确定最佳产酶温度。为此在有些酶的发酵生产过程中，要在不同的发酵阶段控制不同的温度，即在细胞生长阶段控制在细胞的最适生长温度范围，而在产酶阶段控制在最适产酶温度范围。

在细胞生长和发酵产酶过程中，细胞的新陈代谢放出热量，同时热量也会不断扩散，两者综合结果，决定了培养基的温度。由于在细胞生长和产酶的不同阶段，细胞新陈代谢放出的热量有较大差别，散失的热量又受到环境温度等因素的影响，使培养基的温度发生明显的变化。为此必须经常及时地对温度进行调节控制，使培养基的温度维持在适宜的范围内。

六、溶解氧的调节控制

细胞的生长、繁殖和酶的生物合成过程需要大量的能量。为了获得足够多的能量，细胞必须获得充足的氧气，使从培养基中获得的能源物质（一般是指各种碳源）经过有氧降解而生成大量的 ATP。

在培养基中培养的细胞一般只能吸收和利用溶解氧。通常情况下，培养基中溶解的氧并不多。在细胞培养过程中，培养基中原有的溶解氧很快就会被细胞利用完。为了满足细胞生长、繁殖和发酵产酶的需要，在发酵过程中必须不断供给氧，使培养基中的溶解氧保持在一定的水平。溶解氧的调节控制，就是要根据细胞对溶解氧的需要量，连续不断地进行补充，使培养基中溶解氧的量保持恒定。

细胞对溶解氧的需要量与细胞的呼吸强度及培养基中的细胞浓度密切相关。可以用耗氧速率 K_{O_2} 表示。

$$K_{O_2}=Q_{O_2}C_c$$

式中：Q_{O_2} 为细胞呼吸强度；C_c 为细胞浓度。

耗氧速率是指单位体积（L，mL）培养液中单位时间（h，min）内所消耗的氧气量（mmol，mL）。耗氧速率一般以 mmol 氧/（h・L）表示。细胞呼吸强度是指单位细胞量（每个细胞，1 g 干细胞）在单位时间（h，min）内的耗氧量，一般以 mmol/（h・g 干细胞）或 mmol 氧/（h・每个细胞）表示。细胞的呼吸强度与细胞种类和细胞的生长期有关。不同的细胞其呼吸强度不同；同一种细胞在不同生长阶段，其呼吸强度也有所差别。一般细胞在生长旺盛期的呼吸强度较大，在发酵产酶高峰期，由于酶的大量合成，需要大量氧气，其呼吸强度也大。细胞浓度是指单位体积培养液中细胞的量，以 g 干细胞/L 或个细胞/L 表示。

在酶的发酵生产过程中，处于不同生长阶段的细胞，其细胞浓度和细胞呼吸强度各不相同，致使耗氧速率有很大的差别。因此，必须根据耗氧量的不同，不断供给适量的溶解氧。

溶解氧的供给，一般是将无菌空气通入发酵容器，再在一定的条件下使空气中的氧溶解到培养液中，以供细胞生命活动之需。培养液中溶解氧的量，决定于在一定条件下氧气的溶解速率。

氧的溶解速率又称为溶氧速率或溶氧系数，溶氧速率是指单位体积的发酵液在单位时间内所溶解的氧的量，其单位通常为 mmol 氧/(h・L)。

溶氧速率与通气量、氧气分压、气液接触时间、气液接触面积及培养基的性质等有密切关系。一般来说，通气量越大、氧气分压越高、气液接触时间越长、气液接触面积越大，则溶氧速率越大。培养液的性质，主要是黏度、气泡及温度等对于溶氧速率有明显影响。

当溶氧速率和耗氧速率相等时，培养液中的溶解氧的量保持恒定，可以满足细胞生长和发酵产酶的需要。

随着发酵过程的进行，细胞耗氧速率发生改变时，必须相应地对溶氧速率进行调节。调节溶解氧的方法主要有：①调节通气量；②调节氧的分压；③调节气液接触时间；④调节气液接触面积；⑤改变培养液的性质。

以上各种调节方法可以根据不同菌种、不同产物、不同的生物反应器、不同的工艺条件的不同情况选择使用，以便根据发酵过程耗氧速率的变化而及时有效地调节溶氧速率。

若溶氧速率低于耗氧速率，则细胞所需的氧气量不足，必然影响其生长、繁殖和新陈代谢，使酶的产量降低。然而，过高的溶氧速率对酶的发酵生产也会产生不利的影响，一方面会造成浪费，另一方面高溶氧速率也会抑制某些酶的生物合成，如青霉素酚化酶等。

七、提高酶产量的措施

酶的发酵首先要选育或选择使用优良的产酶细胞保证正常

的发酵工艺条件。其次，还可以添加诱导物、控制阻遏物的浓度、添加表面活性剂、添加产酶促进剂等有效措施。

(一)添加诱导物

对于诱导酶的发酵生产，在发酵过程中的某个适宜的时机，添加适宜的诱导物，可以显著提高酶的产量。例如，乳糖诱导β-半乳糖苷酶、纤维二糖诱导纤维素酶、蔗糖甘油单棕榈酸诱导蔗糖酶的生物合成等。

一般来说，不同的酶有各自不同的诱导物。然而，有时一种诱导物可以诱导同一个酶系的若干种酶的生物合成。例如，β-半乳糖苷可以同时诱导乳糖系的β-半乳糖苷酶、透过酶和β-半乳糖乙酰化酶等3种酶的生物合成。

同一种酶往往有多种诱导物。例如，纤维素、纤维糊精、纤维二糖等都可以诱导纤维素酶的生物合成等。在实际应用时可以根据酶的特性、诱导效果和诱导物的来源、价格等方面进行选择。

诱导物一般可以分为3类：酶的作用底物、酶的催化反应产物和酶作用底物的类似物。在细胞发酵产酶的过程中，添加适宜的诱导物对酶的生物合成具有显著的诱导效果。

(二)控制阻遏物的浓度

有些酶的生物合成受到某些阻遏物的阻遏作用，结果导致该酶的合成受阻或产酶量降低。为了提高酶产量，必须设法解除阻遏物引起的阻遏作用。

阻遏作用根据其作用机制的不同，可以分为产物阻遏和分解代谢物阻遏两种。产物阻遏是由酶催化作用的产物或代谢途径的末端产物引起的阻遏作用；而分解代谢物阻遏是由分解代谢物(葡萄糖和其他容易利用的碳源等物质经过分解代谢而产生的物质)引起的阻遏作用。

控制阻遏物的浓度是解除阻遏、提高酶产量的有效措施。为了减少或解除分解代谢物阻遏作用，应当控制培养基中葡萄糖等容易利用的碳源的浓度。可以采用其他较难利用的碳源，如淀粉等，或者采用补料、分次加碳源等方法，控制碳源的浓度在较低的水平，以利于酶产量的提高。此外，在分解代谢物阻遏存在的情况下，添加一定量的环腺苷酸(cAMP)，可以解除或减少分解代谢物阻遏作用，若同时有诱导物存在，即可以迅速产酶。

对于受代谢途径末端产物阻遏的酶，可以通过控制末端产物的浓度的方法使阻遏解除；对于非营养缺陷型菌株，由于在发酵过程中会不断合成末端产物，即可以通过添加末端产物类似物的方法，以减少或解除末端产物的阻遏作用。

(三)添加表面活性剂

表面活性剂可以与细胞膜相互作用，增加细胞的透过性，有利于胞外酶的分泌，从而提高酶的产量。

将适量的非离子型表面活性剂添加到培养基中，可以加速胞外酶的分泌，而使酶的产量增加。在使用时，应当控制好表面活性剂的添加量，过多或不足都不能取得良好效果。由于离子型表面活性剂对细胞有毒害作用，尤其是季铵型表面活性剂(如新洁尔灭等)是消毒剂，对细胞的毒性较大，不能在酶的发酵生产中添加到培养基中。

(四)添加产酶促进剂

产酶促进剂是指可以促进产酶，但是作用机制未阐明的物质。在酶的发酵生产过程中，添加适宜的产酶促进剂，往往可以显著提高酶的产量。例如，添加一定量的植酸钙镁，可使霉菌蛋白酶或橘青霉磷酸二酯酶的产量提高1～20倍。产酶促进剂对不同细胞、不同酶的作用效果各不相同，需要通过试验确定添加种类与添加量。

第四节　α-胡萝卜素降解产香菌株的分离、鉴定及发酵条件优化

类胡萝卜素是由8个类异戊二烯单元组成的多烯类物质，是C_{40}类萜化合物及其衍生物的总称，呈黄色、红色或橙红色。常见重要类胡萝卜素有α-胡萝卜素、β-胡萝卜素、六氢番茄红素、八氢番茄红素和叶黄素等。类胡萝卜素经过酶催化或光氧化可分解产生C-13，C-11，C-10，C-9衍生物，包括α-紫罗兰酮、α-紫罗兰酮、二氢猕猴桃内酯和β-大马酮等重要的香料物质，在制备食品用香精和香料方面具有重要应用价值。

目前对于类胡萝卜素降解方法主要有物理法和化学法，其中物理降解条件不够温和，化学方法没有选择性。生物降解法是近年发展起来的高效降解类胡萝卜素方法，该方法不仅具有高度选择性，而且微生物种类多、含酶丰富，可进行多种生物转化反应。到目前为止，β-胡萝卜素生物降解及其香味产物的研究较多，而α-胡萝卜素和叶黄素相关研究还较少。本文利用微生物学方法从烟叶中筛选到α-胡萝卜素降解菌株 *saccharomyces cerevisiae* strain ULI3，并优化了该菌株发酵液降解α-胡萝卜素的活性，为类胡萝卜素生物降解以及降解产物工业化应用打下坚实基础。

一、试验材料

筛菌样品：玉溪KC3F烤烟烟叶，产地云南。

试剂及仪器：α-胡萝卜素标样(百灵威科技有限公司)；α-胡萝卜素底物(纯度90%，陕西帕尼尔生物科技有限公司)；GC-MS色谱联用仪(Agilent 7890C，Agilent公司)；梯度PCR仪(德国Eppendorf公司)，2600UC/VIS紫外可见分光光度计(美国UNIC公司)；冷冻离心机(J6-MI，美国Beckman公司)。

富集培养基：K_2HPO_4(1 g /L)、$MgSO_4 \cdot 7H_2O$(0.5 g/L)、$NaNO_3$(3 g/L)、$FeSO_4 \cdot 7H_2O$(0.01 g/L)、KCl(0.5 g/L)、蔗糖(30 g/L)、酵母浸粉(3 g/L)。

发酵培养基、分离培养基：在富集培养基基础上添加 15 g/L α-胡萝卜素。

二、实验方法

(一)菌种的筛选

1. 初筛

称取 10 mg 烟叶于 250 mL 三角瓶中，加入 100 mL 无菌水浸泡 24 h，抽滤，取滤液 2 mL 加到富集培养基中，28℃、转速 150 r/min 培养 2 d，得到菌源。取适量菌源进行梯度稀释，选择 10^{-3}，10^{-4}，10^{-5}三个浓度梯度在分离培养基上进行平板涂布，每个浓度梯度平行涂布 3 个平板，同时对不含有底物 α-胡萝卜素的平板进行涂布作为对照组。将涂布好的平板于培养箱中 28 ℃培养 2～3 d，挑选出形态较好，有透明圈产生的单菌落，反复进行划线分离纯化。

2. 复筛

挑选出透明圈较为明显的单菌落接种于 100 mL 发酵培养基中 28 ℃、转速 150 r/min 培养 2 d，通过观察摇瓶颜色，以及 GC-MS 分析检测降解产物，进一步筛选具有降解 α-胡萝卜素能力的菌株。

(二)GC-MS 分析检测降解产物

1. 降解产物萃取

100 mL 发酵液，于 250 mL 分液漏斗中加入等体积的分析纯二氯甲烷，缓缓摇晃，使两相混合均匀，静置 20 min 后收集有机相，重复以上步骤 3 次，合并有机相，旋转蒸发除去二氯甲烷后，加入 1 mL 色谱纯二氯甲烷溶解，过 0.22 μm 有机系滤膜后，于 4℃低温储存备用，以上操作均在避光环境中进行。

2. 降解产物分析检测

色谱条件：HP-5 色谱柱 30 m×0.25 mm×0.25 μm；载气为氦气，流速为 1 mL/min；程序升温：40 ℃，保持 2.5 min，以 2 ℃/min 的升温速度升至 280 ℃并保持 5 min；进样量为 2 μL；分流比为 0。MS 分析条件：溶剂延迟 6 min，质谱扫描范围 35～455 aum，传输线温度 280℃，离子源为 EI 源，EI 电子能量 70 eV。定性和定量分析时，分别采用全扫描(Scan)和选择离子扫描(SIM)模式。

(三)降解产物降解率测定。

α-胡萝卜素储备液的配制：避光条件下，称取 1 mg α-胡萝卜素，溶于 5 mL 的分析纯二氯甲烷中，待 α-胡萝卜素彻底溶解后加入 0.1 gTween-80 进行乳化，减压浓缩除去二氯甲烷，得到分散均匀的胡萝卜素，加入 10 mL 无菌水溶解得到 0.1 mg/mL α-胡萝卜素储备液，待用。α-胡萝卜素标准曲线的制备：分别量取 0 μL、30 μL、50 μL、100 μL、200 μL、400 μL、500 μL、700 μL、800 μL、900 μL α-胡萝卜素储备液于 10 支 25 mL 容量瓶中，加蒸馏水定容，分光光度法测 460 nm 处吸光度，以蒸馏水为空白对照，根据所得数据制定标准曲线。得到线性方程为 $y=0.2765x+0.005$ ($R^2=0.999\ 9$)。式中，x 为 α-胡萝卜素水溶液浓度，μg/mL；y 为 α-胡萝卜素水溶液的吸光度。

降解率的测定：采用分光光度法。以培养基作为空白对照，在发酵培养基中加入 1 mL 浓度为 1 mg/mL 的 α-胡萝卜素储备液，分别在发酵前和发酵 24 h 后测定吸光度，其降解率按式(3-1)计算：

$$降解率/\% = \frac{\alpha-胡萝卜素的减少量}{原有\ \alpha-胡萝卜素含量} \times 100 \qquad (3\text{-}1)$$

(四)菌株鉴定

1. 形态观察

菌体经过结晶紫染色 2 min 后，分别在低倍镜与高倍镜下观察菌株形态。

2. ITS 序列扩增、测序及系统发育分析

用细菌基因组 DNA 快速抽提试剂盒提取目标菌株基因组 DNA，PCR 反应引物为真菌 ITS 序列通用引物 5′-TCCGTAGGTGAACCTGCGG-3′（正向）和 5′-TCCTCCGCTTATTGATATGC-3′(反向)，引物由上海生物工程有限公司合成。PCR 反应体系：10 μL 10×PCR buffer，1 μL 基因模板，5 μL 2.5 mmol/LdNTPMixture，1 μL 上游引物，1 μL 下游引物，1 μL Tag 酶，81 μL 无菌水。测序由上海生物工程有限公司完成。系统发育分析根据其 16Sr RNA 基因序列用 MEGA5.1 软件构建系统进化树，使用 Neighbor-Joining 法进行 1 000 次步长计算。

(五)菌株发酵培养条件的优化

1. 碳源影响

选择蔗糖、葡萄糖、麦芽糖、乳糖和果糖 5 种碳源，其余成分相同(发酵培养基)，比较 α-胡萝卜素降解能力，选择最佳碳源。根据所选择的最佳碳源，取其不同质量浓度(10 g/L、30 g/L、50 g/L、70 g/L、90 g/L)进行培养，研究碳源质量浓度对 α-胡萝卜素降解能力的影响。

2. 氮源影响

在最佳碳源条件下，选择 $NaNO_3$、$(NH_4)_2SO_4$、胰蛋白胨和

尿素 4 种氮源，比较其 α-胡萝卜素降解能力，确定最佳氮源。根据所选择的最佳氮源，取其不同质量浓度(1 g/L、3 g/L、5 g/L、7 g/L、9 g/L)进行培养，研究氮源质量浓度对 α-胡萝卜素降解能力的影响。

3. 酵母粉影响

在最佳碳源和氮源条件下，比较不同浓度酵母粉(1 g/L、3 g/L、5 g/L、7 g/L、9 g/L)对 α-胡萝卜素降解能力的影响。

4. 初始 pH 影响

选择最佳浓度碳源、氮源、酵母粉配制发酵培养基，设置不同 pH(5、6、7、8、9)，比较胡萝卜素降解率，确定最佳初始 pH。

5. 正交试验的设计

根据单因素实验结果，选择 4 个影响较大的因素进行 4 因素 3 水平 $L_9(3^4)$正交试验。

二、结果与讨论

(一)α-胡萝卜素降解菌的筛选

从烟叶中共筛选到 5 株降解 α-胡萝卜素的菌株，分别接种于含有 α-胡萝卜素底物的发酵培养基中进行发酵培养，根据分光光度法分别测定其降解能力。由图 3-13 可知，菌株 ULI3 的 α-胡萝卜素降解能力最高，其降解率为 89.74%。α-胡萝卜素在菌株 ULI3 作用下形成多种降解产物，经 GC-MS 分析，如图 3-14 所示。检测出 28 个挥发性的化合物，主要包括酮类、醛类、醇类、烯烃类、芳烃类以及少量的酸类和酯类化合物。其中，5,6-环氧-β-紫罗兰酮(6.15%)、β-紫罗兰酮(5.1%)、二氢猕猴桃内酯(3.12%)、2-羟基-3,5,5-三甲基-2-环己烯酮(1.69%)、异佛尔酮(1.51%)、β-环柠檬醛(1.1%)、2,6,6-三甲基-1-环己烯基乙醛(0.8%)、2,2,6-三甲基环己酮(0.64%)等是重要的香料物质,见表 3-2。因此,菌株 ULI3 具有降解 α-胡萝卜素产香的能力,可以作为模式菌株研究 α-胡萝卜素降解及产物分析。

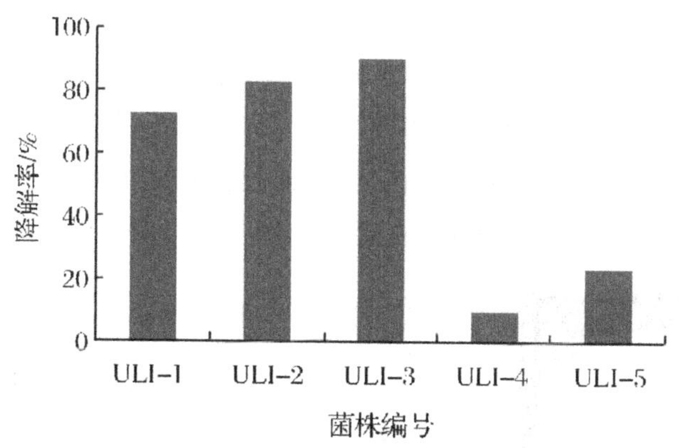

图 3-13　5 株 α-胡萝卜素降解菌株降解率比较

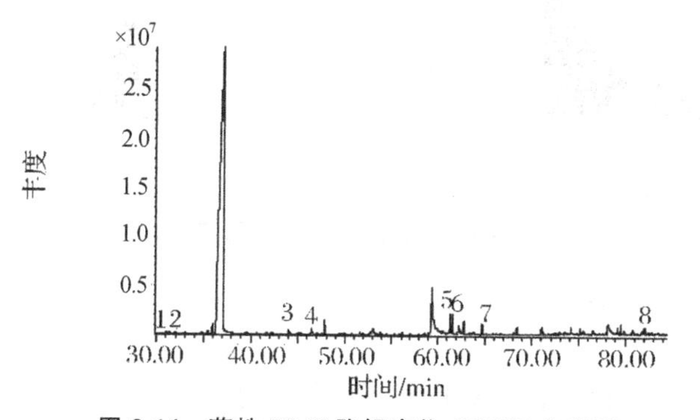

图 3-14　菌株 ULI3 降解产物 GC-MS 色谱图

表 3-2　菌株 ULI3 降解产物主要香味物质

序号	保留时间/min	香味物质名称	相对百分含量/%
1	30.146 5	2,3,6—三甲基环己酮	0.64
2	31.965	异氟尔酮	1.51
3	44.027 3	β-环柠檬醛	1.10
4	46.582 3	2,6,6-三甲基-4-环己烯基乙醛	0.80
5	61.354 1	β-紫罗兰酮	5.10
6	61.579 5	5,6-环氧-β-紫罗兰酮	6.15
7	64.735 7	二氢猕猴桃内酯	3.12
8	82.094 7	2-羟基-3,5,5-三甲基-2-环己烯酮(烟酮)	1.69

(二)菌株鉴定

1.形态特征

将菌株 ULI3 接种于固体培养基,培养 36 h 后长出菌落,48 h后平板颜色基本褪完,如图 3-15 所示。菌落表面有光泽,边缘整齐,中心有隆起;染色后在光学显微镜(×100 或×400)下观察,菌体多为椭球形和卵形,直径 5～10 μm,进行单极出芽生殖。

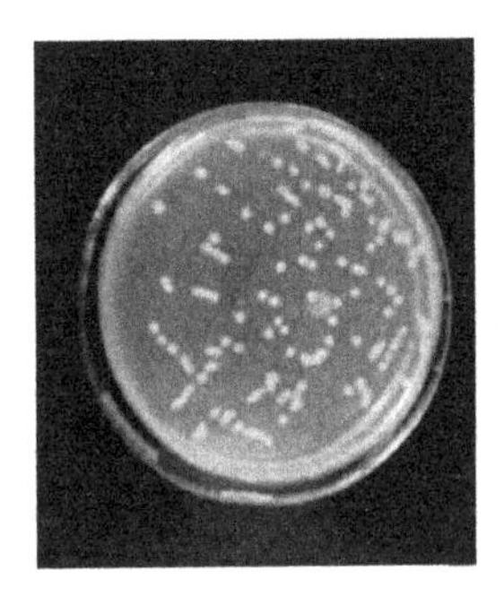

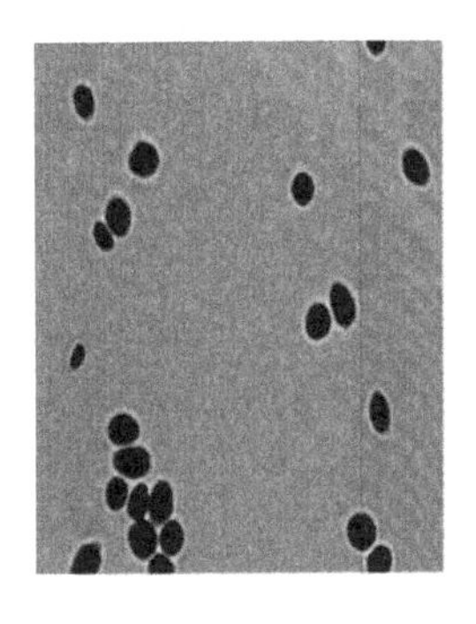

(a) 培养48h　(b) ×100光学显微镜下　(c) ×400光学显微镜下

图 3-15　菌株 ULI3 菌落形态

2.进化树分析

利用真菌 ITS rDNA 特征性引物对菌株 ULI3 基因组进行 PCR 扩增,得到 820 bp 目的序列。NCBI Genbank 数据库中进行 blast 同源序列分析,发现菌株 ULI3 与酵母属(saccharomyces)具有 98%以上的同源性。系统进化树结果表明(见图 3-16),菌株 ULI3 与酿酒酵母聚为一类。初步鉴定菌株 ULI3 为酿酒酵母(s. cerevisiae)。

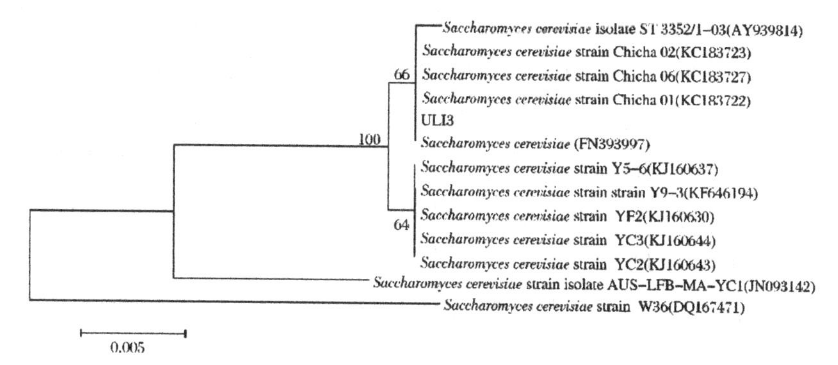

图 3-16　菌株 ULI3 ITS 区域序列系统进化树

(三)菌株 ULI3 发酵培养基的优化

1. 碳源影响

由图 3-17 可知,对 α-胡萝卜素降解率而言,蔗糖＞乳糖＞麦芽糖＞葡萄糖＞果糖,蔗糖作为碳源降解效果明显优于其他碳源。蔗糖作为非还原性双糖,可以缓慢被菌体利用,既提供了菌体生长必需的碳源和能量,又能保证菌体充分降解 α-胡萝卜素底物。葡萄糖是还原性单糖,可以快速被菌体彻底利用,从而导致胡萝卜素降解率偏低。乳糖和淀粉不易水解,因此也不容易被利用。

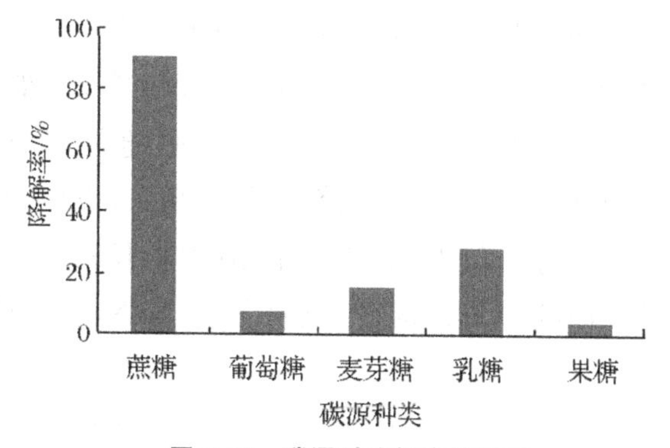

图 3-17　碳源对降解率的影响

由图 3-18 可见,蔗糖浓度对降解率有比较明显的影响。在蔗糖浓度 10～30 g/L 内,其降解率随着蔗糖浓度的增加而增高,当蔗糖质量浓度为 30 g/L 时，其降解率最高，之后，随着蔗糖浓度增加，降解率呈现下降趋势。实验结果表明，蔗糖质量浓度在 30 g/L 以下时，碳源浓度偏低，不能保证菌体的正常生长，从而也达不到最优降解效果。当碳源质量浓度在 30 g/L 以上时，菌体优先利用充足的蔗糖，因此不能很好地降解胡萝卜素底物，并且会随着蔗糖浓度的增加，降解效果会越来越差。蔗糖为 30 g/L 时，菌体既能正常生长，又能彻底降解底物。因此，蔗糖最佳质量浓度为 3%。

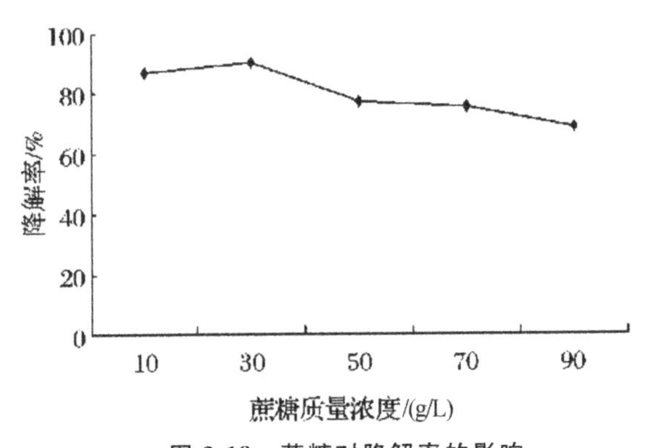

图 3-18 蔗糖对降解率的影响

2. 氮源影响

由图 3-19 可以看出，菌株 ULI3 在以 $NaNO_3$ 为氮源的培养基中，对 α-胡萝卜素的降解能力最高。不同质量浓度(1 g/L、3 g/L、5 g/L、7 g/L、9 g/L) $NaNO_3$ 对降解率影响明显，如图 3-20 所示。$NaNO_3$ 质量浓度低于 3 g/L 时，其降解率随着 $NaNO_3$ 浓度的增加而增高，$NaNO_3$ 为 3 g/L 时，降解率最高，$NaNO_3$ 高于 3 g/L 时，降解率呈下降趋势。氮源过多，会使菌体生长过于旺盛，pH 偏高，不利于代谢产物的积累。因此，选择氮源 $NaNO_3$ 最佳质量浓度为 3 g/L。

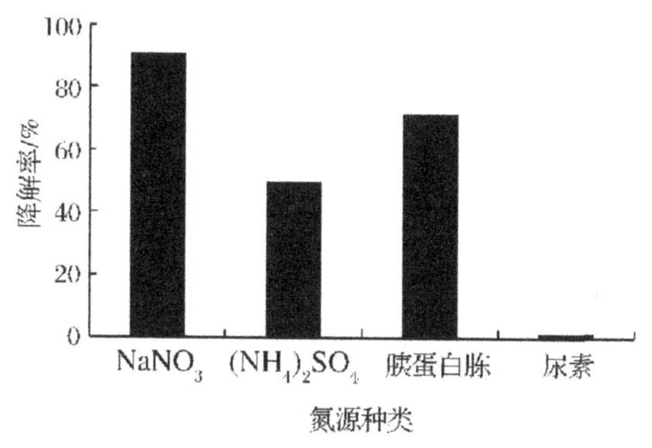

图 3-19　氮源对降解率的影响

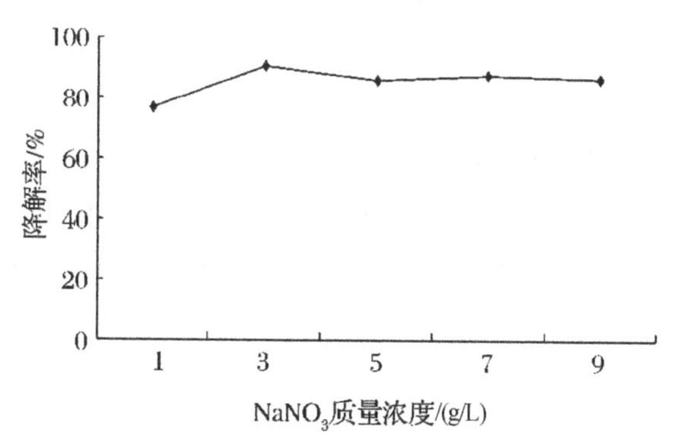

图 3-20　硝酸钠对降解率的影响

3. 酵母粉影响

由图 3-21 可以看出，酵母粉对降解率的影响很明显。菌体在酵母粉浓度为 0.3%的培养基中，对 α-胡萝卜素的降解能力最高，随着酵母粉浓度的减小或增大，降解率变低。酵母粉浓度为 0.3%时，既给菌体补充了足够的营养，保证菌体正常生长，又能彻底降解底物。因此，酵母粉的最佳浓度为 0.3%。

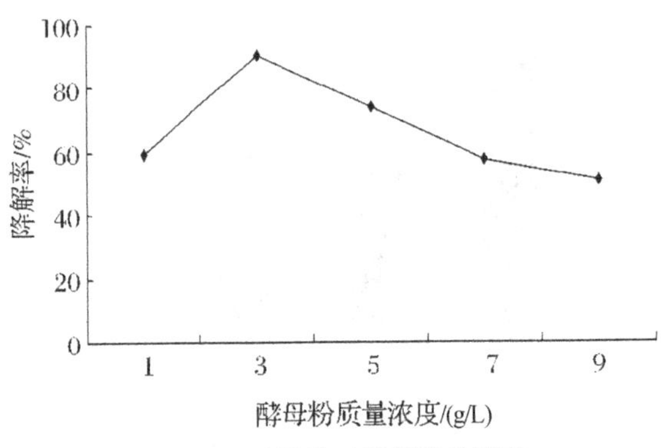

图 3-21 酵母粉对降解率的影响

4. 初始 pH 影响

从图 3-22 可以看出，发酵液的初始 pH 对降解率影响很大，在初始 pH＜8 时，菌种降解能力随 pH 的增大而升高，初始 pH＞8 时，降解率大幅度下降。因此，确定菌株 ULI3 最适初始 pH 为 8。

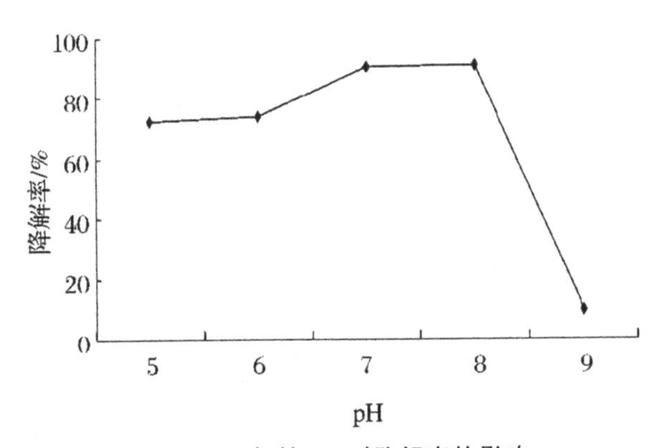

图 3-22 初始 pH 对降解率的影响

5. 正交试验结果

根据单因素实验结果，选取蔗糖浓度、$NaNO_3$ 浓度、酵母粉浓度和初始 pH 四个因素进行正交试验。具体水平设置见表 3-3。由正交试验结果(见表 3-4)可以看出，极差 R 的大小依次为 C＞B＞D＞A，这说明因素对降解率的影响顺序是酵母粉浓度＞氮源浓度＞初始 pH＞碳源浓度。根据表 3-5 方差分析结果可知酵母粉对降解率影响显著。由所得数据得最优发酵条件为$A_2B_3C_2D_2$，即蔗糖浓度30 g/L，硝酸钠质量浓度4 g/L，酵母质量粉浓度3 g/L，初始pH为8。在此最佳条件下进行验证试验，α-胡萝卜素降解率为97.13%。

表3-3　正交因素水平表

水平	因素			
	A（蔗糖）/%	B（$NaNO_3$）/%	C（酵母粉）/%	D 初始pH
1	2	0.2	0.2	7.5
2	3	0.3	0.3	8
3	4	0.4	0.4	8.5

表3-4　正交试验结果

试验号	A	B	C	D	降解率/%
1	1	1	1	1	57.16
2	1	2	2	2	94.54
3	1	3	3	3	93.40
4	2	1	2	3	93.32
5	2	2	3	1	89.95
6	2	3	1	2	80.29
7	3	1	3	2	92.13
8	3	2	1	3	60.68
9	3	3	2	1	95.14
k_1	81.70	80.87	66.04	80.75	
k_2	87.85	81.72	94.33	88.99	
k_3	62.65	89.61	91.83	82.47	
极差 R	6.15	8.74	28.29	8.24	

表 3-5 降解率方差分析结果

因素	偏差平方和	自由度	F 比	F 临界值	显著性
蔗糖	65.841	2	1.000	19.000	
$NaNO_3$	139.315	2	2.116	19.000	
酵母粉	1 471.388	2	22.348	19.000	*
pH	113.300	2	1.721	19.000	
误差	65.84	2			

三、结论

从烟叶中筛选到1株高效降解α-胡萝卜素的菌株ULI3，在含有α-胡萝卜素(15 mg/L)发酵培养基中进行降解，α-胡萝卜素降解率达到89.74%，其中降解产物主要是5,6-环氧-β-紫罗兰酮、β-紫罗兰酮和二氢猕猴桃内酯等香味物质。通过经典形态学和ITS序列系统进化树分析，初步鉴定菌株ULI3为酿酒酵母(s. cerevisiae)。在研究蔗糖浓度、$NaNO_3$质量浓度、酵母粉浓度和初始pH各单因素实验基础上，采用正交实验得出了菌株ULI3培养液降解α-胡萝卜素的最佳培养条件：蔗糖质量浓度30 g/L，$NaNO_3$ 4 g/L，酵母粉3 g/L和初始pH为8。采用该培养条件，α-胡萝卜素降解率达到97.13%。类胡萝卜素生物降解及降解产生香味物质在食品、香料和化工领域具有广泛的应用前景。

第五节　根霉ZZ-3脂肪酶发酵条件的优化及酶学性质研究

脂肪酶(lipase，EC3.1.1.3，甘油酯水解酶)是一类水解或合成长链脂肪酸和甘油形成甘油酯酯键的酶，能够催化水解、酯化、酯交换等多种类型反应，广泛应用于能源、食品、轻工、有机合成、医药等领域，具有巨大的商业和工业潜在价值。脂肪酶来源广泛，在许多动植物及微生物中均存在，而微生物脂肪酶由于种类多，作用温度及 pH 范围广，底物专一性高，易于大量生产及提取等优点，成为工业脂肪酶的重要来源，常见的产脂肪酶的微生物包括假丝酵母、根霉、青霉、曲霉、毛霉、假单胞菌等。脂肪酶按其位置专一性分为无位置专一性和 1,3-位置专一性两大类，其中 1,3-位置专一性在酯类改性、制备营养保健油脂和特种油脂等方面具有重要用途。根霉和毛霉是产生 1,3-位置专一性脂肪酶的重要菌种。本文对本室保存根霉 ZZ-3 产脂肪酶的液体发酵条件进行优化，并研究了该脂肪酶酶学性质。

一、材料与方法

(一)菌种

根霉 ZZ-3，本实验室选育菌种。

(二)培养基

斜面种子培养基(马铃薯培养基)。

(三)摇瓶发酵

根霉 ZZ-3 斜面于 28℃恒温培养箱培养 3 d，待其菌丝长有大量孢子时，置于 4℃冰箱保存。每次接种于 250 mL 三角瓶(培养基 100 mL)中，恒温摇床培养。摇床设定 28℃、150 r/min，主要探讨碳源、氮源、复合氮源等培养条件对根霉产脂肪酶的影响。

(四)酶活测定

聚乙烯醇橄榄油乳化测定脂肪酶活力。反应温度 37℃，pH＝7.0 缓冲液，以每分钟水解出 1 μmol 的脂肪酸所需的酶量定义为一个脂肪酶活力单位。

（五）酶学性质测定

对最佳培养条件所产生的脂肪酶进行主要酶学性质研究，包括最适温度、最适 pH 和热稳定性等。

二、结果与讨论

（一）不同碳源对根霉产脂肪酶的影响

几种碳源（葡萄糖、蔗糖、糊精、麦芽糖、可溶性淀粉、橄榄油、大豆油、花生油、油酸）对根霉生长及产酶的影响见表 3-6。其中葡萄糖对菌株产脂肪酶最有利，发酵液酶活为 67 U/mL。一般认为在培养基中添加油脂可以诱导脂肪酶的产生，我们选择橄榄油、大豆油、花生油和油酸作为碳源比较研究，发现橄榄油和花生油产酶量较高，发酵液酶活达到 60 U/mL 以上。由于橄榄油和花生油的油酸含量最高（60 g/100 g～80 g/100 g），油酸可能起到主要诱导作用。考虑到花生油成本较低，选择花生油为诱导物。在各种碳源比较时，高浓度碳源普遍具有抑制作用。

表 3-6　不同碳源产脂肪酶的相对活性　　单位：U/mL

质量浓度/(g/100g)	03	05	10
蔗糖	45	28	12
葡萄糖	67	39	21
糊精	50	42	35
麦芽糖	40	23	15
可溶性淀粉	51	12	8
橄榄油	65	42	6
大豆油	35	29	18
花生油	60	43	15
油酸	63	39	12

（二）不同氮源对根霉产脂肪酶的影响

1.单一氮源的影响

以葡萄糖作碳源，比较了不同的氮源对脂肪酶产量的影响，结果见表3-7。由表3-7可见，根霉对氮源表现出高的选择性。酵母膏、玉米浆和黄豆粉发酵液酶活较高，其中黄豆粉达到80 U/mL；蛋白胨、无机氮源$(NH_4)_2SO_4$、$NaNO_3$和尿素发酵液酶活较低，因此选择黄豆粉作为发酵培养基的氮源物质。

表3-7　单一氮源对酶活的影响　　单位：U/mL

氮源	酶活
牛肉蛋白胨	15
酵母青	65
玉米浆	59
黄豆粉	80
$(NH_4)_2SO_2$	23
$NaNO_3$	15
尿素	8

2.复合氮源的影响

许岩等报道：对于根霉产脂肪酶，复合氮源优于单一氮源。因此我们考察了复合氮源（有机氮源复合和有机氮源与无机氮源复合）对根霉ZZ-3产酶的影响，试验结果见表3-8。有机氮源复合效果不明显，有机氮源和无机氮源$(NH_4)_2SO_4$复合可获得较高的酶活，可达到100 U/mL，对发酵液酶活有较明显的促进作用。原因可能是无机氮源铵态氮是根霉产脂肪酶的必要离子。

表 3-8　复合氮源对酶活的影响　　单位:U/mL

组成/(g/100g)	2+0.2	2+0.5
黄豆粉+牛肉蛋白胨	59	72
黄豆粉+酵母青	68	72
黄豆粉+玉米浆	62	74
黄豆粉+$(NH_4)_2SO_4$	85	100
黄豆粉+$NaNO_3$	56	68
黄豆粉+尿素	12	19

(三)培养基正交试验优化

在单因素实验基础上,选取黄豆粉、$(NH_4)_2SO_4$、$MgSO_4$、K_2HPO_4 四个因素进行 $L_9(3^4)$正交试验以优化培养基组成,正交试验因素水平见表 3-9,试验结果见表 3-10。

表 3-9　正交试验因素水平　　单位:g/100mL

水平	A 黄豆粉	B$MgSO_4$	C$(NH_4)_2SO_4$	DK_2HPO_4
1	1	02	01	0.2
2	2	03	03	04
3	3	05	05	0.6

表 3-10　培养基正交实验结果

试验号	A	B	C	D	酶活/U/mL
1	1	0.2	0.1	0.2	78.50
2	1	0.3	0.3	0.4	65.20
3	1	0.5	0.5	0.6	38.40
4	2	0.2	0.3	0.6	95.30
5	2	0.3	0.5	0.2	84.20
6	2	0.5	0.1	0.4	92.00

续表 3-10

试验号	A	B	C	D	酶活/U/mL
7	3	0.2	0.5	0.4	118.40
8	3	0.3	0.1	0.6	109.40
9	3	0.5	0.3	0.2	124.60
k_1	182.1	292.2	279.9	287.3	
k_2	271.5	285.9	285.1	275.6	
k_3	352.4	255.0	241.0	243.1	
R	170.3	37.2	44.1	44.2	

从极差结果得出影响酶活的因素大小为 $R_A > R_D > R_C > R_B$，即黄豆粉 > K_2HPO_4 > $(NH_4)_2SO_4$ > $MgSO_4$。最佳组合为A3B1C2D1。优化培养基最优组成为黄豆粉 3 g/100 mL，$(NH_4)_2SO_4$ 0.3 g/100 mL，$MgSO_4$ 0.2 g/100 mL，K_2HPO_4 0.2 g/100 mL，花生油 0.3 g/100 mL，pH 自然，在 28℃、转速 150 r/min，250 mL 三角瓶（培养基 100 mL）摇床培养时间 2 d，发酵酶活力达到 124.60 U/mL。

（四）酶的性质研究

1. 热稳定性

取 100 mL 粗酶液置于不同温度下，每隔 20 min 取样测定酶活性，结果如图 3-23 所示。37℃下酶活比较稳定，40℃处理 80 min 酶活损失 50%，50℃酶活几乎完全损失。

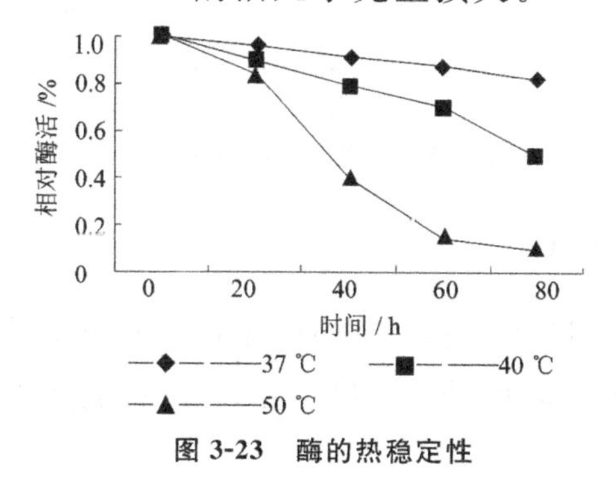

图 3-23　酶的热稳定性

2. pH 稳定性

取 100 ml 粗酶液，加入等体积的 pH(pH5.0、6.0、7.0、8.0)不同的缓冲液，隔一定时间测定酶活，结果如图 3-24 所示。在 pH5.0～8.0 根霉脂肪酶酶活比较稳定，其中在中性和偏碱性更稳定。pH8.0，处理 60 h 酶活力能够维持在 90%以上。

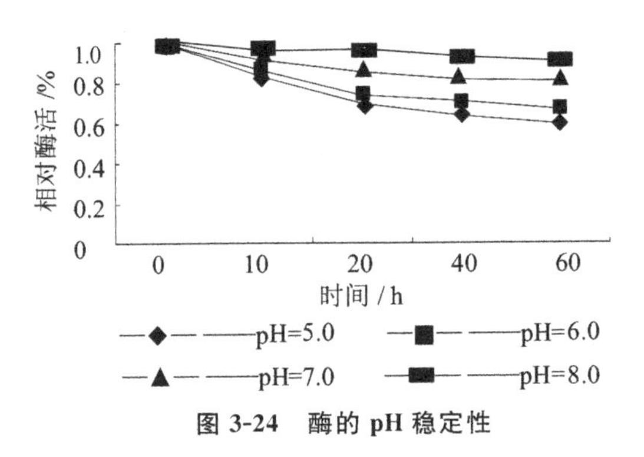

图 3-24　酶的 pH 稳定性

3. 最适反应温度

测定了 33～47℃范围内该根霉脂肪酶的相对酶活力，结果如图 3-25 所示。在 37℃时，该酶表现出最高酶活力；在 33℃和 47℃，该酶酶活最低，与酶的热稳定性相一致。

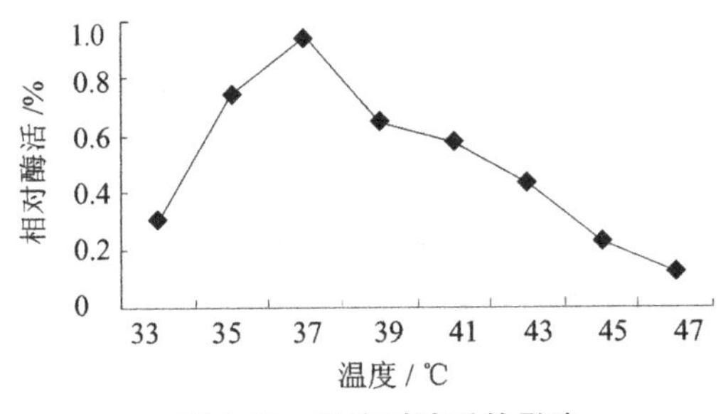

图 3-25　温度对酶活的影响

4. 最适反应 pH

配制一系列 pH 不同的缓冲液，测定根霉所产脂肪酶的最适 pH。试验测定了该脂肪酶在 pH＝6.0～9.0 范围内相对酶活，结果如图 3-26 所示，脂肪酶的最适 pH 为 7.5。

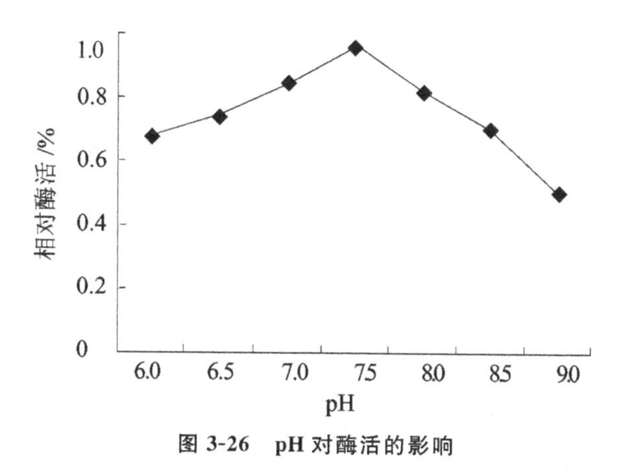

图 3-26　pH 对酶活的影响

三、结论

根霉 ZZ-3 产脂肪酶最佳培养基为：黄豆粉 3 g/100 mL，$(NH_4)_2SO_4$ 0.3 g/100 mL，$MgSO_4$ 0.2 g/100 mL，K_2HPO_4 0.2 g/100 mL，花生油 0.3 g/100 mL，pH 自然。在温度 28℃、摇床转速 150 r/min，250 mL 三角瓶装液量 100 mL，培养时间 2 d，发酵液酶活力达到 124.60 U/mL。有机氮源和无机氮源复合可获得较高的酶活，而有机氮源复合效果不大。油酸具有较好的诱导效果。该脂肪酶最适 pH＝7.5，最适反应温度 37℃，在 pH＝7～9、温度低于 40℃表现稳定。对根霉 ZZ-3 所产脂肪酶的酶学性质研究表明，该酶在食品、医药和油脂化工等领域具有广阔的应用前景。

第四章　酶的提取与分离纯化技术

自1926年Sumner获得了刀豆脲酶结晶以来，酶的分离纯化发展迅速。新型分离材料和人工智能仪器设备的不断涌现以及多种新技术的发展，推动着蛋白质化学进入新的阶段。生物化学家们可以利用各种先进、灵活的蛋白质化学技术分离、纯化获得天然的蛋白质和酶。同时，由于酶的种类和来源多样，而且与酶共同存在的其他大分子物质，使分离纯化需要考虑的因素增多，因此，在酶的分离提纯中需要多种方法配合使用。

第一节　细胞分离与破碎

一、细胞分离

微生物发酵或动、植物细胞培养得到的原料液，应先将其中的菌体或细胞与培养液分离。

常用的固液分离方法主要有离心和过滤两种。

离心分离方法主要包括差速离心法、密度梯度离心法、等密度离心法和平衡等密度离心法等。离心分离具有速度快、效率高、卫生条件好等优点，适合于大规模分离过程，但该法设备投资费用较高，能耗较大。工业上常用的离心分离设备有两类，即沉降式离心机和离心过滤机。对于发酵液中细胞体积较小的微生物，例如，细菌和酵母菌的菌体一般采用高速离心分离，而对于细胞体积较大的丝状微生物，例如，霉菌和放线菌的菌体一般采用过滤分离的方法处理。

发酵液黏度不大时，采用过滤分离可以进行大量连续的处理。过滤过程中，为了提高过滤速率往往需要加入助滤剂，助滤剂是一种不可压缩的多孔微粒，它能使滤饼疏松，工业上常用的助滤剂有硅藻土、纸浆、珠光石（珍珠岩）等。常用的过滤设备包括板框式压滤机、鼓式真空过滤机。板框式压滤机的过滤面积大，过滤推动力能在较大范围内进行调整，适用于多种特性的发酵液，但它不能实现连续操作，设备笨重、劳动强度大，所以较少采用。鼓式真空过滤机能连续操作，并能实现自动化控制，但压差较小，主要适用于霉菌发酵液的过滤。近年来，错流过滤得到一定的应用，它的固体悬浮液流动方向与过滤介质平行，一改常规垂直过滤的状况，因此能连续清除介质表面的滞留物，不形成滤饼，所以整个过滤过程能保持较高的滤速。

二、细胞破碎

如果从动、植物材料中提取酶，应首先除去不含目的酶的组织、器官等，以提高酶的含量：无论哪种材料进行预处理后，都要进行细胞破碎。

细胞破碎是指采用物理、化学或生物学方法破碎细胞壁或细胞膜，使细胞内的酶充分释放出来。细胞破碎是动、植物来源的酶和微生物胞内酶提取的必要步骤。不同的材料，细胞破碎的难易程度可能差别较大，应根据实际情况选择不同的破碎方法，同时应避免条件过于激烈而导致酶蛋白变性失活。细胞破碎的方法按照是否施加外作用力分为机械破碎法和非机械破碎法两大类，主要有以下几种：

（一）机械破碎法

机械破碎法包括研磨法和细菌磨法。

1. 研磨法

研磨法是利用压缩力和剪切力使细胞破碎。常用的设备有球磨机，将细胞悬浮液与直径小于1 mm的小玻璃珠、石英砂或氧化铝等研磨剂混合在一起，高速搅拌和研磨，依靠彼此之间的互相碰撞、剪切使细胞破碎。这种方法需要采取冷却措施，以防止由于消耗机械能而产生过多热量，造成酶变性失活。

试验举例：酵母异柠檬酸脱氢酶的制备。

以新鲜面包酵母为材料，称取面包酵母10～15 g，加入在冰浴中20 mL 0.1 mol/L $NaHCO_3$ 溶液及10～20 g干净的玻璃砂，置于乳钵中研磨。酵母细胞壁比较坚硬，有时需要反复研磨，也可适当调节酵母与玻璃砂的比例。再于660 g下离心10 min，然后收集上清液。最后在高速离心机中1 000 g离心1 h，此时得到的上清液即为含酶溶液。

此法简单，无须特殊设备，但产量低，难以大规模操作，需要在冰浴中或冰室中操作。如用于冰或液氮冷却后进行研磨，则不必加入磨料。

2. 细菌研磨法

1957年中国科学院王大琛教授等设计的细菌磨，已推广应用于小型微生物细胞研磨，使用效果好，破碎率达到99.99%。其基本结构如图4-1所示，主要由研磨和动力两个部分构成。

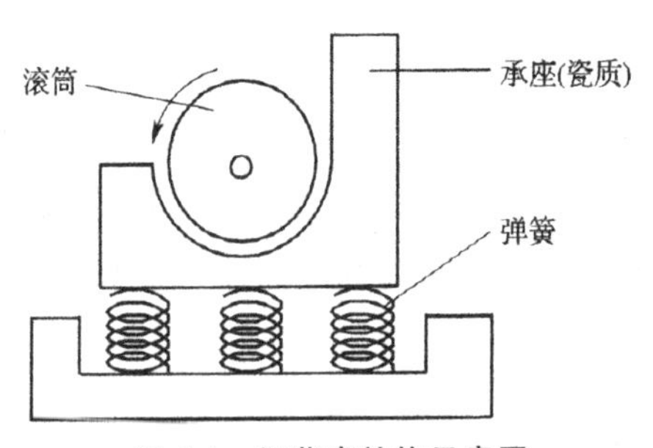

图4-1 细菌磨结构示意图

细菌磨研磨部分包括：①长15 cm，直径5 cm硬质磨砂玻璃管作滚筒，滚筒内可以装碎冰，以保持低温操作；②一个与半面滚筒面滚筒密切贴合的凹面瓷质承座。玻璃管和穿过中心的钢轴以橡皮塞连接，滚筒与承座相互贴紧，承座底下垫以强有力的弹簧。动力为 62.2 W、1 400 r/min，经减速后滚筒为 120～130 r/min。

实验举例：多聚核苷酸磷酸化酶（PNP 酶）的制备。

（1）取冷冻菌体 8 g，融化后按 1∶（1.3～1.5）加入玻璃砂调成糊状物。

（2）用不锈钢勺取 5 g 左右自旋转滚筒前边加入，在细菌磨上研磨，研磨温度可维持 15%以下，研磨时间为 20～30 s。

（3）用玻璃板横置于滚筒上，刮下经过均匀研磨的混合物。

（4）悬浮于 2.5 倍体积的 pH7.4，0.01 mol/L Tris-HCl 缓冲液（含 0.01 mol/L 醋酸镁和 0.001 mol/L EDTA）中，约 20 mL。

（5）搅拌提取 15 min 后，0℃离心（13 400 g）20 min。

（6）轻轻倾出上清液，其沉淀物再用上述缓冲液 4 mL 抽提一次，离心，合并上清液，即为粗提取酶液。

此法比研磨法省力，其破碎率也较研磨法高。

（二）物理方法

1. 超声波破碎法

超声波破碎法的基本原理是利用超声波（10～15 kHz）的机械振动而使细胞破碎。由于超声波发生时的空化作用（cavitation），液体形成局部减压，引起液体内部产生很大的压力，致使细胞破碎。

超声波破碎法操作简便，可连续或批式操作，由于在处理时会产生热量，必须在冰浴中进行，杆菌类细胞和动物性细胞的破碎，酶的回收率可达 85%以上，但对霉菌、酵母、放线菌和球菌类细胞的破碎有一定的局限性。

2.渗透压法

渗透压破碎法是细胞破碎最温和的方法之一。将细胞置于低渗透压溶液中,细胞外的水分会向细胞内渗透,使细胞吸水膨胀,最终可导致细胞破裂。如红细胞在纯水中会发生破壁溶血现象。但对于细胞壁由坚韧的多糖类物质构成的植物细胞或微生物细胞,除非用其他方法先将坚韧的细胞壁去除,否则这种方法不太适用。

3.冻融法

冻融法将细胞反复交替地冰冻与融化,使胞内形成冰结晶及胞内外溶剂浓度突然改变,导致细胞破裂。

(三)酶解法

利用外源的溶菌酶或破壁酶在一定条件下催化细胞壁破碎而促使酶从细胞内释放出来。酶解法破碎革兰阴性细菌细胞壁时,除加入溶菌酶外,尚需添加 EDTA 螯合剂,而处理革兰阳性菌时,则添加 7.5%的聚乙二醇或 0.2~0.6 mol/L 的蔗糖用作稳定剂。此法操作条件温和,内含物成分不易受破坏,细胞壁损坏程度也可以控制。因此,在提取细胞内其他成分或制备原生质球和细胞生理学研究等方面有实际应用。但此法用于酶的大量提取有一定局限性。

(四)表面活性剂处理法

表面活性剂处理法是利用表面活性剂改变细胞膜、壁的通透性,使酶或胞内其他内含物释放。通常采用的表面活性剂包括十二烷基硫酸钠(SDS 阴离子型)、二乙氨基十六烷基溴(阳离子型)、吐温(非离子型)、Triton×100(聚乙二醇烷基芳香醚)等。表面活性剂的添加,最后会增加酶提纯的压力,尚需采用离子交换树脂或分子筛把表面活性剂除去。

（五）丙酮粉法

丙酮粉法是利用丙酮能使细胞迅速脱水并破坏细胞壁的作用。细胞经离心收集菌体，在低温下加入冷却的丙酮液，迅速搅拌均匀后随即用布氏漏斗抽滤，再反复用冷丙酮液洗涤数次，抽干后置于干燥器中低温保存。经丙酮处理的细胞干粉称为丙酮粉。丙酮还能除去细胞膜部分脂肪，更有利于酶的提取。

细胞破碎方法有很多，但各自均有其特点，对于分离提纯某一目的酶，具体采用何种方法比较合适，则需靠分析、比较和判断来确定。

（六）压榨法

压榨法是在$(1.05\sim3.10)\times10^5$ Pa 的高压下使细胞悬液通过一个小孔突然释放至常压，细胞被彻底破碎。这是一种比较理想的温和、彻底破碎细胞的方法，但仪器费用较高。

第二节　酶的抽提

酶是在活细胞中合成并在胞内或胞外介质中存在的。胞内酶在细胞内存在部位和结合状态比较复杂，因而抽提难度较大。酶的抽提目的是将尽可能多的酶或尽可能少的杂质从原料组织和细胞中引入溶液，以利于酶的纯化。

酶的来源不同，提取方法也不相同。从动物组织或体液中提取酶蛋白时，处理要迅速，充分脱血后，立即提取或在冷库里冻结，保存备用。动物组织和器官要尽可能地除去结缔组织和脂肪，切碎后放入捣碎机，加入 2～3 倍体积的冷抽提缓冲液，匀浆几次，直至无组织块为止，倾出上清液，即得细胞抽提液。以植物为材料提取酶时，因植物细胞壁比较坚韧，要先采取有效的方法使其充分破碎。植物中含有大量的多酚物质，在提取过程中易氧化成褐色物质,影响后续的分离纯化工作,为防止氧化作用,可以加入聚乙烯吡咯烷酮吸附多酚物质,减少褐变。另外,植物细胞的液泡内含有可能改变抽提液 pH 的物质,因此应选择较高浓度的缓冲液作为提取液。微生物来源的胞外酶可以通过离心或过滤,将菌体从发酵液中分离弃去,所得发酵液通常要浓缩,然后进一步纯化。胞内酶则首先进行细胞破碎,使酶完全释放到溶液中。

根据酶在细胞内结合状态以及其溶解程度,酶的抽提可分为水溶法和有机溶剂法两种。

一、水溶法

大部分酶或蛋白质能溶于水、稀盐、稀酸或稀碱中,其中稀盐和缓冲溶液对酶稳定性好,溶解度大。采用水溶法时,需注意下列因素:

(一)盐浓度

常采用等渗溶液即 0.15 moL/L NaCl 和 0.02～0.05 mol/L 磷酸缓冲溶液或碳酸缓冲溶液。含金属离子的酶,需避免其解离,尚需添加金属离子螯合剂(如 EDTA 等),并使用柠檬酸钠缓冲溶液或焦磷酸钠缓冲溶液。如果能溶解在水溶液中或者与细胞颗粒结合不太紧的酶,细胞破碎后选择适当稀盐溶液便可达到提取的目的。

(二)pH

pH 与酶的稳定性紧密相关。一般在提取操作时控制在偏离等电点(pI)两侧为宜,这样可增大酶或蛋白质的溶解度。例如,细胞色素 C 和溶菌酶属碱性蛋白质,在提取时常用稀酸提取,肌肉甘油醛-3-磷酸脱氢酶属酸性蛋白质,则在稀碱溶液中提取。此外,如果细胞中的酶与其他物质以离子键结合,则需控制 pH 在 3

～6 范围，对解离离子键有利。

(三)温度

一般在低温(5℃以下)操作，以防止酶变性失活。但是有少数酶对温度耐受力较高，则可适当提高温度，使杂质蛋白在变性条件下分离，以利于下一步提纯。

(四)辅助因子

在提取操作时，适当加入底物或辅酶成分，可改变酶分子表面电荷分布，提高其提取效果。一般，为了提高酶的稳定性，防止蛋白酶发生破坏性水解作用，往往加入苯甲基磺酰氟(PMSF)，而为防止其氧化，则加入半胱氨酸、惰性蛋白和底物等。

二、有机溶剂法

有一些酶与脂质结合得比较牢固，不溶于水、稀盐、稀酸或稀碱中，则采用不同比例的有机溶剂进行提取，如植物种子中的酶用 70%～80%乙醇提取，动物细胞中的微粒体、线粒体存在的酶则常用正丁醇提取。因为正丁醇亲脂性强，可提高酶的溶解度。已有实验证明，用正丁醇提取碱性磷酸酯酶效果明显。

采用有机溶剂提取时，存在着物质在两个互不相溶的液相中浓度的分配定律起作用问题。分配定律的定义可表示为在恒温、恒压和比较稀的浓度下，某一溶质在两个不相混合的液相中的浓度分配比，它是一个常数，即为式(4-1)：

$$\left(\frac{C_1}{C_2}\right)_{\text{恒温、恒压}}=K \tag{4-1}$$

式中：C_1 为分配达到平衡后溶质在上层有机相中的浓度；C_2 为分配达到平衡后溶质在下层水相中的浓度；K 为分配常数，不同溶质在不同溶剂中有不同的 K 值。

从式(4-1)可知，K 值越大，则在上层有机相中溶解度越大。反之，K 值越小，则在下层水相中溶解度越大。如果混合物中各

组分 K 值彼此接近时，则需不断更换新的溶剂系统，通过多次抽提便可把各种物质分离。同时，采用有机溶剂法提取时还需考虑溶剂的性质、pH、离子强度、介电常数和温度等因素的影响。

在提取过程中，酶从固相扩散至液相难易，是由式(4-2)扩散方程式决定的。

$$G=\frac{DAt\Delta C}{\Delta X} \tag{4-2}$$

式中：G 为扩散速率；D 为扩散系数；A 为扩散面积；ΔC 为两相间界面溶质的浓度差；ΔX 为溶质扩散的距离；t 为扩散时间。

从式(4-2)可知，两相界面溶质之浓度差为扩散的主要推动力。ΔC 越大，扩散越快。操作过程中采用搅拌也可使 ΔC 加大。此外，还与细胞破碎程度有关，细胞破碎可使扩散面积 A 增大，也可减少扩散距离 ΔX。

第三节　酶溶液的浓缩

提取液或发酵液的酶蛋白浓度一般很低，如发酵液中酶蛋白浓度一般为0.1%～1.0%。如果要得到一定数量的纯化酶，需要处理的抽提液的体积比较大，不方便操作，通过浓缩可以缩小体积，提高溶液中的酶浓度，一方面提高每一分离提取步骤的回收率；另一方面也可以增加浓缩液中酶蛋白的稳定性。因此，在分离纯化过程中，酶溶液往往需要浓缩。浓缩的方法很多，常用的主要有以下几种：

一、真空薄膜浓缩

真空薄膜浓缩法是把酶溶液置于高度真空条件下成为薄层液膜，增大其蒸发面积达到加速蒸发过程的目的。此法由于在真空条件下，可以大大降低热对酶分子的作用，减少其热变性失活。

二、冷冻浓缩法

冷冻浓缩法是根据溶液相对纯水熔点升高，冰点下降的原理，将溶液冻成冰，然后缓慢溶解，这样冰块(不含酶)就浮于表面，酶溶解于下层溶液，除去冰块即可达到使酶溶液浓缩的目的。这是浓缩具有生物活性的生物大分子常用的有效方法，但冷冻浓缩会引起溶液离子强度和 pH 的变化，导致酶活性损失，另外还需要大功率的制冷设备。

三、超滤技术

超滤过程是利用膜的筛分机理，超滤膜是具有特定的均匀孔径和孔隙的多孔薄膜。在加压条件下，把酶溶液通过一层只允许水分子和小分子物质的选择性透过的微孔超滤膜，而酶等大分子被截留，从而达到浓缩酶液的目的。表 4-1 列举了“Diaflo”超滤膜的物理特性数据。

表 4-1　“Diaflo”超滤膜的物理特性

膜代号	截留酶的分子质量/u	近似平均孔径/nm
XM-300	300 000	14
XM-100	100 000	5.5
XM-50	50 000	3
PM-30	30 000	2.2
PM-20	20 000	1.8
PM-10	10 000	1.5
UM-2	1 000	1.2
UM-0.5	500	1

目前，超滤膜的材料主要有醋酸纤维素、各种芳香聚酰胺、聚砜和聚丙烯腈-聚氯乙烯共聚物。膜的几何形状也很重要，应促使通过的料液能够形成错流，以达到提高其超滤效果。超滤膜主

要形式有折叠平板式、管壳式、螺旋式和中空纤维管式，如图 4-2 所示。

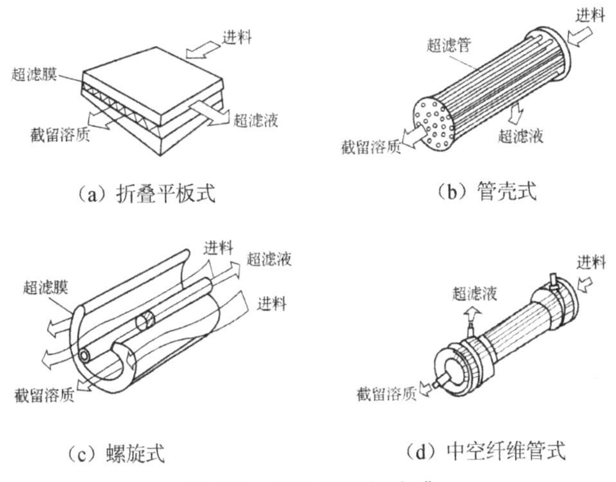

图 4-2 四种主要超滤膜

折叠平板式膜可制成平面滤板，板内形成折叠以增加过滤面积，提高液流的湍动程度，降低浓差极化。此装置结构简单，膜面积可达 1 500 m^2，易于清洗，易更换，其缺点是过滤面积的扩大会受到限制。

管壳式超滤装置是使酶溶液在管内流动，溶剂及低分子溶质透过管壁汇聚后排出。

螺旋式装置是使酶液在管内错流呈螺旋形流动。

目前常用的是中空纤维超滤器。内径为 0.5～1 mm，酶溶液从管内流过，溶剂和低舒子溶质可透过管壁集中后流出。这种装置过滤面积大，过滤面积高达 3 000 m^2/m^3，过滤效率高。现在，国内外已有成套超滤装置出售，日本旭化成公司和 Amicon 公司生产的超滤装置型号及特性如表 4-2 所示。

表 4-2　中空纤维超滤装置特性

型号	SIP-3013	HF53-20-PM10	HF30-20-PM10	HF15-43-PM10
中空纤维内径/mm	0.8	0.5	0.5	1.1
公司分析相对分子质量 *	6 000	10 000	10 000	10 000
超滤器外径/mm	890	760	760	760
超滤器长度/mm	1 192	1 092	635	635
超滤有效面积/m^2	4.7	4.9	2.8	1.4
允许使用压强/MPa	3.0	2.7	1.75	2.7
最高使用温度/℃	80	75	75	75
持液量/mL	—	625	340	405

* SIP 为旭化成公司产品，使用细胞色素 C 为标准物。而 HF 为 Amicon 公司产品，使用白蛋白作用标准物。

不论应用何种类型的超滤膜，提高液流的湍动，降低浓差极化是关键。因此，最重要的是求出一定体积料液超滤所需时间。溶剂透过滤膜的速率为

$$J_\omega = Lp(\Delta_p - \alpha\pi) \tag{4-3}$$

式中：J_ω 为单位时间单位面积透过的溶剂量[mol/(m^2 · s)]；L_p 为穿透度；Δp 为施加外压，Pa；α 为膜对溶质的排斥系数；π 为渗透压。

若溶质被滤膜排斥，则排斥系数 $\alpha \approx 1$；对于稀溶液，渗透压 $\pi = RTC$。故

$$J_\omega = L_p(\Delta_p - RTC) \tag{4-4}$$

式中：R 为气体常数，8.31 J/(mol/K)；T 为溶液的热力学温度；C 为膜表面的溶质浓度。

因此，只要知道 C 便可算出 π 的值。而所谓浓差极化现象是指料液流过侧滤膜表面附近的大分子溶质浓度比其在液流主体浓度高得多。为了减少浓差极化，必须保证流过膜表面的流速。通常，给料泵(循环泵)的料液流量至少要比透过滤膜的渗透液流量高 10 倍以上，超滤膜的材料、形状和料液的流动状态等对超滤操作有重要作用。

四、沉淀法

沉淀法是采用中性盐或有机溶剂使酶蛋白沉淀，再将沉淀溶解在小体积的溶剂中。这种方法往往造成酶蛋白的损失，所以在操作过程中应注意防止酶的变性失活。该法的优点是浓缩倍数大，同时因为各种蛋白质的沉淀范围不同，也能达到初步纯化的目的。

五、透析法

透析法是将酶蛋白溶液放入透析袋中，在密闭容器中缓慢减压，水及无机盐等小分子物质向膜外渗透，酶蛋白即被浓缩；也可用聚乙二醇(PEG)涂于装有蛋白质的透析袋上，在4℃低温下，干粉聚乙二醇(PEG)吸收水分和盐类，大分子溶液即被浓缩。此方法快速有效，但一般只能用于少量样品，成本很高。

第四节　酶的分离纯化

酶是一类具有专一催化活性的蛋白质，其催化作用不仅依赖于它的一级结构，同时也需要维持二级结构、三级结构甚至四级结构，才能够显示其催化活性。在酶的整个分离纯化过程中，温度、pH、离子强度、压力等环境条件难免会发生一些改变，有时候还会涉及一些有机溶剂等化合物的添加使用，这些因素都可能引起酶结构发生改变，最终导致酶变性失活。因此，要成功地将酶从溶液中分离纯化出来，有效地避免或减少操作过程中酶活力的损失，就应该根据酶自身的理化性质，在分离纯化过程中遵循以下原则：

(1)减少或防止酶的变性失活。除个别情况外，酶溶液的储存以及所有分离纯化操作都必须在低温条件下进行。虽然某些酶不耐低温，如线粒体 ATP 酶在低温下很容易失活，但是大多数酶在低温下是相对稳定的。一般选择 4℃左右比较适宜。当温度超过 40℃时，酶非常不稳定，大多数酶容易变性失活，但也有一些酶例外，例如，极端嗜热酶耐热性比较强，甚至在煮沸的条件下仍然能够保持酶活性。

酶是一种两性电解质，其结构容易受到 pH 的影响。大多数酶在 pH＜4.0 或 pH＞10.0 的条件下不稳定，因此应将酶溶液控制在适宜的 pH 条件下。特别要注意避免在调整溶液 pH 时产生局部过酸或过碱的情况。实际操作过程中，应使酶处于一个适宜的缓冲体系中，以避免溶液的 pH 发生剧烈变化，从而导致酶活性受到影响。

酶是蛋白质，也是高泡性物质，酶溶液易形成泡沫而使酶变性。因此，分离提取过程中要尽量避免大量泡沫的形成，如果需要搅拌处理，最好缓慢地进行，千万不可以剧烈搅拌，以免产生大量的泡沫，影响酶的活性。

重金属离子也可能引起酶的变性失活。适当加入一些金属螯合剂有利于保护酶蛋白，避免其因重金属离子的影响而变性失活。

微生物污染能导致酶被降解破坏，酶溶液中的微生物可以通过无菌过滤的方式除去，达到无菌要求。在酶溶液中加入防腐剂，如叠氮化钠等，可以抑制微生物的生长繁殖。

蛋白酶的存在会使酶蛋白被水解，在酶蛋白的分离提取过程中需要加入蛋白酶抑制剂防止其水解。为了提高作用效果还可以将几种蛋白酶抑制剂混合使用。一般情况下，未经纯化的酶不适合长期保存。

(2)根据酶不同特性采用不同的分离纯化方法。酶分离纯化的目的是将酶以外的所有杂质尽可能全部分离除去，因此，在保证目的酶活性不受影响的前提下，可以使用各种不同的方法和手段。每种分离纯化方法都有其各自的特点和作用，因此应根据不同的酶及其基本特性，在不同的分离纯化阶段，采用适宜的分离方法。例如，纤维素酶的分离纯化可以先利用硫酸铵盐析法获得粗酶液，然后再通过葡聚糖凝胶层析进行分离纯化。

(3)建立快速可靠的酶活性检测方法。在酶分离纯化过程中，每一步都必须检测酶活性，一旦酶蛋白变性失活，通过酶活力的检测就可以及时发现，这为选择适当的分离方法和条件提供了直接依据。由于酶活性检测工作量比较大，而且要求迅速、简便，所以经常采用分光光度法、电化学测定法。

(4)尽量减少分离纯化步骤。酶分离纯化的每一步操作都可能导致酶活力的损失。酶分离纯化的过程越复杂，步骤越多，酶变性失活的可能性就越大。因此，在保证目的酶的纯度、活力等达到基本质量要求的前提下，分离纯化的过程、步骤越少越好。

因为粗酶液常含有多种同类或异类的物质，如含有其他蛋白质(杂蛋白)或其他酶(非目的酶)、核酸、多糖、脂类和少量小分子物质。因此，酶的纯化目的是把粗抽提酶液采用科学纯化方法制备成纯度高的酶制品。

在抽提液中，除了目的酶以外，通常不可避免地混杂有其他小分子和大分子物质。由于酶的来源不同，酶与杂质的性质不尽相同，酶纯化的方法也多种多样。但是任何一种纯化方法都是利用酶和杂质在物理和化学性质上的差异，采取相应的方法和工艺路线，使目的酶和杂质分别转移至不同的相中达到纯化目的。通常酶的分子质量、结构、极性、两性电解质的性质、在各种溶剂中的溶解性以及其对 pH、温度、化合物的敏感性等都是决定酶分离纯化的基本因素。根据酶分离纯化原理的不同，可以将各种分离纯化方法分类如下：

一、盐析法

盐析法是通过往酶溶液中加入某种中性盐而使酶蛋白形成沉淀从溶液中析出。

在盐析时，蛋白质的溶解度与溶液中的离子强度关系，可用下式表示：

$$\lg S=\beta-KS_0 I \tag{4-5}$$

式中：S 为蛋白质的溶解度，$\lg S$ 为溶解度的对数；β 为离子强度，为零时溶解度的对数，$\beta=\lg S_0$；S_0 为蛋白质在纯水（$I=0$）中的溶解度；KS_0 为直线斜率，为盐析常数，它与蛋白质结构和性质有关；I 为离子强度，可按下式计算：

$$I=\frac{1}{2}\sum CZ^2 \tag{4-6}$$

式中：C 为各种离子的物质的浓度；Z 为各种离子的价数。

根据式(4-5)，纯化酶（或蛋白质）可以在一定的 pH 及温度下改变盐的 I 值，称为 KS 分段盐析法。因为蛋白质在其等电点时溶解度最低，而在一定 pH 条件下，蛋白质在中性盐溶液中的溶解度随着温度的升高而下降。

能够使酶蛋白沉淀的中性盐有硫酸铵、硫酸镁、氯化铵、硫酸钠、氯化钠等，其中效果最好的是硫酸镁，但生产上常用的是硫酸铵。硫酸铵溶解度大，即使在较低的温度下仍有很高的溶解度，盐析时不必加温使之溶解，其饱和溶液可以使大多数酶沉淀，浓度高时也不易引起酶蛋白生物活性的丧失，而且价格便宜。用硫酸铵进行盐析时，溶液的盐浓度通常以饱和度表示，调整溶液的盐浓度有两种方式，以固体粉末或饱和溶液的形式加入。当溶液体积不太大，而要达到的盐浓度又不太高时，为防止加盐过程中产生局部浓度过高的现象，最好添加饱和硫酸铵溶液，浓的硫酸铵溶液的 pH 通常为 4.5～5.5，调节 pH 可用硫酸或氨水。测定溶液的 pH 时，一般应先稀释 10 倍左右，然后再用 pH 试纸或 pH 计测定。当溶液体积很大，盐浓度又需要达到很高时，则可以加固体硫酸铵。加入固体硫酸铵比较经济方便，但所用的固体硫酸铵在使用之前应该经过反复的研细和烘干，并需要在不断搅拌下缓缓加入，以避免局部浓度过高，同时还要注意防止大量泡沫的生成。

对于含有多种酶或蛋白质的混合溶液，可以采用分段盐析的方法进行分离纯化。

盐析剂用量往往采用实验来确定，因为其用量随不同酶而异，还随其共存杂质种类和数量而有不同。

实验步骤：

①取 25 mL 容量瓶多个；②分别加入计算量粉末 $(NH_4)_2SO_4$；③20℃发酵液分别定量至 25 mL，使 $(NH_4)_2SO_4$ 浓度分别为 0、10%、20%和 30%等；④在 20℃恒温 2 h，用滤纸过滤；⑤各取滤液 10 mL，分别测定其中残存酶活力。

如图 4-3 所示，目的 α-淀粉酶与杂质酶(如蛋白酶)，其两者盐析曲线非常接近，用分步盐析法很难有效地把它们分开。而与其他杂质蛋白则可按盐析曲线差异，可分步盐析分离。

分段盐析曲线如图 4-4 所示。

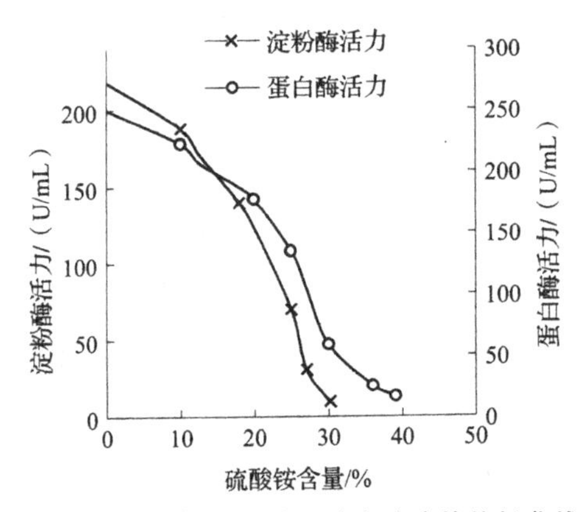

图 4-3　枯草杆菌 α-淀粉酶发酵液的盐析曲线

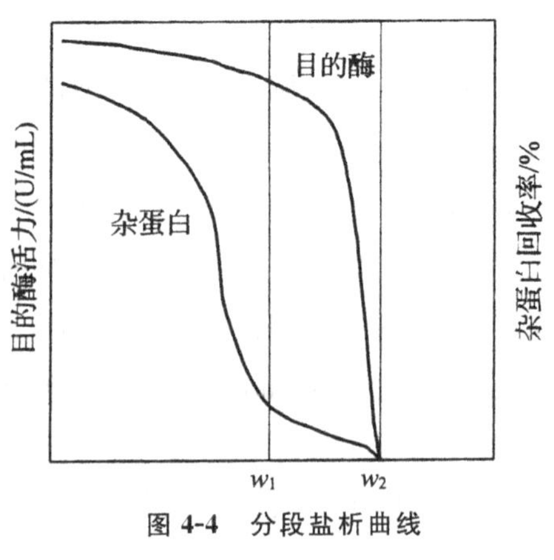

图 4-4　分段盐析曲线

ω_1 浓度可除去大部分杂蛋白，此时目的酶很少沉淀析出，沉淀物分离后再加一定量盐析剂 ω_2，此时，目的酶已基本沉淀析出，而杂蛋白很少混进目的酶中。

实际应用盐析剂时由于加入固体硫酸铵，容易引起局部盐浓度过高。因此，要求达到饱和度不太高时，可采用添加硫酸铵溶液，其加入量可按下式计算：

$$V=V_0\frac{S_2-S_1}{1-S_2} \tag{4-7}$$

式中：V 为应添加饱和硫酸铵溶液体积；V_0 为开始溶液体积；S_2 为需要达到的饱和度；S_1 为开始溶液的硫酸铵饱和度。

二、有机溶剂沉淀法

有机溶剂沉淀法是将一定量的、能够与水相混合的有机溶剂加入到酶溶液中，利用酶蛋白在有机溶剂中的溶解度不同，使目的酶和其他杂质分开。在溶液中加入与水互溶的有机溶剂，可显著降低溶液的介电常数，酶分子相互之间的静电作用加强，分子间引力增加，从而导致酶溶解度下降，形成沉淀从溶液中析出。有机溶剂另外一个作用是能够破坏酶蛋白分子周围的水化层，使失去水化层的酶蛋白分子因不规则的布朗运动而互相碰撞，并在分子亲和力的影响下结合成大的聚集物，最后从溶液中沉降析出。

有机溶剂的种类和使用量、pH、温度、时间、溶液中的盐类等均会影响酶的纯化效果。所选择的有机溶剂必须能与水完全混合，并且不与酶蛋白发生反应，要有较好的沉淀效应，溶剂蒸气无毒且不易燃烧。用于酶蛋白纯化的有机溶剂中，以丙酮的分离效果最好，而且不容易引起酶失活。

当溶液中存在有机溶剂时，酶蛋白的溶解度随温度的下降而显著降低，大多数蛋白质遇到有机溶剂很不稳定，特别是温度较高的情况下，极易变性失活，因此应尽可能在低温下进行操作。这样不但可以减少有机溶剂的用量，还可以减少有机溶剂对酶的影响。

当蛋白质浓度太低时，如果有机溶剂浓度过高，很可能造成酶变性，这时加入介电常数大的物质(如甘氨酸)可避免酶蛋白的变性。

三、液-液双水相抽提法

由于有机溶剂在酶液中溶解性能较差，而且易变性失活，20世纪70年代初发展起来的液-液双水相技术在一定程度上解决了这个问题，而且解决了因粒子小造成堵塞滤网等问题，能有效地使酶与核酸、多糖等可溶性杂质分离。

该技术的基本原理是根据一种或一种以上亲水性聚合物水溶液的不相溶性，任何两相含有较高的水分，亲水聚合物对多数酶有稳定作用，细胞碎片、多糖、酯类、核酸及酶的性质不同，在两相中分配系数不同，因而达到分离目的。

$$\text{分配系数 } K=\frac{C_T}{C_B} \tag{4-8}$$

式中：K 为分配系数；C_T 为上相酶浓度(活力)；C_B 为下相酶浓度(活力)。

K 是由聚合物浓度、pH、离子强度、温度及被分离物质的量来决定的。

聚乙二醇(polyethylene glycol，PEG)是一种水溶性聚合物，当其浓度为0.2 g/mL时，黏度仍比较小，这种特性不易使蛋白质变性，而能对蛋白质起保护作用。它在溶液中形成网状物，与溶液中蛋白质分子发生空间排阻作用，从而导致蛋白质分子从其所占位置上沉淀下来。

水溶性聚合物的辅助物质右旋糖酐(dextran)和磷酸钾，构成液-液双水相的两个分离系统。

例如，从兔肌液相中分离提纯α-磷酸甘油脱氢酶工艺为：

第一次水溶性聚合物抽提系统：聚乙二醇-右旋糖酐；

第二次水溶性聚合物抽提系统：聚乙二醇-磷酸钾；

将酶原液转入第二次磷酸钾富相后，可通过超滤、离子交换层析等方法使酶与聚乙二醇分开。

这种分离技术发展很快，开始时仅用于粗提取液的处理，现已成为酶的提纯技术之一，经过几次连续的液-液双水相处理，使产品获得相当高的纯度。如由保依地尼假丝酵母菌（*Candida boidinii*）发酵产生的甲酸脱氢酶经四次连续抽提获得总收率为70%，纯度为≥70%的产品，如图4-5所示。

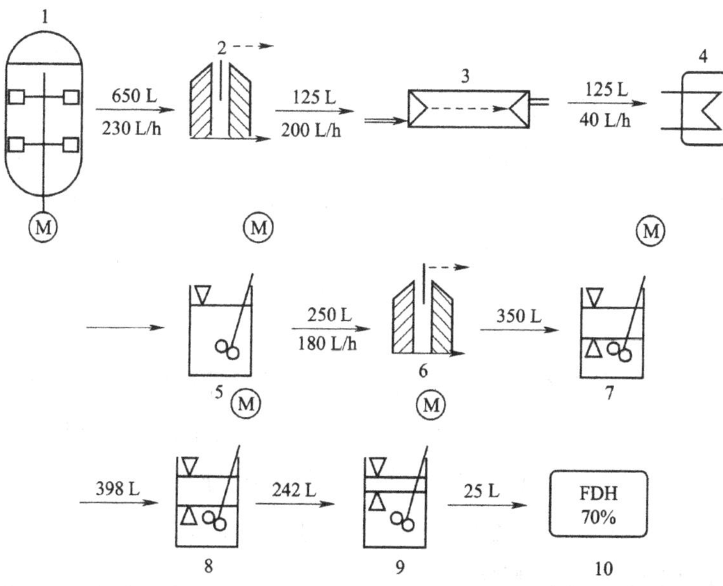

图4-5　液-液双水相法由*Candida boidinii*发酵液中分离提纯甲酸脱氢酶

1—发酵罐发酵酶液；2—喷嘴式分离器收集菌体；3—玻璃珠破碎细胞；4—热变性；5—第一次液-液双水相抽提去除细胞碎片等物质；6—喷嘴式分离器收集两相；7—第二次液-液双水相抽提去除核酸、多糖及某些蛋白质；8—第三次液-液双水相抽提为进一步提纯甲酸脱氢酶；9—第四次液-液双水相抽提为甲酸脱氢酶转入上相；10—酶产品，在4℃可稳定几个月；▽—液面；@—马达

诸多因素可影响分配系数K，但最终酶在双水相中的分配情况是各种因素的综合结果，根据Albertsson的方程式：

$$\ln K=\ln K_{el}+\ln K_{hphop}+\ln K_{hphi}+\ln K_{conf}+\ln K_{lig} \quad (4\text{-}9)$$

式中，el、hphop、hphi、conf及lig分别表示双水相系统中可能存在的电荷、疏水、亲水、构型及配基作用力等。

在液-液双水相中所含的多聚物的类型及含量对多种酶的分配系数的影响是不同的，其提纯酶收率可高达80%～90%，提纯倍数也较高。此技术应用于生物活性物质的提纯很有发展潜力。

四、凝胶渗透色谱法(GPC 法)

凝胶渗透色谱法(gel permeation chromatography,GPC 法),又称为分子筛层析法。其原理主要是利用具有网状结构凝胶分子筛的作用,根据被分离物分子大小不同而分离。

分子被凝胶颗粒阻滞的程度,取决于该分子在固定相和流动相中的分配系数 K_d,因此,为了衡量样品中组分流出顺序,通常采用分配系数 K_d 来量度。

$$K_d=\frac{V_e-V_o}{V_i} \tag{4-10}$$

式中:V_e 为洗脱液体积;V_o 为凝胶间空隙体积;V_i 为颗粒内部微孔体积;K_d 为分配系数,也就是溶质分子大小的一个函数。

当 $K_d=1$ 时,即 $V_e=V_o+V$,说明该组分可进入微孔而最后流出。当 K_d 在 0~1 之间,K_d 值小的先流出,大的后流出。V_e、V_o、V_i 可以通过实验测定。

该法应用的凝胶主要有如下几种:

(一)交联葡聚糖凝胶(Sephadex)

这种凝胶是以葡聚糖凝胶为原料,交联剂为环氧氯丙烷,在碱性条件下制成三维空间网状结构 Sephadex,目前市售 Sephadex G10 至 G200 共有 8 种,如表 4-3 所示。G 表示凝胶保水值,单位为 mg/g 干胶,G10 即为该凝胶保水值 100 mg/g 干胶的 10 倍。G200 为凝胶保水值的 200 倍,保水值越大,交联度越小,结构松弛,易吸水。该种凝胶具有稳定性好,水中溶胀快,pH=3~10 可应用。

表 4-3　各种葡聚糖凝胶

类型	颗粒直径/μm	工作范围(分子质量/u)球状蛋白	工作范围(分子质量/u)线状蛋白	吸水值/(mL/g 干胶)	床体积/(mL/g 干胶)	溶胀时间/h	
						20℃	100℃
G-10	40～120	<700	<700	1.0±0.2	2～3	3	1
G-15	40～120	<1 500	<1 500	1.5±0.2	2.5～3.5	3	1
G-25	300～10	1 000～6 000	100～5 000	2.5±0.2	4～6	6	2
G-50	300～10	1 500～30 000	500～30 000	5.0±0.3	9～11	6	2
G-75	120～10	3 000～70 000	1 000～50 000	7.5±0.5	12～15	24	3
G-100	120～10	4 000～150 000	1 000～100 000	10.0±1.0	15～20	48	5
G-150	120～10	5 000～400 000	1 000～150 000	15.0±1.5	20～30	72	5
G-200	120～10	5 000～800 000	1 000～200 000	20.0±2.0	30～40	72	5

(二)交联琼脂糖凝胶(Sepharose)

该凝胶是以琼脂为原料经过精制、交联而成交联琼脂糖凝胶(Sepharose),瑞典 Pharmacia Fine Chemicals 商品名为 Sepharose CL-2B、CL-4B、CL-6B 等产品,其优点为多孔,流体流动性好,分离稳定性好,适于高温 110～120℃灭菌操作。

该凝胶制造过程中,先除去琼脂胶等物质后得到琼脂糖。其分子结构是以 D-半乳糖和 3,6-脱水半乳糖相间排列组成的链状多糖胶,再通过分子间的缔合而成的网状物质。孔径大小由凝胶浓度决定。以商品名 Sepharose 为例,有 2B、4B 和 6B 等规格,分别表示琼脂糖含量为 2%、4% 和 6%。这类凝胶由于其孔径较大,适合应用于分子质量较大的生理活性物质如病毒、细胞颗粒体和 DNA 等物质的分离。琼脂糖凝胶除上述 3 种外,尚有 Bio-GeI A-和 Sepharose CL 两种交联凝胶。前者为琼脂糖与丙烯酰胺交联而成,有较密集孔径,适用有氢键分解试剂存在时蛋白质的分离;后者是在强碱条件下和 3,3-二溴丙醇反应而成的物质,适用于有机溶剂和氢键分解试剂存在时蛋白质分离。这类凝胶的特性如表 4-4 所示。

表 4-4　有关琼脂糖凝胶的性质

凝胶类型	颗粒直径/μm	工作范围(分子质量/u)	琼脂浓度/%
Sepharose 6B	40～210	$1\times10^4\sim4\times10^5$	6
Sepharose 4B	40～190	$1\times10^4\sim2\times10^7$	4
Sepharose 2B	60～250	$1\times10^4\sim2\times10^7$	2
Bio-Gel A0.5m	—	$<10^4\sim0.5\times10^6$	10
Bio-Gel A1.5m	50～100	$<10^4\sim1.5\times10^6$	8
Bio-Gel A5.0m	100～200	$1\times10^4\sim5.5\times10^7$	6
Bio-Gel A10.0m	200～400	$4\times10^4\sim1.0\times10^7$	4
Bio-Gel A50.0m	—	$1\times10^5\sim5\times10^6$	2
Bio-Gel A150.0m	—	$1\times10^6\sim150\times10^6$	1

凝胶过滤层析法主要应用于酶液的浓缩、脱盐和分级分离。前两种应用小孔径凝胶便可达到目的，如应用 Sephadex G-25 可把分子质量 5 000 u 以下的蛋白质分离浓缩，同时又有较好的机械强度和流动特性。而分级分离，一般选用低排阻极限的凝胶为宜，因为可提高其流速和回收率。

(三)聚丙烯酰胺凝胶

聚丙烯酰胺凝胶是以丙烯酰胺与交联剂 N,N'-甲叉双丙烯酰胺聚合而成的网状高分子物质。以商品名 Bio-Gel P-为例，P-后的数字乘以1 000，表示该种凝胶可应用于分离蛋白质的最高分子质量。表 4-5 为各种 Bio-Gel P-的特性数据。

表 4-5　各种聚丙烯酰胺胶

型号	颗粒数目	颗粒直径/μm	工作范围相对分子质量	吸水值/(mL/g 干胶)	床体积/(mL/g 干胶)	溶胀平衡时间/h	
						20℃	沸水浴
Bio-Gel P-2	50～400	40～150	200～2 000	1.5	3.0	2～4	2
Bio-Gel P-4	50～400	40～150	800～4 000	2.4	4.8	2～4	2
Bio-Gel P-6	50～400	40～150	1 000～6 000	3.7	7.4	2～4	2
Bio-Gel P-10	50～400	40～150	1 500～20 000	4.5	9.0	2～4	2
Bio-Gel P-30	50～400	40～150	2 500～40 000	5.7	11.4	10～12	3
Bio-Gel P-60	50～400	40～150	3 000～60 000	7.2	14.4	10～12	3
Bio-Gel P-100	50～400	40～150	5 000～100 000	7.5	15.0	24	5
Bio-Gel P-150	50～400	40～150	15 000～150 000	9.2	18.4	24	5
Bio-Gel P-200	50～400	40～150	30 000～200 000	14.7	29.4	48	5
Bio-Gel P-300	50～400	40～150	60 000～400 000	18.0	36	48	5

聚丙烯酰胺凝胶是丙烯酰胺单体和交联剂甲叉双丙烯酰胺(Bis)在催化剂过硫酸铵(AP)的作用下聚合而成的高分子网状聚合物。反应过程尚需加入有效加速剂 N,N,N',N'-四甲基乙二胺(TEMED)。

凝胶的孔径大小与单体浓度、交联剂有关。聚丙烯酰胺凝胶的孔径可以用式(4-11)计算：

$$r=\frac{kd}{\sqrt{C}} \tag{4-11}$$

式中：r 为凝胶平均孔径；C 为丙烯酰胺单体浓度；k 为常数，一般 $k=1.5$；d 为分子直径(一般不卷曲分子直径为 0.5 nm)。

经过实践证明，丙烯酰胺浓度为 7.5%时，r 为 2.73 nm，5%时，r 为 0.35 nm，因此，如果酶分子直径大于上述两个数字，则可采用这种凝胶进行纯化酶的工作。

五、超滤法

超滤法(ultrafiltration)是在一定压力(正压或负压)下将溶液强制性通过一固定孔径的膜,使溶质按分子质量、形状、大小的差异得到分离,所需要的大分子物质被截留在膜的一侧,小分子物质随溶剂透过膜到达另一侧。这种方法在分离提纯酶时,既可直接用于酶的分离纯化。又可用于纯化过程中酶液的浓缩。

近 20 年来,超滤已成为膜分离中发展最快的一种技术,应用范围非常广泛。用超滤膜进行分离纯化时,超滤膜应具备以下条件:①有较大的透过速率和较高的选择性;②有一定的机械强度,能够耐热、耐化学试剂;③不容易遭受微生物的污染;④价格低廉。

根据滤膜孔径和操作压强的差异,超滤与微滤、电渗析、反渗透等膜分离技术有别,其应用范围也是不同的,见表 4-6。

表 4-6 各种膜分离技术的特点

类型	膜特性	操作压力/MPa	应用范围	应用举例
超滤	对称微孔膜 0.05～10 μm	0.1～0.5	除菌、细胞分离、固液分离	空气过滤除菌、培养基除菌、细胞收集等
超滤	不对称微孔膜 $1\sim20\times10^{-3}$ μm	0.2～1.0	酶及蛋白质等生物大分子的分离	酶和蛋白质分离、纯化,反应与分离偶联的膜反应器
电渗析	离子交换膜	电位差(推动力)	离子和大分子蛋白质的分离	产物脱盐,氨基酸的分离
反渗透	带皮层的不对称膜	1～10	低分子溶质浓缩	醇、氨基酸等的浓缩

六、亲和层析法

亲和层析是近几年发展起来的并有效地应用于分离纯化生物活性大分子的一种新技术。其基本原理是利用生物分子间酶与辅酶、酶与底物、抗原与抗体、激素与受体等均具有较高专一亲和力，而且能可逆专一地形成酶-配基的络合物。因此，将这类配基(Ligand)偶联固定于待分离纯化系统溶液中，便可从中把目的物质“抓”出来。亲和层析示意图如图4-6所示。

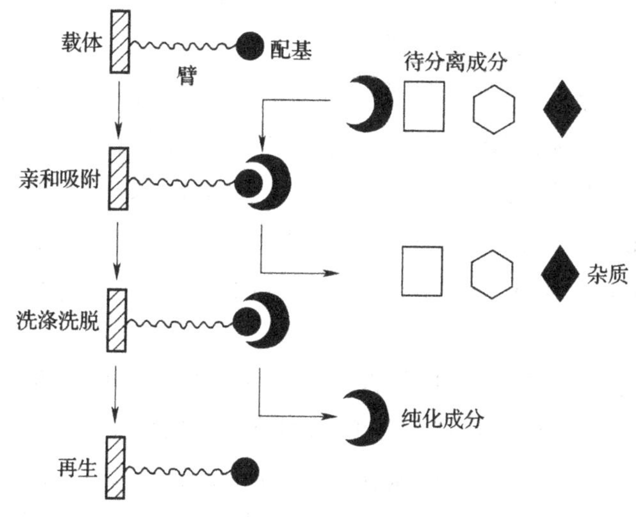

图4-6　亲和层析技术示意图

1967年，Axen等采用BrCN活性载体的方法，把配基固定于载体中，然后与待分离纯化系统偶联起来，取得了显著效果，也推动了固定化技术发展。

亲和层析技术应用的载体要求具有亲水性、结构疏松、惰性和具有大量可以和配基偶联反应的基团。根据这些要求，目前应用最多的载体为琼脂糖，因为琼脂糖的亲水性、结构疏松、反应性能、机械强度等均较理想，并经得起0.1 mol/L酸碱、7 mol/L脲等较长时间处理。在酶的分离中琼脂糖4 B更为优越，它的偶联基团为羟基，结构疏松，能使分子质量为10^6 u的大分子物质自由通过。

配基的选择也是十分重要的。理想的配基应具备如下条件：

(1)配基与酶要有较强的亲和力，因为吸附和洗脱都由这种力来决定。若要纯化某种酶，则要加入对此酶要有专一亲和力的物质。如底物类似物、抑制剂、辅助因子、效应剂、辅酶等。其作用力的强度可以用解离常数 K_{diss} 和亲和常数 K_{ass} 表示为

$$配基+酶\underset{K_{diss}}{\overset{K_{ass}}{\rightleftharpoons}}配基-酶$$

优良的配基其选择范围为：10^{-4} mol/L$>K_{diss}>10^{-8}$ mol/L(或者 10^{4} mol/L$<K_{ass}<10^{3}$ mol/L)，若 K_{diss} 过小(K_{ass} 过高)则酶与配基之间作用力过强，解吸困难；反之，K_{diss} 过大其两者之间结合力过弱，又很难提高吸附效果。

(2)配基本身应具有供偶联固定用的活泼基团，同时，与载体结合后，不应影响或破坏配基与酶间的相互作用。

(3)配基应具有一定的偶联量，其配基偶联量过高或过低均不适宜。前者可造成洗脱困难，也会造成空间障碍和非专一性吸附，后者分离效果也不佳。一般，配基偶联量 1～20 μmol/mL 膨润胶较为合适。

偶联是亲和层析技术中的关键一步，载体和配基都有相应的偶联基团，但最常采用的是先将载体偶联基团活化，其中葡聚糖和琼脂糖的羟基可用溴化氰作用形成活泼的亚氨基碳酸盐衍生物；聚丙烯酰胺的酰胺基或用水合肼处理形成酰肼衍生物，或者在此基础上再经亚硝酸处理，形成叠氮的衍生物。其反应式为

$$\left|\begin{matrix}-OH\\-OH\end{matrix}\right. \xrightarrow{+BrCN} \left|\begin{matrix}-O\\-O\end{matrix}\right\rangle C=NH$$

$$\left|-\overset{\overset{\displaystyle O}{\|}}{C}-NH_2\right. \xrightarrow{+H_2NNH_2} \left|-\overset{\overset{\displaystyle O}{\|}}{C}-NHNH_2\right.$$

$$\left|-\overset{\overset{\displaystyle O}{\|}}{C}-NHNH_2\right. \longrightarrow \left|-\overset{\overset{\displaystyle O}{\|}}{C}-N_3\right.$$

活化处理后，其伯胺基或芳香基可直接与亚氨碳酸基或叠氮

基反应，便完成配基与固相载体的偶联。

这种直接偶联制得的亲和吸附剂，由于与酶活性部位距离太远，尚需在配基与载体间加上一段短“手臂”，便可消除空间障碍，改善其亲和吸附能力。

“手臂”(spacer arms)的特点是：①具有和载体及配基进行偶联的功能基团；②不带电荷，具有亲水性物质；③化学处理而不改变其特性。

可应用作为“手臂”的物质有三类：①碳氢链化合物（如 α,ω-二胺化合物、α,ω-氨基羧酸）；②聚氨基酸（如聚 DL-丙胺酸、聚 DL-赖氨酸等）；③某些天然的蛋白质（如白蛋白等）。第一类最为常用，其氨基能直接和亚氨基碳酸盐或酰肼反应，其反应式如图 4-7 所示。

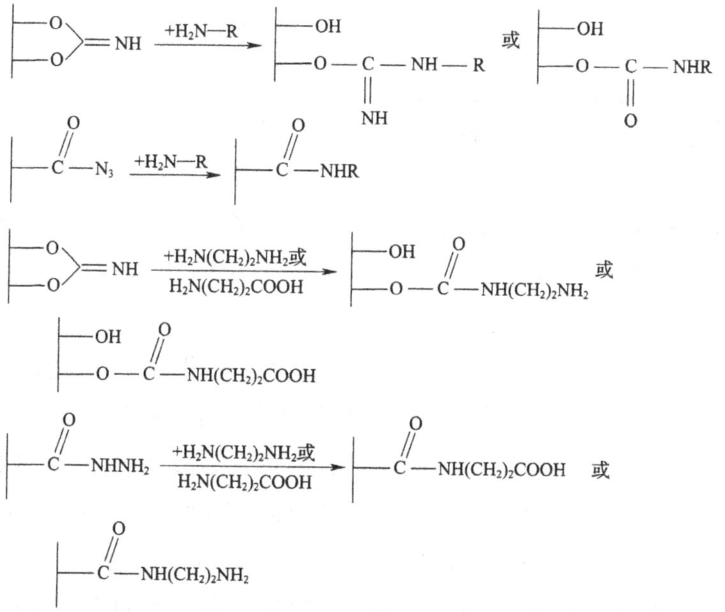

$$\text{|}{<}^{O}_{O}{>}C{=}NH \xrightarrow{+H_2N{-}R} \text{|}{<}^{OH}_{O{-}C({=}NH){-}NH{-}R} \quad \text{或} \quad \text{|}{<}^{OH}_{O{-}C({=}O){-}NHR}$$

$$\text{|}{-}C({=}O){-}N_3 \xrightarrow{+H_2N{-}R} \text{|}{-}C({=}O){-}NHR$$

$$\text{|}{<}^{O}_{O}{>}C{=}NH \xrightarrow[H_2N(CH_2)_2COOH]{+H_2N(CH_2)_2NH_2\text{或}} \text{|}{<}^{OH}_{O{-}C({=}O){-}NH(CH_2)_2NH_2} \quad \text{或} \quad \text{|}{<}^{OH}_{O{-}C({=}O){-}NH(CH_2)_2COOH}$$

$$\text{|}{-}C({=}O){-}NHNH_2 \xrightarrow[H_2N(CH_2)_2COOH]{+H_2N(CH_2)_2NH_2\text{或}} \text{|}{-}C({=}O){-}NH(CH_2)_2COOH \quad \text{或} \quad \text{|}{-}C({=}O){-}NH(CH_2)_2NH_2$$

图 4-7 加“手臂”反应

吸附和洗脱是亲和层析技术中保证其纯化得率的关键一步。首先要确定适宜的吸附条件、pH、离子强度、温度和某些金属离子的存在与否，同时测定其配基的含量、亲和吸附剂和样品量的最适比例。因为样品的体积与亲和结合力有关。蛋白质浓度也不要超过 20～30 mg/mL,流速也不宜大于 10 mL/(cm^2 · h)。

洗脱的方法有多种,一般可分为两类:非专一性洗脱与专一性洗脱,见表 4-7。

表 4-7　常用亲和层析的几种洗脱方法

洗脱类型	洗脱方法
Ⅰ非专一性洗脱	改变温度进行洗脱
	改变 pH 进行洗脱
	改变离子强度进行洗脱
	改变溶剂系统进行洗脱
	加促溶剂
	电泳解吸
Ⅱ专一性洗脱	半抗原竞争性洗脱
	抑制剂竞争性洗脱
	底物类似物竞争性洗脱

其中亲和专一性洗脱主要用于“族”专一性吸附剂或结合力相当低(如 K_{diss}:10^{-6}～10^{-4})的情况。例如,以游离 NADH 从 5′-AMP-Sepharose 4B 上洗脱激酶或脱氢酶。洗脱方式或者通过升高亲和洗脱剂的浓度梯度进行,或者用几种相应不同的解吸剂进行脉冲洗脱。

酶纯化的目的是使酶制剂具有最大的催化活性和最高纯度,酶纯化的方法很多,每种纯化方法都有各自的优点和缺点,总体上,一个好的方法和措施能使酶的活力回收高,纯度提高倍数大,重复性好。评价酶分离纯化方法的标准可归纳为 3 点:①酶活力回收率;②比活力提高的倍数;③方法的重现性。酶活力回收率是纯化后样品的总酶活占纯化前样品的总酶活的百分比,它反映了纯化过程中酶活力的损失情况,这一比值越高说明酶活力的保存率越高,酶活力的损失越少。比活力的提高倍数则反映了纯化方法的效率。纯化后比活力提高越多,总活力损失越少,纯化效果就越好。较好的重现性是评价酶分离纯化方法的必要条件,操作材料要有较好的稳定性,操作条件要容易控制。

第五章　酶固定化技术

游离酶和游离细胞的酶催化反应很难反复或连续使用，也很难实现连续化。将游离酶、细胞或细胞器等的催化活动完全或基本上限制在一定空间内的过程称为酶的固定化。一般分为固定化酶(immobilized enzyme)或固定化细胞(immobilized cell)两种。它解决了酶的工程化应用中存在的问题，极大地提高了酶的应用价值，促进了酶工程的飞跃发展。

第一节　酶的固定化

将酶固定在水不溶性的载体上，形成固定化酶的过程称为酶的固定化。固定在载体上并在一定空间范围内进行催化反应的酶，称为固定化酶。

固定化所采用的酶，可以是经提取分离后得到的有一定纯度的酶，也可以是结合在菌体(死细胞)或细胞碎片上的酶或酶系。固定在载体上的菌体或载体碎片称为固定化菌体，它是固定化酶的一种形式。在固定化细胞(活细胞)出现之前，也有人将固定化菌体称为固定化细胞。

固定化酶和固定化菌体都以酶的应用为目的，它们的制备方法与应用也基本相同。

酶、含酶菌体以及菌体碎片的固定化方法有很多，下面选取 3 种进行讨论。

一、吸附法

利用各种固体吸附剂将酶或含酶菌体吸附在其表面上而使酶固定化的方法，称为物理吸附法，简称吸附法。

采用吸附法制备固定化酶或固定化菌体，操作简单，条件温和，不会引起酶变性失活，载体廉价易得，而且可反复使用。但是物理吸附作用下酶与固体的结合力较弱，容易脱落，所以它的应用非常有限。

二、包埋法

所谓包埋法是将酶或者含酶菌体包埋在各种多孔载体中而使酶固定化的方法，称为包埋法。包埋法使用的多孔载体主要有琼脂凝胶、琼脂糖、海藻酸钠、角叉菜胶、明胶、聚丙烯酰胺凝胶、光交联树脂、聚酰胺膜、火胶棉膜等。包埋法制备固定化酶或固定化菌体时，根据载体材料和方法的不同，可分为凝胶包埋法和半透膜包埋法两大类。

半透膜的孔径为几埃至几十埃，比一般酶分子的直径小些，固定化的酶不会从小球中漏出来。因此，半透膜包埋法适用于底物和产物都是小分子物质的酶的固定化。

半透膜包埋法制成的固定化酶小球，直径在几微米到几百微米之间，称之为微胶囊。制备时，一般是将酶液滴分散在与水互不相溶的有机溶剂中，再与酶液滴表面形成半透膜，将酶包埋在微胶囊之中。例如，将预固定化的酶及亲水性单体(如己二胺等)溶于水制成水溶液，另外将疏水性单体(如癸二酰氯等)溶于与水互不相溶的有机溶剂中，然后将这两种不相溶的液体混合在一起，加入乳化剂(如司盘-85 等)进行乳化，使酶液分散成小液滴，此时亲水性的己二胺与疏水性的癸二酰氯就在两相的界面上聚合成半透膜，将酶包埋在小球之内。再加入吐温-20(Tween-20)，使乳化破坏，离心分离即可得到用半透膜包埋的微胶囊型的固定化酶。

三、结合法

选用合适的载体，通过共价键或离子键与酶结合的固定化方法，称之为结合法。结合法可分为两种，分别是离子键结合法与共价键结合法。

（一）离子键结合法

通过离子键使酶与载体结合的固定化方法称为离子键结合法。

离子键结合法所使用的载体是某些不溶于水的离子交换剂。常用的有 DEAE-纤维素、TEAE-纤维素、DEAE-葡聚糖凝胶等。

用离子键结合法进行酶固定化，条件温和，操作简便。只需在一定的 pH、温度和离子强度等条件下，将酶液与载体混合搅拌几个小时，或者将酶液缓慢地流过处理好的离子交换柱就可使酶结合在离子交换剂上，制备得到固定化酶。例如，将处理成—OH 型的 DEAE-葡聚糖凝胶加至含有氨基酰化酶的 pH＝7.0 的 0.1 mol/L 磷酸缓冲液中，于 37℃条件下，搅拌 5 h，氨基酰化酶就可与 DEAE-葡聚糖凝胶通过离子键结合，制成固定化氨基酰化酶。还有一种方法是将处理过的 DEAE-葡聚糖凝胶装进离子交换柱，用氢氧化钠处理，使之成为—OH 型，用无离子水冲洗，再用 pH＝7.0 的 0.1 mol/L 磷酸缓冲液平衡备用；另将一定量的氨基酰化酶溶于 pH＝7.0 的 0.1 mol/L 磷酸缓冲液中配成一定浓度的酶液，在 37℃的条件下，让酶慢慢流过离子交换柱，就可制备成固定化氨基酰化酶，用于拆分乙酰 DL-氨基酸，生产 L-氨基酸。

用离子键结合法制备的固定化酶，酶的催化效率损失较少。但由于通过离子键结合，结合力较弱，酶与载体的结合不牢固，在 pH 和离子强度等条件改变时，酶容易脱落。因此，用离子结合法制备的固定化酶，在使用时一定要严格控制好 pH、离子强度和温度等操作条件。

（二）共价键结合法

通过共价键将酶与载体结合的固定化方法称为共价键结合法。

共价键结合法所采用的载体主要有纤维素、琼脂糖凝胶、葡聚糖凝胶、甲壳质、氨基酸共聚物、甲基丙烯醇共聚物等。酶分子中可以形成共价键的基团主要有氨基、羧基、巯基、羟基、酚基和咪唑基等。

要使载体与酶形成共价键，首先必须使载体活化，即借助于某种方法，在载体上引进一活泼基团。然后此活泼基团再与酶分子上的某一基团反应，形成共价键。使载体活化的方法很多，主要有重氮法、叠氮法、溴化氰法等。现分述如下：

1. 重氮法

将含有苯氨基的不溶性载体与亚硝酸反应，生成重氮盐衍生物，使载体引进了活泼的重氮基团。例如，对氨基苯甲基纤维素可与亚硝酸反应：

$R—O—CH_2—C_6H_4—NH_2 + HNO_2 \longrightarrow R—O—CH_2—C_6H_4—N^+{=}N + H_2O$

亚硝酸可由亚硝酸钠和盐酸反应生成。

$$NaNO_2 + HCl \xlongequal{} HNO_2 + NaCl$$

载体活化后，活泼的重氮基团可与酶分子中的酚基或咪唑基发生偶联反应而制得固体化酶。

$R—O—CH_2—C_6H_4—N^+ = N + E \longrightarrow R—O—CH_2—C_6H_4—N{=}N—E$

2. 叠氮法

含有酰肼基团的载体可用亚硝酸活化生成叠氮化合物。例如，羧甲基纤维素的酰肼衍生物可与亚硝酸反应生成羧甲基纤维素的叠氮衍生物，其反应式如下：

$$R—O—CH_2—\overset{\overset{O}{\|}}{C}—NH—NH_2+HNO_2 \longrightarrow R—O—CH_2—\overset{\overset{O}{\|}}{C}—N_3+2H_2O$$

其中，亚硝酸由亚硝酸钠与盐酸反应生成。

$$NaNO_2+HCl═══HNO_2+NaCl$$

羧甲基纤维素的酰肼衍生物可由羧甲基纤维素制备得到，反应分两步进行。首先是羧甲基纤维素与甲醇反应生成羧甲基纤维素甲酯：

$$\underset{(CMC)}{R—O—CH_2—COOH}+CH_3OH \longrightarrow \underset{(CMC\text{甲酯})}{R—O—CH_2—COOCH_2}+H_2O$$

然后羧甲基纤维素甲酯与肼反应生成羧甲基纤维素的酰肼衍生物。

$$\underset{(CMC\text{甲酯})}{R—O—CH_2—COOCH_2}+\underset{(\text{肼})}{NH_2—NH_2} \longrightarrow \underset{(CMC\text{酰肼衍生物})}{R—O—CH_2—COOCH_2—NHNH_2}+CH_3OH$$

羧甲基纤维素叠氮衍生物中活泼的叠氮基团可与酶分子中的氨基形成肽键，使酶固定化。

$$R—O—CH_2—CO—N_3+H_2N—E \longrightarrow R—O—CH_2—CO—NH—E$$

此外，叠氮基团还可以与酶分子中的羟基、巯基等反应，而制成固定化酶。

$$R—O—CH_2—CO—N_3+HO—E \longrightarrow R—O—CH_2—CO—O—E$$

$$R—O—CH_2—CO—N_3+HS—E \longrightarrow R—O—CH_2—CO—S—E$$

3. 溴化氰法

含有羟基的载体，如纤维素、琼脂糖凝胶、葡聚糖凝胶等，可用溴化氰活化生成亚氨基碳酸衍生物。

$$\begin{matrix}R—CH—OH\\|\\R—CH—OH\end{matrix}+BrCN \longrightarrow \begin{matrix}R—CH—O\\|\\R—CH—O\end{matrix}\!\!>\!C═NH+HBr$$

活化载体上的亚氨基碳酸基团在微碱性的条件下，可与酶分子上的氨基反应，制成固定化酶。

$$\begin{matrix} R-CH-O \\ | \\ R-CH-O \end{matrix}\!\!>\!C{=}NH + H_2N-E \longrightarrow \begin{matrix} R-CH-O-CO-NH-E \\ | \\ R-CH-OH \end{matrix}$$

第二节　固定化酶的特性

将酶或含酶菌体固定化制成固定化酶或固定化菌体后，由于载体等的影响，酶的特性会发生变化。现将固定化酶的主要特性介绍如下：

一、稳定性

固定化酶的稳定性一般比游离酶的稳定性好。主要表现在：

(1)对热的稳定性提高，可以耐受较高的温度；

(2)保存稳定性好，可以在一定条件下保存较长的时间；

(3)对蛋白酶的抵抗性增强，不易被蛋白酶水解；

(4)对变性剂的耐受性提高，在尿素、有机溶剂和盐酸胍等蛋白质变性剂的作用下，仍可保留较高的酶活力。

二、最适温度

固定化酶的最适作用温度一般与游离酶差不多，活化能也变化不大。但有些固定化酶的最适温度与游离酶有较明显的变化。例如，用重氮法制备的固定化胰蛋白酶和胰凝乳蛋白酶，其作用的最适温度比游离酶高 5～10℃；以共价键结合法固定化的色氨酸酶，其最适温度比游离酶高 5～15℃。同一种酶，在采用不同的方法或不同的载体进行固定化后，其最适温度也可能不同。如氨基酰化酶，用 DEAE-葡聚糖凝胶经离子键结合法固定化后，其最适温度(72℃)比游离酶的最适温度(60℃)提高 12℃；用 DEAE-

纤维素固定化后，其最适温度(67℃)比游离酶提高7℃；而用烷基化法固定化的氨基酰化酶，其最适温度却比游离酶有所降低。由此可见，固定化酶作用的最适温度可能会受到固定化方法和固定化载体的影响，在使用时要加以注意。

三、最适pH

酶经过固定化后，其作用的最适pH往往会发生一些变化。这一点在使用固定化酶时必须引起重视。影响固定化酶最适pH的因素主要有两种：一种是载体的带电性质，另一种是酶催化反应产物的性质。

四、底物特异性

固定化酶的底物特异性与游离酶比较可能有些不同，其变化与底物分子质量的大小有一定的关系。对于那些作用于低分子底物的酶，固定化前后的底物特异性没有明显变化。例如，氨基酰化酶、葡萄糖氧化酶、葡萄糖异构酶等，固定化酶的底物特异性与游离酶的底物特异性相同。而对于那些可作用于大分子底物，又可作用于小分子底物的酶而言，固定化酶的底物特异性往往会发生变化。例如，胰蛋白酶既可作用于高分子量的蛋白质，又可作用于低分子量的二肽或多肽，固定在羧甲基纤维素上的胰蛋白酶，对二肽或多肽的作用保持不变，而对酪蛋白的作用约为游离酶的3%；以羧甲基纤维素为载体经叠氮法制备的核糖核酸酶，当以核糖核酸为底物时，催化速度约为游离酶的2%，而以环化鸟苷酸为底物时，催化速度可达游离酶的50%～60%。

固定化酶底物特异性的改变，是由于载体的空间阻挡作用引起的。酶固定在载体上以后，使大分子底物难以接近酶分子而使催化速度大大降低，而分子质量较小的底物受空间阻挡作用的影响较小或不受影响，故与游离酶的作用没有显著差异。

第三节　固定化酶的催化反应机理

从反应工程方面分析，固定化酶反应系统属非均一催化反应。通常，底物溶于连续相水溶液中，固定化酶悬浮于其中。以单底物反应为例(S→P)，底物S从反应液主体传递到酶固体颗粒外表面，然后扩散到酶分子上，而生成物P则刚好与此途径相反。由于只有反应液主体中底物和生成物的浓度是可以分析的，这样建立起来的反应速度称为表观反应速度。要弄清底物和产物在固液界面附近和粒子内的传递关系，才能掌握反应机理。

一、固定化酶对反应体系的影响

底物(S)和酶(E)用海藻酸钠凝胶包埋制作的固定化酶在反应前的分布，模拟如图5-1所示。

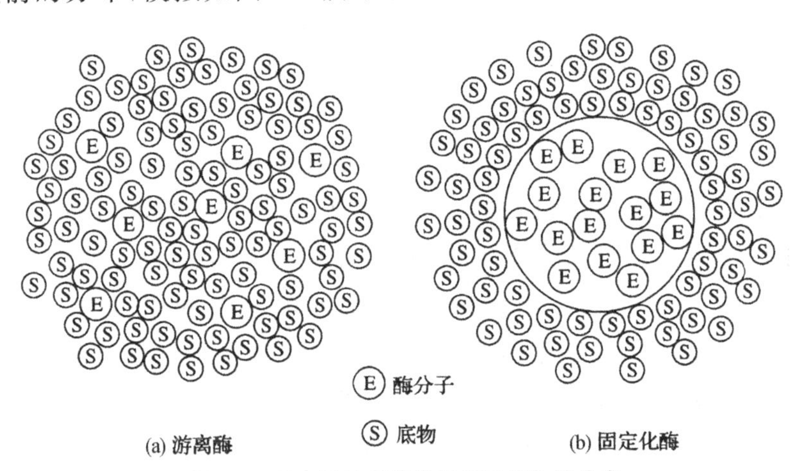

图 5-1　反应开始前酶分子周围底物的分布

对液体酶反应，当酶浓度为 10^{-2} mol/L 时，酶与底物间最大平均距离为 20 nm，对于固定化酶反应，若固定化酶颗粒直径为 0.1 mm(100 μm)时，则与粒子距离最近的底物与载体中心酶的距离为 20 μm，为液体酶的1/1 000。因此，固定化酶反应的物质传递对反应速度的影响变得更重要了。

二、影响固定化酶的动力学因素

游离酶经固定化后所引起的酶性质改变,归纳起来有下列几种原因。

(一)酶分子构象的改变和载体的屏蔽效应

前一种影响是酶分子在固定化过程中发生了某种扭曲,使酶分子拉长,改变酶活性部位的三维结构,从而改变酶的活力;后一种是指酶在固定化以后,酶的活性部位受到载体的空间障碍,使酶分子活性基团不易与底物接触,从而改变酶活力。

(二)微环境效应

微环境是指固定化酶附近的环境区域,而主体溶液则称为大环境,反应系统中由于载体和底物的疏水性、亲水性以及静电作用,引起微环境和大环境之间不同的性质,这样就形成了分配效应。分配效应使得底物或其他各种效应物在微环境与大环境之间的不均匀分布,从而影响酶反应速度。

(三)扩散阻力

固定化酶的反应系统和液体酶不同,即底物必须从主体溶液传递到固定化酶内部活性部位。反应产物又从固定化酶活力部位扩散到主体溶液,因此,存在扩散限制,采用固定化酶不可能得到大环境相同水平的产物,这在扩散速率很低,而酶活力又很高时特别明显。扩散限制效应可分为外扩散效应和内扩散效应。外扩散是发生在固定化酶表面周围的能斯特层(Nernst 层),其底物从大环境主体溶液中向固定化酶表面传递,使得底物在固定化酶周围形成浓度梯度,随着搅拌速度增加而减少;内扩散阻力发生在多孔固定化酶载体的内部、底物或其他效应物在载体颗粒表面与载体内的酶活性部位间运转过程中的扩散限制。由于微环境内的化学效应,造成底物的消耗和产物的积累,形成浓度的不均匀性,从而影响固定化酶的一系列性质。

游离酶是在溶液中进行,E 和 S 是以随机方式自由运动,其反应式为

$$E+S \underset{K_{-1}}{\overset{K_1}{\rightleftharpoons}} ES \underset{K_{-2}}{\overset{K_2}{\rightleftharpoons}} P+E$$

ES 形成速度是被扩散所限制的,K_1 很大,一般 $K_1=10^6 \sim 10^9$ L/(mol·s),而固定化酶不在溶液中进行,而是在固液界面上进行,底物必须达到界面上才能转变成产物。假定载体是不溶于水的,载体被 Nernst 层或扩散层所包围。由于存在一个穿过扩散层的浓度差(梯度),因此,在邻近不带电的载体部位,其底物浓度低于在溶液整体部位底物的浓度。因而,固定化酶具有较低的酶活力和较高的表观 K_m 值。降低表观 K_m 值方法很多,主要有:①减小酶载体的体积,降低扩散厚度;②提高搅拌器搅拌速度或流动速度;③以静电效应减少或消除 Nernst 层。

这 3 种效应通常总是相互关联地存在的,它们综合在一起决定着固定化酶的动力学性质,其中构象改变是直接影响酶活力的因素;分配效应和扩散限制则是通过底物或效应物在微环境和大环境的不等分布来影响固定化酶反应的。

酶固定化反应系统与游离酶不同,其反应方式、动力学特性等均有差异,可分为图 5-2 所示的 3 种模式。

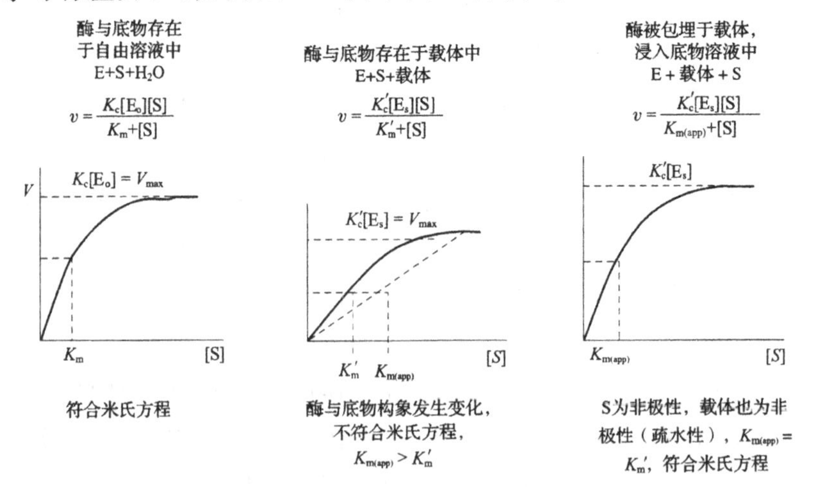

图 5-2　酶固定化反应系统三种模式比较

第四节　酶催化反应器

以酶或固定化酶作为催化剂进行酶促反应的装置称为酶反应器(enzyme reactor)。酶反应器不同于化学反应器,它是在常温、常压下发挥作用,反应器的耗能和产能比较少。酶反应器也不同于发酵反应器,因为它不表现自催化方式,即细胞的连续再生。但是酶反应器与其他反应器一样,都是根据它的产率和专一性进行评价。

一、酶反应器的类型

酶反应器类型可以按多种方式进行分类。

根据其几何形状及结构分为罐式(tank type)、管式(tube type)和膜式(diaphragm type)。

根据反应物的状态分为均相酶反应器(homogeneous enzyme reactor)和固定化酶反应器(immobilized enzyme reactor)。

按操作方式分为分批式操作(batch operation)、连续式操作(continuous operation)和流加式操作(fed－bateh operation)3种。

按结构可分为搅拌罐式反应器(stirred tank reactor,STR)、填充床式反应器(packed column reactor,PCR)、流化床式反应器(fluidized bed reactor,FBR)、鼓泡塔式反应器(bubble column reactor,BCR)、喷射式反应器(jet reactor,JR)以及膜式反应器(membrane reactor,MR)等。

(一)搅拌罐式反应器

搅拌罐式反应器是具有搅拌装置的一种反应器,由反应罐、搅拌器和保温装置等部分组成。

搅拌罐式反应器有分批式搅拌罐反应器(batch stirred tank reactor,BSTR)和连续式搅拌罐反应器(continuous flow stirred tank reactor,CSTR)(见图 5-3 至图 5-5)。这类反应器的特点是内容物混合充分均匀,结构简单,温度和 pH 容易控制,传质阻力较低,能处理胶体状底物、不溶性底物,固定化酶易更换。

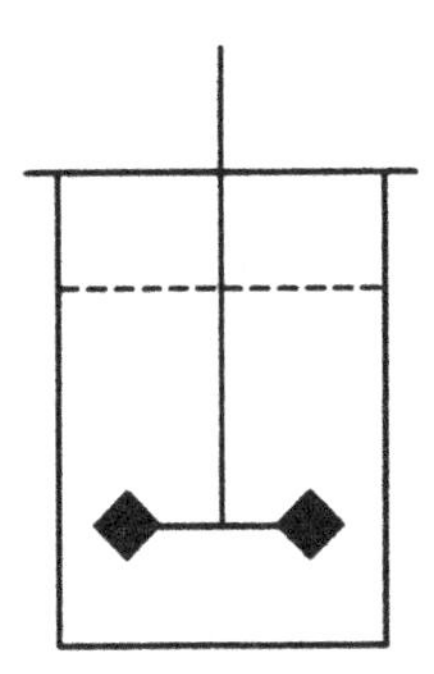

图 5-3　分批式搅拌罐反应器示意图

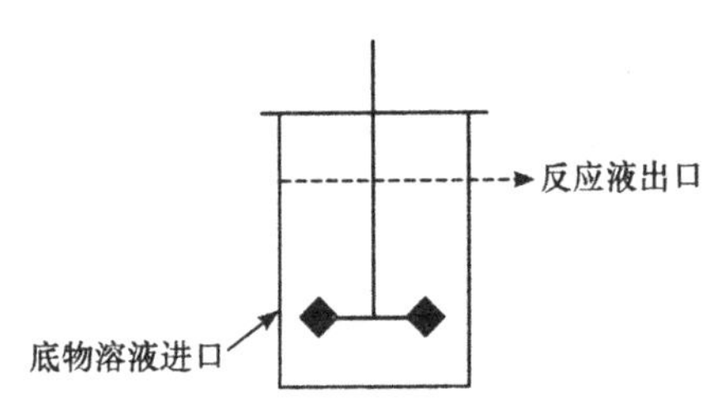

图 5-4　连续式搅拌罐反应器示意图

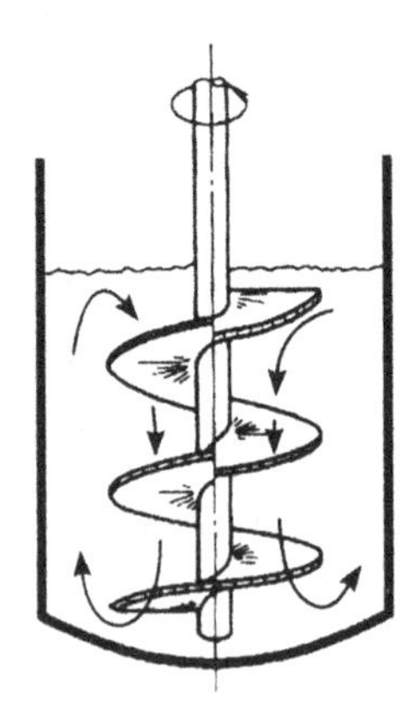

图 5-5　一种搅拌罐式反应器示意图(提供了螺旋杆)

(二)固定(填充)床式反应器

固定(填充)床式反应器是把颗粒状或片状等固定化酶填充于固定床(也称填充床,床可直立或平放,packed bed reactor, PBR)内,底物按一定方向以恒定速度通过反应床的装置,如图 5-6 所示。它是一种单位体积催化负荷量多、效率高的反应器。典型的填充床,整个反应器可以看作是处于活塞式流动状态,因此这种反应器又称为活塞流式反应器(plug flow reactor,PFR)。

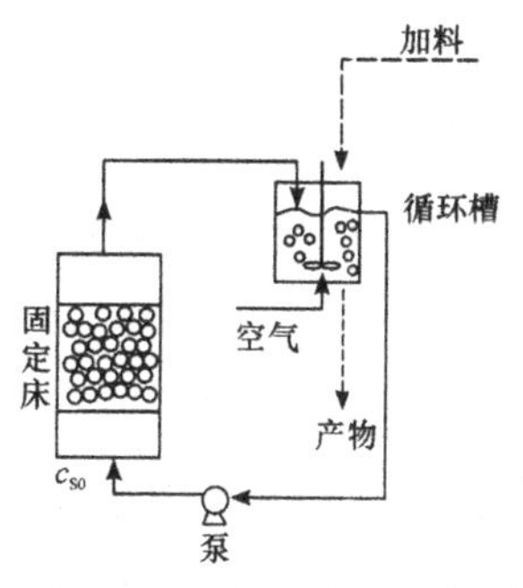

图 5-6 固定床式反应器

固定(填充)床式反应器有如下特点:①适用的方式为连续式操作;②适应的形式为固定化酶;③反应器的特点表现为:设备简单,操作方便,单位体积反应床的固定化酶密度大,可以提高酶催化反应的速度,在工业生产中应用普遍。

(三)流化床式反应器

流化床式反应器是在装有比较小的固定化酶颗粒的垂直塔内,通过流体自下而上的流动使固定化酶颗粒在流体中保持悬浮状态,即流态化状态进行反应的装置,如图 5-7 所示。流态化的固体颗粒与流体的均一混合物可作为流体处理。

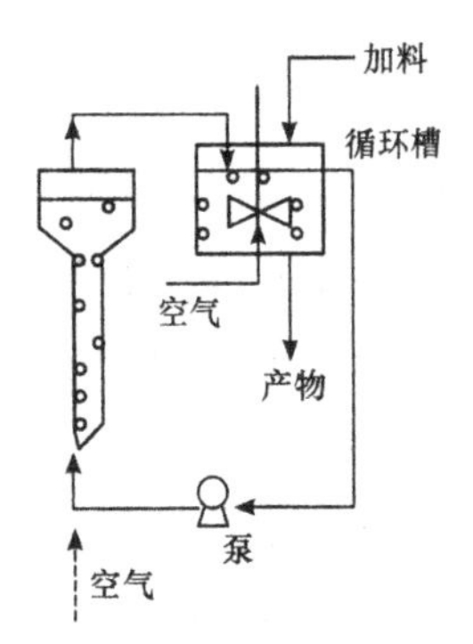

图 5-7 流化床式反应器

(四)鼓泡塔式反应器

在生物反应中,有不少的反应要涉及气体的吸收或产生,这类反应最好采用鼓泡塔式反应器,如图 5-8 所示。它是把固定化酶放入反应器内,底物与气体从底部通入,大量气泡在上升过程中起到提供反应底物和混合两种作用的一类反应器。在使用鼓泡塔式反应器进行固定化酶的催化反应时,反应系统中存在固、液、气三相,所以鼓泡塔式反应器又称为三相流化床式反应器。

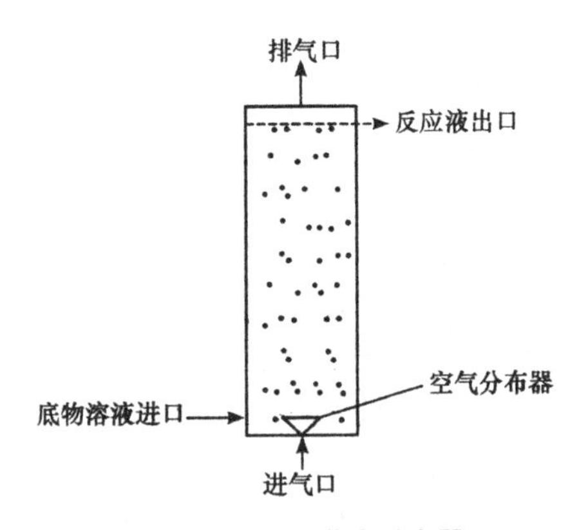

图 5-8 鼓泡塔式反应器

(五)喷射式反应器

喷射式反应器是利用高压蒸汽的喷射作用实现底物与酶的混合,从而进行高温短时催化反应的一种反应器,如图 5-9 所示。

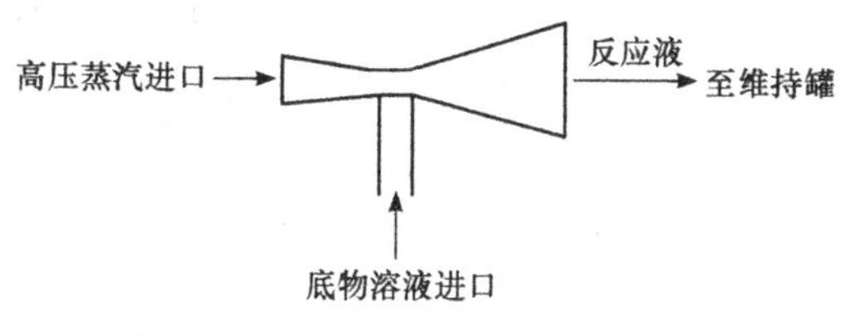

图 5-9　喷射式反应器

(六)膜式反应器

膜式反应器最早应用于微生物的培养,1958 年 Stem 用透析装置培养出了牛痘苗细胞,1968 年 Blatt 第一次提出膜式反应器概念。

膜式酶反应器(enzyme membrane bioreactor,EMBR,也称为 membrane bioreactor)是利用选择性的半透膜分离酶和产物(或底物)的生产或实验设备,是反应与分离偶合的装置(见图 5-10 和图 5-11)。

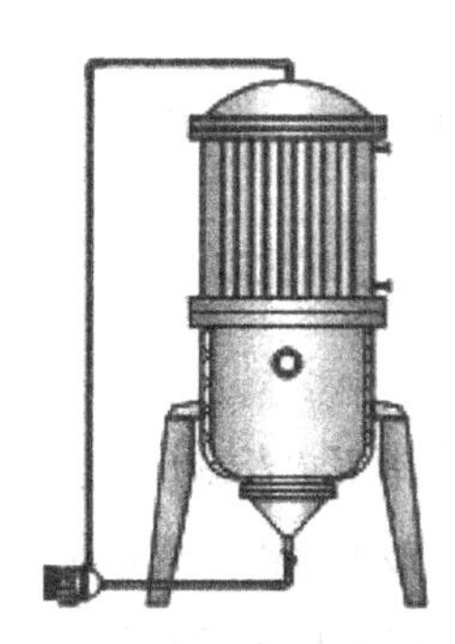

图 5-10　膜式酶反应器 MEF 2000 外形图

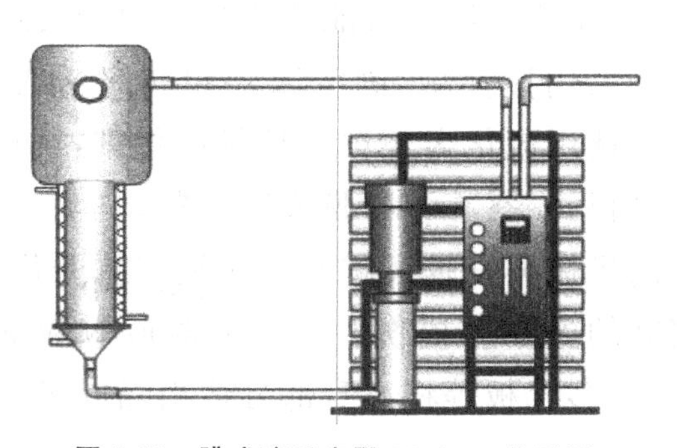

图 5-11　膜式酶反应器 EF 2000 外形图

膜式反应器的优点主要有:①能实现连续的生产工艺/高产率;②更佳的过程控制/推动化学平衡移动;③不同操作单元的集成与组合;④改善产物抑制反应的速率;⑤操作过程中能富集及浓缩产物;⑥控制水解产物的分子质量;⑦实现多相反应;⑧研究酶机制的理想手段。其缺点主要有:①酶的吸附及中毒;②与剪切力相关的酶失活;③膜表面产生底物或产物的抑制;④酶活化剂或辅酶的流失;⑤浓差极化;⑥膜污染;⑦酶的泄漏。

膜式酶反应器的应用主要表现在下述几个方面:辅酶或辅助因子的再生;有机相酶催化;手性拆分与手性合成;反胶束催化作用;生物大分子的分解。其中辅酶或辅助因子的再生、有机相酶催化、手性拆分与手性合成是膜式酶反应器最具有技术优势的体系。

二、酶反应器的选择

酶反应器的类型多种多样,不同的反应器特点不同,在实际应用中,需根据以下因素进行选择。

(一)酶的应用形式

游离酶可以选用搅拌罐式、鼓泡式、喷射式反应器等,一般都是分批式反应器或者膜式反应器;连续搅拌罐反应器或超滤反应器虽然可以解决反复使用的问题,但酶常因超滤膜吸附与浓差极化而损失,同时高流速超滤也可能造成酶的切变失效。

颗粒状酶可采用搅拌罐、固定床式和鼓泡塔式反应器,而细小颗粒的酶则宜选用流化床。对于膜状催化剂,则可考虑采用螺旋式、转盘式、平板式、空心管等膜式反应器。

固定化酶的机械强度越大越好。对搅拌罐来说,要注意颗粒不要被搅拌桨叶的剪切力损伤。对填充凝胶颗粒的固定床式反应器来说,必须用多孔板等将塔身部分适当隔成多层。

(二)反应体系的性质

在酶催化过程中,底物和产物以及酶的理化性质会影响酶催化反应的速度。

通常底物有3种形式:可溶解性物质(包括乳浊液)、颗粒物质与胶体物质。可溶解性底物对任何类型的反应器都适用。难溶底物、底物溶液可选用CSTR、PBR和RCR。

对于有气体参与的酶催化反应,通常采用鼓泡式反应器。

当酶催化反应的底物或产物的分子量较大时,不宜采用膜式反应器。需要小分子物质作为辅酶参与的酶催化反应,通常也不采用膜式反应器。

(三)反应操作要求

有的酶反应需要不断调整pH、控制温度或间歇地补充反应物,或经常供氧,有时还需要更新酶。所有这些操作,在搅拌罐及串联罐类型的反应器中可以连续进行。若底物在反应条件下不稳定或酶受高浓度底物抑制时,可采用分批式搅拌罐反应器。若反应需氧,则反应器必须配有一种充分混合空气的系统,可选用鼓泡塔式反应器。

对于某些价格较高的酶,由于游离酶与反应产物混在一起,可以采用膜式酶反应器。

(四)酶的稳定性

酶的稳定性是酶反应器选择的一个重要参数。酶的失活可能是由热、pH、毒物或微生物等引起的。一些耐极端环境的酶,如高温淀粉酶,可以在高温下采用喷射式反应器。在酶反应器的运转过程中,由于高速搅拌和高速液流冲击,可使酶从载体上脱落,或者使酶扭曲、肢解,或使酶颗粒变细,最后从反应器流失。在各种类型的反应器中,CSTR一般远比其他类型反应器更易引起这类损失。

(五)应用的可塑性及成本

选择反应器时,还要考虑其应用的可塑性,所选的反应器最好能有多种用途,生产各种产品,这样可降低成本。CSTR类型的反应器应用的可塑性较大,结构简单,成本较低;而与之相对的PBR反应器则较为逊色。在考虑成本时,须注意酶本身的价值与其在相应的反应器中的稳定性。

所选择的酶反应器应尽可能具有结构简单、操作方便、易于维护和清洗、可以适用于多种酶的催化反应、制造和运行成本较低等特点。

三、酶反应器的设计

酶反应器设计的目的是获得能适应酶催化反应过程的最佳酶反应器,使酶催化反应过程的生产成本最低、产品的质量和产量最高。反应器的规模和操作应该与产量相适应,应根据规模效益确定反应器的大小和操作方式。一般地,酶反应器的设计包括酶反应器类型的选择、反应器制造材料的选择、热量和物料衡算等。

(一)酶反应器设计的原理

设计酶反应器以及决定反应操作条件,需注意以下事项:①反应组分的速率特性以及温度、压力、pH等操作变量的影响;②反应器的形式,内部流体流动的状态,传热特性以及物质传递的影响;③必要的转化率和产率。

(二)酶反应器设计的要点

1.酶反应器类型的选择

酶反应器设计的第一步就是根据酶、底物和产物的性质,按照酶反应器的选择部分中讨论的原则进行选择。

2.酶反应器制造材料的确定

酶反应器对制造材料的要求比较低,一般采用不锈钢或玻璃等材料即可,可根据投资的大小来选择合适的材料。

3.热量衡算

采用化工原理中的相关方法进行,主要是根据热水的温度和使用量来进行热量衡算。对于采用喷射式反应器,可根据所使用的水蒸气的热焓和用量进行计算。

4.物料衡算

物料衡算是酶反应器设计的重要任务,主要包括酶催化反应动力学参数的确定,底物用量、反应液总体积、酶用量、反应器数量等的计算等几个方法的内容。

(1)酶催化反应动力学参数的确定。酶催化反应动力学参数是反应器设计的主要依据之一,在反应器设计之前就应当根据酶反应动力学特性,确定反应所需的底物浓度、酶浓度、最适温度、最适 pH、激活剂浓度等参数。

(2)底物用量的计算。可以根据产品的产量要求、产物转化率和收率来计算所需要的底物用量。

(3)反应液总体积的计算。根据所需底物的用量和底物浓度,可以计算得到反应液的总体积。对于分批反应器,反应液的总体积一般是以每天的反应液总体积来表示;而对于连续式反应器,则以每小时获得的反应液总体积表示。

(4)酶用量的计算。根据催化反应所需的酶浓度和反应液体积就可以计算出所需的酶用量,所需的酶用量为所需的酶浓度与反应液体积的乘积。

(5)反应器数量的计算。在酶反应器的设计过程中,待选定了酶反应器类型,并通过计算得到反应液总体积后,就可以根据生产规模、生产条件等确定反应器的有效体积和反应器的数量。

在反应器设计过程中，一般不应采用单一足够大的反应器，而是根据规模和条件选用两个以上的反应器较为合适。选择合适数量的反应器首先要求确定反应器的有效体积，并进而确定所需反应器的数量。

(三)酶反应器设计的优化

固定化酶反应器的优化包括：①选择最优的反应器形式；②连续操作过程中，确定最优的底物供给流量、反应温度和催化剂更换周期等操作条件；③把两种酶固定于同一载体上进行连串反应 A→B→C 时，确定使 A 到 C 的转化率最高的最适酶配比等。

第五节　固定化酶的应用

一、固定化酶和细胞在工业上的应用

目前，固定化酶和固定化细胞在工业上应用的研究越来越多，下面举例说明。

(一)果葡糖浆的生产

能成功地应用于食品工业的首推固定化葡萄糖异构酶，是固定化酶在工业应用方面规模最大的一项。早期工业生产果葡糖浆是采用游离的葡萄糖异构酶或含有此酶的微生物菌体分批进行的。近年来，比蔗糖更便宜的果葡糖浆的需求量日渐增大，因此，世界各国都进行了旨在以大量和廉价生产果葡糖浆为目的的固定化葡萄糖异构酶的应用研究，并成功地实现了工业生产。目前，工业使用的葡萄糖异构酶有两种形式：一种是固定化酶形式；一种是固定化细胞的形式。

(二)酒精和啤酒生产

酒精生产是目前固定化细胞应用于工业生产方面研究最活跃的领域之一,关于这方面的研究报告很多。使用的菌种大多为酿酒酵母(Sacharomyces cerevisiae),固定化方法大多数采用海藻酸钙凝胶和卡拉胶包埋法。

固定化酵母细胞技术用于啤酒生产后,将原来的分批发酵法改为连续生产,大大缩短了啤酒发酵和成熟时间,生产能力大大提高,而且啤酒的各项理化指标、口感及风味与传统工艺所生产出来的啤酒并无明显的差异。目前国外在啤酒工业生产中的主发酵和后发酵中都已应用了固定化技术。

(三)L-氨基酸、有机酸的生产

用有机合成法制造的氨基酸都是 DL-消旋物,但是生物体系中的氨基酸大都是 L-构型的,因此为了得到纯 L-构型的氨基酸必须想办法将 D-型与 L-型两异构体分离。过去曾用旋光活性的碱和消旋物结合而予以分离,既费时又费钱;用游离酶只能批式生产,难以自动化;而用固定化酶可实现连续式生产工艺,并可实现自动控制。据千畑一郎等估算,采用固定化技术后,L-氨基酸的生产成本可降低 40%。

该方法主要利用氨酰酶对 L-N-乙酰氨基酸的专一性,及游离氨基酸和其乙酰衍生物的溶解度的不同,来生产 L-氨基酸。将酶固定在 DEAE-Sephadex 上生产 L-天门冬氨酸,是用固定化细胞最早在工业上大规模生产的氨基酸。此外,目前可用固定化细胞生产的氨基酸和有机酸还有:L-谷氨酸、L-异亮氨酸、L-瓜氨酸、L-赖氨酸、L-色氨酸、L-精氨酸、L-苹果酸、乳酸、醋酸、柠檬酸、衣康酸、曲酸、葡萄糖酸等。

(四)6-氨基青霉烷酸(6-APA)的生产

6-APA 是生产半合成青霉素的关键中间体。在 6-APA 的氨基上用化学方法接上适当的侧链，可以制得高效、广谱、服用方便的半合成青霉素如氨苄青霉素、甲氧苄青霉素、羧苄青霉素等。

以前工业上生产6-APA多采用化学裂解法和青霉素酰胺水解法两种。近年来，人们采用固定化青霉素酰胺酶或含青霉素酰胺酶的固定化菌体细胞来生产6-APA。用固定化青霉素酰化酶生产6-氨基青霉烷酸，不仅克服了可溶性酶使用时稳定性差、不易回收和不能反复使用的缺点，而且由于此工艺不会将蛋白质和其他杂质带入产物，简化了提纯工序、提高了产品质量和产量。和化学法相比，具有反应条件温和，不需低温，不需大量有机试剂和腐蚀性的化工原料，无环境污染问题等优点。工业上应用比较成功的固定化方法有皂土吸附和超滤膜相结合法，吸附在DE-AE-交联葡聚糖上、吸附在大孔树脂上用戊二醛交联、包埋法和共价结合法等。

此外，固定化酶和细胞在工业上的应用还有利用固定化乳糖酶水解牛奶中的乳糖，用于脱乳糖牛奶的生产；用固定化木瓜蛋白酶应用于啤酒澄清；用固定化细胞来生产所需各种酶、辅酶等。

二、化学分析和临床诊断方面的应用

酶法分析具有灵敏度高、专一性强的优点，但由于纯酶不够稳定且价格昂贵，因而限制了其应用范围。固定化酶的出现，使其测定不但显现高度的灵敏性和完全的作用专一性，而且酶被固定化后稳定性好，可以反复使用，并可避免由酶制剂引入的杂质，为酶学分析法的应用开辟了新的途径。如将固定化酶、固定化细胞与各类材料、仪器相结合，形成的酶试纸、酶柱、酶管、酶电极、酶热敏电阻器、微生物传感器等，大大节省了分析所需时间和消耗昂贵的高纯度酶试剂的费用，促进了酶法分析更好地应用于化学分析、临床检验和环境检测。

三、亲和色谱上的应用

在亲和层析方面，利用酶和抑制剂、底物、辅酶之间存在的生物亲和力，形成络合物，而络合物在一定条件下能分离的特点，将酶制成固定化酶应用，可专一地分离纯化抑制剂、底物或辅酶等物质。利用这种技术，有时能一步将粗抽提物纯化成百上千倍，回收率很高。例如，将胰蛋白酶和乙烯、顺丁烯二酸酐共聚物联结后固定化，装在玻璃柱中，在冷却和中性或弱碱性的条件下，当流过大量的含胰蛋白酶抑制剂的胰液时，抑制剂可被固定化酶专一地吸附，而其他无亲和力的杂质则流过柱被弃去，再用含盐的缓冲液洗去残留的杂质后，用 pH＝2 的酸液洗脱，使胰蛋白酶—抑制剂配合物解离，经脱盐便可分离得到高纯度的胰蛋白酶抑制剂。

固定化酶用作亲和层析手段分离和提纯酶的底物、辅酶、抑制剂及抗体等，已经显示出广阔的前景。

四、基础理论研究方面的应用

酶在基础理论研究方面越来越受到人们的关注，如研究酶结构与功能的关系，阐明酶反应机制，研究酶的亚单位结构，作为生物膜酶模型、多酶体系模型以及用于生物发光机制、微生物代谢过程、遗传工程的研究等。

（一）酶反应机制的研究

固定化技术可用于酶反应机制的验证和研究，如 Brown 等曾用固定化复合酶系研究获得成功。葡萄糖生成甘油醛-3-磷酸的反应过程，中间要经过已糖激酶、磷酸葡萄糖异构酶、磷酸果糖激酶与醛缩酶的作用，将这 4 种酶用聚丙烯酰胺网格型包埋固定化，顺次装入柱中，再流入葡萄糖、ATP、$MgCl_2$ 的混合液则可得甘油醛-3-磷酸，既说明了单一酶的反应机制，又说明了复合酶系的反应机制。

（二）酶亚单位结构的研究

例如，可以把酶的一个亚单位固定化，而另外的亚单位解离，然后用固定化亚单位和游离亚单位做重聚的杂交实验研究。

（三）蛋白质、核酸等高分子物质结构的研究

如用磷酸钙凝胶吸附亮氨酸胺肽酶，制成固定化酶膜，连续水解大量的肽，根据氨基酸释放的顺序，可确定肽段中氨基酸的组成及其排列次序。

（四）揭示酶原激活机理

有时酶原激活并不涉及蛋白水解。酪氨酸酶原固定化后，不需肽链水解就可活化至天然酶的20%～30%活力。荧光技术证明，活化酶原在结构上与固定化酪氨酸类似，证明了结构重排在酶原激活中的重要性。

（五）作为膜结合酶的模型

因为固定化酶和膜结合酶都是附着在固体载体上起作用的，故可将提取出来的膜结合酶再固定到明确的载体上，作为膜结合酶的有用模型，来研究酶在细胞内的真实功能和天然结合膜酶的反应机制等。

（六）生物功能研究

如用固定化链激酶和尿激酶研究血纤蛋白溶解机制方面的生物功能。

第六节　共固定化技术

共固定化是将酶、细胞器和细胞同时固定于同一载体中，形成共固定化细胞系统。这种系统稳定，可将几种不同功能的酶、细胞器和微生物细胞进行协同作用。共固定化技术是综合了混合发酵和固定化技术优点的一门新技术。

一、共固定化的类型

（一）细胞/细胞

如啤酒酵母与大肠杆菌之间，啤酒酵母与产氨菌之间，Chlorella vulgaris 与 Providencia 之间，肺炎克氏菌与 Phodos pirillum rubrum 之间的共固定化。

（二）细胞/酶

黑曲霉与过氧化氢酶之间，啤酒酵母与蛋白酶之间，啤酒酵母与 β-半乳糖苷酶之间，大肠杆菌与乙醇脱氢酶之间的共固定化。

（三）细胞器/酶

叶绿素与氧化酶之间，色素细胞器与己糖激酶之间共固定化。

上述各组分之间具有互补催化活性，能够半衡两个不同种之间相应的酶活性，从而获得高产率，利用啤酒酵母和大肠杆菌共固定化生产谷胱甘肽以及利用酵母与产氨短杆菌共固定化生产 NADP 可说明之。共固定化藻类 Chlolella vulans 和一种 Providenvia 属的细菌采用琼脂糖包埋细胞在小规模阶段采用柱式反应器,共固定化粒子中海藻产生氧气以供细菌利用其氨基酸氧化酶系统米生产酮酸,用亮氨酸作底物时转化率提高10倍。

共固定化作用使酶工程的完善程度更进步。用戊二醛和丹宁等做交联剂,将或死或活的微生物完整细胞连同根据需要另外添加的酶一起进行固定化处理,制得固定化单酶或多酶生物催化剂。例如,醇油酵母发酵酒精,虽然这种酵母的发酵产率很高,但是它并不具备乳糖酶活性,因此不应用乳糖作底物;如果将米曲霉乳糖酶与酿酒酵母一起加以固定化,便能用于发酵乳糖。使用这种新型生物催化剂装配成的床式反应器,可用于连续发酵生产酒精,半衰期为7 d左右。若每隔3～4 d添加一次酵母膏、蛋白胨、葡萄糖等营养液,连续运转14 d酒精产率不减。

另一个共固定化的例子是,纤维素分解常受其中间产物和末端产物葡萄糖的抑制,若将酵母和纤维二糖酶(β-葡萄糖苷酶)一起进行固定化,制得的新型生物反应器既能将纤维二糖转化成葡萄糖,同时还可以将葡萄糖发酵成为酒精。这样便可消除纤维二糖水解产物葡萄糖的抑制作用亦可进行连续发酵生产酒精,接近理论产率。

共固定化技术开创一种新的可能性,常规固定化酶或细胞不能实现对底物的作用。而它能实现。

一般酿酒酵母不能发酵啤酒麦芽汁内的糊精。为了分解残存糊精,制造饮料啤酒,主要有两种方法:一种是加入未蒸煮的麦芽汁;另一种是加入淀粉酶,然后再进行主要发酵或一次发酵。这两种方法各自缺点:可溶性淀粉酶以及伴随的蛋白酶在啤酒成品内仍有活性,这样会造成甜味,而且会造成在贮存期间泡沫稳定性下降。这都是切忌发生的。通过共固定化系统的处理,糊精可降低100%,而用常规发酵处理,糊精仅降低80%。

二、共固定化特性及其应用

当进行明确的共培养时,常会出现一些问题。自然的混合培养在遗传上是稳定的，而且能够自我平衡，而在建立混合培养时有必要弄清不同种之间的最佳比例，通常这些是靠经验方法来确定的，先进行不同比例的实验，以确定哪一比例最佳。一般情况下，无论选择什么样的操作条件，都不可能能是所有菌种的最佳条件。如果所需要的是系统的长期稳定性而不是生物转化的初速度，一种可行的方法是用不同的载体固定化不同的菌种，即有效地利用两阶段的反应器，每个阶段分别优化，这种方法不能保证两种载体的相似性以克服第一阶段中产物的抑制性。另一种方法是用两种不同的固定化方法固定不稳定的生物催化剂，如用海藻酸钙固定，当活性变化时，这种载体可以溶解，被新的生物催化剂所代替。这些都是所谓的经验法。其研究重点是利用稳定的生物催化剂，如嗜热菌中的酶。

由于凝胶固定法常常限制了氧的扩散，这对于阻止某些氧敏感生物催化剂是有益的。例如，用琼胶共固定化 Klebsiella pneumoniae 和光合细菌 Rhodospinllum rubrum，这个系统在添加葡萄糖时会放出高产量的氧。

如同共固定化两个菌种在一起一样，也可把一个酶与一个微生物细胞共固定化，如先将黑曲霉用丙二醇菌丝体渗透，再用戊二醛将浓缩的过氧化氢酶和蛋清蛋白共固定化到菌丝的表面。不像大多数固定化方法，其中葡萄糖氧化酶的表观米氏常数实际上是下降的，这个系统的目标反应是转化葡萄糖到葡萄酸，采用共固定化方法使外源过氧化氢作为氧源，避免了酶失活问题，其原因在于有大量的过氧化氢酶结合到了菌丝体上。另一个相似的例子是让蛋白酶吸附到啤酒酵母的表面，再用戊二醛在丹宁溶液中让其交联固定化，这种共固定化方法用于生产葡萄酒具有低泡沫性和高发酵性的优点。

另一个共固定化的方式是将 β-半乳糖苷酶先共价耦联到海藻上，然后采用常规方法将其固定化到酿酒酵母上来发酵乳糖生产乙醇。这再一次说明，共固定化是一种弥补重组 DNA 不足的有效方法。

还有一种酶与细胞共固定化的方法是利用细胞作为辅酶的再生系统，以提供酶的作用，例如，利用大肠杆菌和呼吸链再生NAD的氧化型，可在共固定化细菌与乙醇脱氢酶系统中连续地将乙醇转化为乙醛。对于所有的共固定化系统，总是具有最差稳定性的组分决定整个系统的稳定性。如共固定化菠菜的叶绿体的类囊体膜和Desulfouibrio gigas中的氢化酶，海藻酸钙或戊二酸添加蛋白法用于成膜或共价联结氧化酶到多孔硅酸或者葡萄糖胶粒上，然后再与细胞共固定化到一起。膜和氢化酶的接近性对于优化氢气生产是必需的，这个方法的主要特点在于进行了双固定化程序。

第六章　酶分子改造和修饰

酶分子的改造和修饰属于分子酶工程学的内容。所谓分子酶工程学就是采用基因工程与蛋白质工程的原理，对酶的克隆与表达、酶蛋白的结构与功能的关系进行研究，在此基础上对酶进行再设计和定向加工，以发展更优良的新酶或者新功能的酶的学科。其中若是采用某种生物学或化学方法改变蛋白质的一级结构，便可能改善蛋白质分子的功能性质和生物活性。这一过程称为酶分子的改造和修饰。

第一节　采用蛋白质工程技术修饰酶

酶分子的化学修饰（chemical modification）可以定义为在体外利用修饰剂所具有的各类化学基团的特性，直接或经一定的活化步骤后，与酶分子上的某种氨基酸残基（一般尽可能选用非酶活性必需基团）产生化学反应，从而改造酶分子的结构与功能。凡涉及共价或部分共价键的形成或破坏，从而改变酶学性质的改造，均可看作是酶分子的化学修饰。

大量研究表明，由于酶分子表面外形的不规则，各原子间极性和电荷的不同，各氨基酸残基间相互作用等，使酶分子结构的局部形成了一种包含了酶活性部位的微环境。不管这种微环境是极性的还是非极性的，都直接影响到酶活性部位氨基酸残基的电离状态，并为活性部位发挥催化作用提供了合适的条件。但天然酶分子中的这种微环境可以通过人为的方法进行适当的改造，通过对酶分子的侧链基团、功能基团等进行化学修饰或改造，可以获得结构或性能更合理的修饰酶。酶经过化学修饰后，除了能减少由于内部平衡力被破坏而引起的酶分子伸展打开外，还可能会在酶分子的表面形成一层“缓冲外壳”，在一定程度上抵御外界环境的电荷、极性等变化，进而维持酶活性部位微环境的相对稳定，使酶分子能在更广泛的条件下发挥作用。

化学修饰方法已经成为研究酶分子结构与功能的一种重要技术手段。酶化学修饰的目的主要有：①提高酶活力；②增进酶的稳定性；③允许酶在一个变化的环境中起作用；④改变最适 pH 或最适温度；⑤改变酶的特异性使其能催化不同底物的转化；⑥改变催化反应的类型；⑦提高催化过程的反应效率。通过酶分子修饰，进一步探讨其结构和功能之间的关系，从而可以显著提高酶的使用范围和应用价值。

酶的化学本质是蛋白质，蛋白质的性质、功能和生物活性与其空间构象关系密切，任何导致其三维空间构象变化的因素，例如酸、碱、温度、金属离子等，都可以改变其功能特性和生物活性。

每一种蛋白质分子中氨基酸残基的排列次序都是严格确定的，而一级结构又决定了高级结构的形成，特别是决定了其中 α-螺旋、β-折叠等二级结构以及进一步盘绕成各种独特的紧密结构(即三级结构)的形成。蛋白质的一级结构决定了它的空间构象，是蛋白质结构的基础。酶分子的改造和修饰是以它的化学本质为基础的。

所谓“蛋白质工程”又称为“第二代基因工程”，就是人们通过对蛋白质结构和功能间规律的了解，按照人们预定的模式人为地改变蛋白质结构，从而创造出有特异性质的蛋白质。采用基因工程的方法，原则上可以得到任何已知的蛋白质，而蛋白质工程则可能按照人们的意愿改造蛋白质分子，并创造出自然界未发现或不存在的具有特异功能性质或生物活性的蛋白质。利用蛋白质工程可以生产出具有特定氨基酸顺序、高级结构、理化性质和生理功能的新蛋白质，可以定向改造酶的性能，生产新型营养功能型食品，以全新的思路发展食品工业。

蛋白质工程是基因工程和蛋白质结构研究互相融合的产物，

这一技术开辟了一条改变蛋白质结构的崭新途径，使蛋白质和酶学的研究进入了一个新的发展时期。

一、蛋白质结晶学与动力学

蛋白质结晶学与动力学是蛋白质工程的基础。即根据X射线衍射原理解析蛋白质中的原子在空间的位置与排列（立体结构）。自从20世纪50年代末X射线晶体学方法测定了第一个蛋白质——肌红蛋白的结构以来，已有两三百种蛋白质的三维结构被研究清楚，包括各种酶、激素、抗体等。一方面让人们看到了成千上万个原子在三维空间精巧而复杂的排布是怎样与它们特定的生物学功能相关联；另一方面，人们得知蛋白质的基本结构是有规律的，如多肽链的折叠和盘绕方式。因此，蛋白质晶体学是人类所掌握的可精确测定蛋白质分子中每个原子在三维空间位置的唯一工具，并且通过比较蛋白质与配体结合前后的结构和不同活性状态的结构，提出该蛋白质发挥活性作用的分子机理。首先，必须分离足够量的纯蛋白质（至少几毫克到十几毫克），制备出衍射分辨率优于0.3 nm的单晶体，然后进行数据收集、计算和分析工作。20世纪80年代以来，由于基因工程的建立，使人们方便地摆脱了对天然蛋白质的依赖，特别是当天然来源的蛋白质非常困难的时候，重组DNA技术通过对遗传物质在切割、聚合及拼接等工具酶的作用下，获得目的蛋白的重组基因，并以微生物为重组DNA的受体细胞，采用发酵的方法大量表达人们感兴趣的蛋白质，显示出无可争辩的优越性，从而使那些在机体内含量极微而难以提取的蛋白质结构也得到了充分的研究。另一方面，获得蛋白质立体结构的基本工具是X射线晶体衍射技术。同步辐射、强X射线源及镭探测器的使用，使数据收集过程大大加速，从而使测定一个大分子结构所需的时间比过去大大缩短。

要深刻了解多肽链究竟是怎样折叠成三维蛋白质的，蛋白质在发挥作用时三维结构经历了什么样的静态过程，必须对蛋白质动力学进行研究，这样才能预测基因水平的改造，才能进行真正有意义的分子设计。目前，蛋白质动力学多用一种微扰方法，即用计算机控制的图像显示系统，把所要研究蛋白质的已知三维结构显示在屏幕上，根据电子密度图可以构建能显示键长和键角的结构模型，这种结构模型通过计算机，在屏幕上可以清楚地显示出蛋白质结构的骨架及在特定环境下的表面结构，允许从分子的内部或外部观察蛋白质分子某一断面的结构，还可以用彩色图像、透视方法描绘酶及底物分子的平移和转动。仔细分析哪些氨基酸残基对分子内和分子间相互作用可能是重要的，然后通过计算机在屏幕上按预先设想替换一些侧链基团再用计算机寻找经过"微扰"后蛋白质分子的能量趋于极小的状态，预测由于这种替换可能造成的后果，在屏幕上组建的模型易于组装、操作、储存及修正，这样的分子模型是指导蛋白质工程的有力工具。

二、基因修饰技术

在基因工程取得巨大成就的今天，由于限制性内切酶、DNA聚合酶、末端转移酶、DNA连接酶等工具酶以及各种载体的运用和发现，完全有能力克隆自然界所发现的任何一种已知蛋白质基因，并且通过发酵或细胞培养生产足够量的这种蛋白质。因此，人们设想通过对编码蛋白质基因的定位改造，人为地形成蛋白质突变体，因而发展了两种行之有效的基因修饰技术：定位突变和盒式突变，这两种方法的建立为蛋白质工程奠定了基础。

（一）定位突变技术

氨基酸由一个三联密码所决定，其中第一或第二碱基决定了氨基酸的性质。因此只需改变第一或第二碱基，就可以改变蛋白质分子中一种氨基酸残基，用另一种氨基酸残基取代之，这就叫定位突变。定位突变需借助噬菌体 M_{13} 的帮助，M_{13} 的生长周期有两个阶段，当处于细胞外发酵液中时，质粒中的基因组以单链

DNA 形式存在。当侵入寄主细胞后，单链 DNA 基因组复制时以双链复制型存在。利用它生活周期的这一特点可制备单链 DNA 模板分子，经过改造后的 M_{13} 分子含多个限制性内切酶位点，可用来插入所要研究的基因。位点需要一段寡聚核苷酸，其碱基序列与模板分子中插入的基因序列互补，但在欲改变的一个或几个碱基位点用别的非互补的碱基代替，这样因碱基不互补不能配对，所以当引物与模板形成杂交分子（退火）时，它们与相应碱基不能形成氢键，称为错配对碱基。在适当条件下，含错配对碱基的引物分子与模板杂交，在 DNA 聚合酶Ⅰ大片段作用下从引物的 3′-端沿模板合成相应互补链，在 T_4 连接酶作用下形成闭环双链分子。经转染大肠杆菌，双链分子进入细胞后将分开并各自复制自己的互补分子。因此可得到含两种噬菌体的噬菌斑，一种由原来链复制产生，称野生型；另一种由错配碱基链产生，称为突变型。应用 DNA 顺序测定方法或生物学方法筛选，可以从大量野生型背景中找到突变体，从而分离出突变型基因，经转入表达系统可得突变型蛋白质。

图 6-1 为酪氨酸 tRNA 合成酶 Cys-35 定点突变示意图，酪氨酸 tRNA 合成酶（TyrRS）催化酪氨酸和 tRNA 之间的酰氨化反应，反应的第一步是 ATP 活化酪氨酸形成酪氨酰腺苷酸；第二步是酪氨酰基转移到 tRNA 分子上形成酪氨酰 tRNA。通过对该酶分子的模型分析，看到在 35 位的 Cys 与酪氨酰腺苷酸的核糖 3′-羟基相结合，因此将 Cys-35 作为定点突变的靶位，如采用结构与 Cys 十分相似的 Ser 取代 Cys，估计会对底物产生影响。其基本程序是：①先将其基因克隆于 pBR322，它可以在 E. coli 中高效表达，然后再克隆到 M_{13}mp93 上；②合成引物 5′CAAACCCGCT-GTAGA G3′，这个引物除与 Cys-35 密码子 TGC 中的 T 不能配对外，其余均能与模板互补；③借助 Klenow 酶、4 种底物 dNTP 和 T_4 连接酶作用，使引物延伸合成闭合环，通过蔗糖密度梯度离心分出共价闭环 DNA，转染受体菌 E. coli，让 M_{13} 扩增；④从 E. coli 培养物中分离出噬菌体，并分离单链 DNA，点到硝酸纤维膜

上，进行印迹杂交，并用 $5'-^{32}P$ 标记的引物做探针，此探针与突变基因是完全互补的，而与野生型基因存在着错配，因此，可以通过升高温度选择性地将标记引物从野生型基因上洗下，而继续结合的便是突变基因，这样就筛选出突变株。

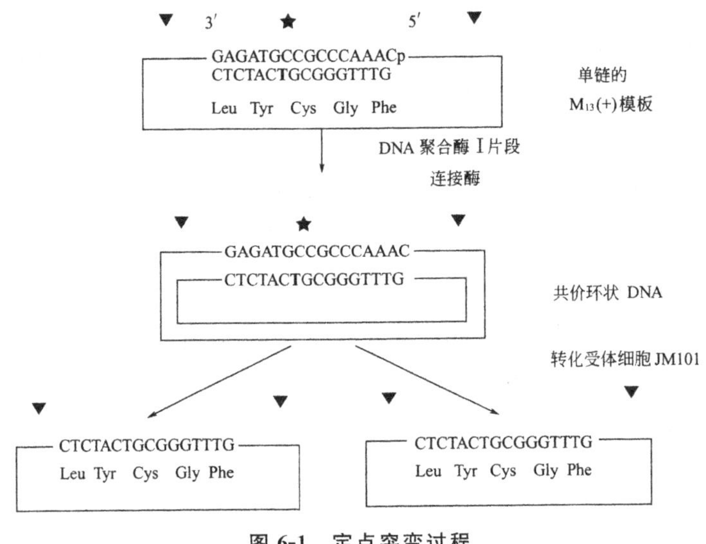

图 6-1 定点突变过程

(二)盒式突变技术

盒式突变技术是 1985 年由 Wells 提出的一种基因修饰技术，经过一次修饰，在一个位点上可产生 20 种不同氨基酸的突变体，从而可以对蛋白质分子中某些重要氨基酸进行“饱和性”分析，大大缩短了“误试”分析的时间，加快了蛋白质工程的研究速度。枯草杆菌蛋白酶是加酶洗涤剂中使用的主要蛋白水解酶，由于它易氧化失活，因此洗涤剂中添加的漂白剂大大降低了该酶的效力。氧化失活可以归因于其活性中心的 Ser-221 残基与其邻近第 222 位甲硫氨酸的氧化。由于 Met-222 的存在，使该酶易被氧化失活，尽管这个酶的空间结构已被测定，但人们无法从分子模型预示何种氨基酸替换甲硫氨酸后还能保持酶的活力并同时改善对氧化的稳定性。为此 Wells 提出盒式突变方法，其要点如图 6-2 所示。首先将完整的蛋白酶基因链接在 pS4.5 的 *Eco*R Ⅰ－

*Bam*HⅠ之间，将此片段连接到噬菌体 M_{13}mp9 上，构成一个单链重组噬菌体（M_{13}mp9SUBT），另外合成一个 38 体寡聚脱氧核苷酸引物，该引物缺失包括 Met-222 在内的 10 个核苷酸，并在其两侧分别设计了 *Kpn* Ⅰ和 *Pst* Ⅰ新的酶切位点。以此寡聚核苷酸为引物，以 M_{13}mp9SUBT 为模板，在 DNA 聚合酶和 T_4 连接酶的催化下，复制出新的突变 DNA 分子。用 *Eco*RⅠ-*Bam*HⅠ消化后所获得的片段再克隆到穿梭质粒 pBS42 上，获得质粒 pΔ222，用限制型内切酶 *Kpn*Ⅰ和 *Pst*Ⅰ消化这个质粒，形成切口。将 5 种双链 25 体寡聚核苷酸混合物（库）在连接酶的作用下插入切口，形成 5 种不同的重组质粒。用此混合质粒转化大肠杆菌，培养后提取质粒，用限制酶 *Kpn*Ⅰ处理。以消除未突变的质粒所造成的污染。用净化的质粒再转化大肠杆菌，分离单菌落。提取质粒，测定 DNA 序列，筛选突变体质粒，将 5 种突变体质粒再转化蛋白酶缺陷的枯草芽孢杆菌 BG2036，从这些转化体细胞中得到了不同的突变体，其分泌枯草芽孢杆菌蛋白酶的能力不同。上述一组实验一举可得 5 种不同的蛋白酶（以 5 种不同的氨基酸分别取代。其他顺序与野生型相同）。若分 4 个试验组进行，可以得到全部其他 19 种氨基酸的不同取代物，从而大大简化了操作程序。

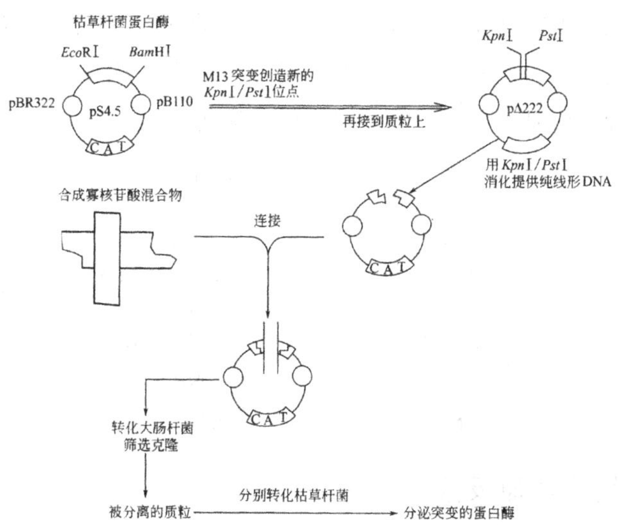

图 6-2 盒式突变法进行枯草杆菌蛋白酶的氨基酸取代

三、酶蛋白修饰反应的主要类型

化学修饰剂与酶蛋白反应的类型归纳起来主要有以下几种：

(一)酯化及相关反应

酯化及相关反应，主要的修饰试剂包括乙酰咪唑、二异丙基氟磷酸(DFPA)、酸酐磺酰氯、硫化三氟乙酸乙酯等。它们在20～25℃、pH4.5～9.0条件下，主要与酶蛋白中的氨基、羟基、酚基及巯基等侧链基团发生酰基化反应：

$$E\begin{cases}-OH\\-NH_2\\-SH\\-CH_2-C_6H_4-OH\end{cases}+R-\overset{O}{\overset{\|}{C}}-X\xrightleftharpoons{20\sim25℃,\ pH\ 4\sim9}E\begin{cases}-O-\overset{O}{\overset{\|}{C}}-R\\-NH-\overset{O}{\overset{\|}{C}}-R\\-S-\overset{O}{\overset{\|}{C}}-R\\-CH_2-C_6H_4-O-\overset{O}{\overset{\|}{C}}-R\end{cases}+HX$$

(二)烷基化反应

这类修饰剂主要有2,4-二硝基氟苯、碘乙酸、碘乙酰胺、碘甲烷、苯甲酰卤代物等，通常带有一个活泼的负电性的卤素原子，使烷基带有部分正电性，导致酶蛋白亲核基团烷基化。常被修饰的基团有氨基、巯基、羧基、甲硫基、咪唑基等。

$$E\begin{cases}-NH_2\\-COOH\\-SH\\-CH_2-S-CH_3\\-\text{咪唑基}(NH,\ N)\end{cases}+R-X\longrightarrow E\begin{cases}-NH-R\\-\overset{O}{\overset{\|}{C}}-O-R\\-S-R\\-CH_2-\underset{}{\overset{R}{\overset{|}{S}}}-CH_3\\-\text{咪唑基}(NH,\ N-R)\end{cases}+HX$$

(三)氧化还原反应

这类修饰试剂有H_2O_2、N-溴代琥珀酰亚胺等；另外一类是光氧化试剂。它们都具有氧化性,能将侧链基团氧化。受氧化的侧链基团有巯基、甲硫基、吲哚基和酚基等。还原剂有 2-巯基乙醇、巯基乙酸、二硫苏糖醇(DTT)等。它们主要作用于二硫键。连四硫酸钠、连四硫酸钾作为氧化剂作用温和,同时,在修饰反应中用作巯基保护剂。例如:

$$E-SH \xrightarrow[\text{氧化}]{Na_2S_4O_6} E-S-S-E \xrightarrow{\text{还原(DTT)}} E-SH$$

(四)芳香环取代反应(四硝基甲烷反应)

由于蛋白质中氨基酸残基上的酚羟基在 3 位和 5 位上容易发生亲电取代的碘化和硝化反应,其中四硝基甲烷是这类修饰中的典型例子,它作用于 Tyr 残基的酚羟基后,形成 3-硝基酪氨酸衍生物,其产物具有特殊光谱。

$$E-C_6H_4-OH + (NO_2)_4C \longrightarrow E-C_6H_3(NO_2)-OH + (NO_2)_3CH$$

(五)溴化氰(BrCN)裂解反应

BrCN 裂解 Met 反应可在自发诱导重排条件下导致肽链断裂。

$$-NH-CH(CH_2-CH_2-\ddot{S}(CH_3)\rightarrow C(Br)\equiv N)-C(=O)-NH-CH(R)-C(=O)- \longrightarrow -NH-CH(H_2C-CH_2-\overset{+}{S}(CH_3)-C(Br)\equiv N)-C(=O)-NH-CH(R)-C(=O)- \longrightarrow$$

$$-NH-CH(CH_2-CH_2-O-)-C(=O) \;(\rightarrow -NH-CH(CH_2CH_2OH)-COOH) + -NH-CH(R)-C(=O)- + CH_3-S-C\equiv N$$

第二节　酶的有限水解修饰技术

一、肽链有限水解修饰的定义

酶的催化功能主要取决于酶的活性中心的构象,活性中心部位的肽段对酶的催化作用是必不可少的，而活性中心以外的肽段起到维持酶的空间构象的作用。

酶蛋白的肽链被水解以后，将可能出现以下3种情况中的一种：

(1)若肽链水解后引起酶活性中心的破坏，酶将失去其催化功能。

(2)若将肽链的一部分水解后，仍可维持其活性中心的完整构象，则酶的活力仍可保持或损失不多。

(3)若肽链的一部分水解除去以后，有利于活性中心与底物的结合并且形成准确的催化部位的话，则酶可显示出其催化功能或使酶活力提高。

后两种情况下，肽链的水解在限定的肽键上，称为肽链有限水解，可用于酶修饰。利用肽链的有限水解，使酶的空间结构发生某些精细的改变，从而改变酶的特性和功能的方法，称为肽链的有限水解修饰。

二、肽链有限水解修饰的原理

酶分子是生物大分子，氨基酸通过肽键连接成肽链，肽链盘绕折叠，形成完整的空间结构，肽链就是蛋白类酶的主链。主链是酶分子结构的基础，主链一旦发生变化，酶的结构和功能、特性也随之改变。

肽链有限水解修饰也就是酶蛋白主链修饰，即采用适当的方法使酶分子的肽链在特定的位点断裂，除去一部分肽段或若干个氨基酸残基，减少其相对分子质量，在基本保存酶活力的同时使酶的抗原性降低或消失，或者激活酶原使其显示催化活性的修饰方法。

肽链有限水解修饰通常使用端肽酶(氨肽酶、羧肽酶)切除N端或C端的片段，可以使用稀酸作控制性水解。

特别提示：有些生物体可通过生物合成得到不显示酶催化活

性的酶原，这些酶原分子经过适当的肽链修饰之后，可以转化为具有酶催化活性的酶。

有些酶在生物体内首先合成出来的是它的无活性前体，称为酶原。酶原必须在特定条件下经过适当物质的作用，被打断一个或几个特殊肽键，而使酶的构象发生一定变化才具有活性。酶原从无活性状态转变成有活性状态的过程是不可逆的。属于这种类型的酶有消化系统的酶（如胰蛋白酶、胰凝乳蛋白酶和胃蛋白酶等）以及凝血酶等。

例如，胰脏分泌的胰蛋白酶本身没有催化活性，进入小肠后，在 Ca^{2+} 存在下被肠液中的肠激酶或自身激活，第 6 位赖氨酸与第 7 位异亮氨酸残基之间的肽键被切断，从 N 端水解掉一个六肽（Val-Asp-Asp-Asp-Asp-Lys），分子构象发生改变，肽链重新折叠形成酶活性部位，从而成为有催化活性的胰蛋白酶。又如，胃蛋白酶原由胃黏膜细胞分泌，在胃液中的酸或已有活性的胃蛋白酶作用下发生肽链有限水解修饰，自 N 端切下 12 个多肽碎片，其中最大的多肽碎片对胃蛋白酶有抑制作用。pH 高的条件下，它与胃蛋白酶非共价结合，而使胃蛋白酶原不具活性；在 pH＝1.5～2 时，它很容易从胃蛋白酶上解离下来，从而胃蛋白酶原转变成具有催化活性的胃蛋白酶。

三、肽链有限水解修饰的作用

有些酶蛋白原来不显示酶活性或酶活力不高，利用某些具有高度专一性的蛋白酶对它进行肽链的有限水解修饰，除去一部分肽段或若干个氨基酸残基，就可使其空间构象发生某些精细的改变，有利于活性中心与底物结合并形成准确的催化部位，从而显示出酶的催化活性或提高酶活力。

有些酶原来具有抗原性，这除了酶的结构特点以外，还由于酶是大分子。蛋白质的抗原性与其分子的大小有关，大分子的外源蛋白往往出现较强的抗原性；而小分子的蛋白质或肽段，其抗原性较低或者无抗原性。所以,若将酶分子经肽链有限水解,其相对分子质量减小,就会在保持其酶活力的前提下,使酶的抗原性显著降低,甚至消失。例如,将木瓜蛋白酶用亮氨酸氨肽酶进行有限水解,使其全部肽链的 2/3 被水解除去,该酶的酶活力保持不变,而其抗原性大大降低。又如,酵母的烯醇化酶经有限水解除去由 150 个氨基酸组成的肽段后,酶活力仍可保持,抗原性却显著降低。

对酶进行肽链有限水解,通常选择专一性较强的蛋白酶或肽酶为修饰剂。此外也可采用其他方法使肽链部分水解,达到修饰目的。例如,枯草杆菌中性蛋白酶,先用 EDTA 处理,再经纯水或稀盐缓冲液透析,可使该酶部分水解,得到仍有蛋白酶活性的小分子肽段,用作消炎剂使用时,不产生抗原性,表现出良好的治疗效果。

第三节 酶的氨基酸置换修饰

酶蛋白的基本组成单位是氨基酸,在特定的位置上的各种氨基酸残基是酶的化学结构和空间结构的基础。若将肽链上的某一个氨基酸残基换成另一个氨基酸残基,则会引起酶蛋白的化学结构和空间构象的改变,从而改变酶的某些特性和功能,这种修饰方法称为氨基酸的置换修饰。

蛋白类酶分子经过氨基酸置换修饰后,可以提高酶活力、增加酶的稳定性或改变酶的催化专一性。例如,酪氨酸 RNA 合成酶可催化酪氨酸和与其相对应的 tRNA 反应生成酪氨酰 tRNA,若将该酶第 51 位的苏氨酸(Thr51)由脯氨酸(Pro)置换,修饰后的酶对 ATP 的亲和性提高近 100 倍,酶活力提高 25 倍;T_4 溶菌酶分子中第 3 位的异亮氨酸(Ilu3)置换成半胱氨酸后,该半胱氨酸(Cys3)可以与第 97 位的半胱氨酸(Cys97)形成二硫键,修饰后的 T_4 溶菌酶,其活力保持不变,但该酶对热的稳定性却大大提高。

氨基酸置换修饰除了在酶工程方面应用之外，还可以用来修饰其他功能蛋白质或多肽分子。例如，β-干扰素原来稳定性差，这是由于其分子中含有 3 个半胱氨酸残基。其中两个半胱氨酸残基的巯基连接成二硫键，而另一个在第 17 位的半胱氨酸残基(Cys17)的巯基是游离的。当 β-干扰素分子的游离巯基与另一个 β-干扰素游离巯基相结合形成二硫键时，β-干扰素就失去活性。若将这个半胱氨酸残基(Cys17,)用丝氨酸残基置换。就使 β-干扰素分子不会生成二聚干扰素，从而大大提高其稳定性。经修饰后的 β-干扰素在低温条件下保存半年，仍可保持活性不变，这就为 β-干扰素的临床使用创造了条件。

现在常用的氨基酸置换修饰的方法是定点突变技术。定点突变(site directed mutagenesis)是 20 世纪 80 年代发展起来的一种基因操作技术，是指在 DNA 序列中的某一特定位点上进行碱基的改变从而获得突变基因的操作技术，是蛋白质工程(protein engineering)和酶分子组成单位置换修饰中常用的技术。定点突变技术为氨基酸或核苷酸的置换修饰提供了先进、可靠、行之有效的手段。

定点突变技术用于酶分子修饰的主要过程如图 6-3 所示。

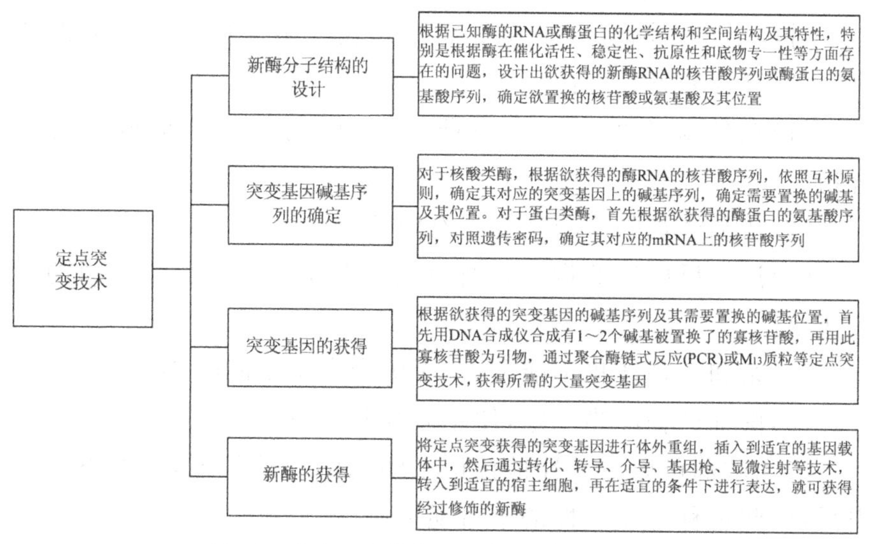

图 6-3 定点突破技术用于酶分子修饰的过程

第四节　酶的亲和标记修饰

酶蛋白分子的亲和修饰是基于酶和底物的亲和性。修饰剂不仅具有对被作用基团的专一性，而且具有对被作用部位的专一性，也将这类修饰剂称为位点专一性抑制剂，即修饰剂作用于被作用部位的某一基团，而不与被作用部位以外的同类基团发生作用。一般它们都具有与底物相类似的结构，对酶活性部位具有高度的亲和性，能对活性部位的氨基酸进行共价标记。因此，也将这类专一性化学修饰称为亲和标记或专一性的不可逆抑制。

一、亲和标记

虽然已开发出许多不同氨基酸残基侧链基团的特定修饰剂并用于酶的化学修饰中，但是这些试剂即使对某一基团的反应是专一的，也仍然有多个同类残基可与之反应，因此对某个特定残基的选择性修饰比较困难。为了解决这个问题，人们开发了用于酶修饰的亲和标记试剂。

对用于亲和标记的亲和试剂作为底物类似物有多方面的要求，一般符合如下条件：

(1)在使酶不可逆失活以前，亲和试剂要与酶形成可逆复合物。

(2)亲和试剂的修饰程度是有限的。

(3)没有反应性的竞争性配体存在时，应减慢亲和试剂的反应速率。

(4)亲和试剂体积不能太大，否则会产生空间障碍。

(5)修饰产物应当稳定，便于表征和定量。

亲和试剂可以专一性地标记于酶的活性部位上，使酶不可逆失活，因此也称为专一性的不可逆抑制。

二、酶的不可逆抑制剂

酶的不可逆抑制是指酶抑制剂与酶的活性中心发生了化学反应，抑制剂共价连接在酶分子的必需基团上，阻碍了与底物的结合或破坏了酶的催化基团。这种抑制不能用透析或稀释的方法使酶恢复活性。

通常将其分为非专一性不可逆抑制剂和专一性不可逆抑制剂。

抑制剂与酶分子上不同类型的基团都能发生化学修饰反应，这类抑制称为非专一性的不可逆抑制。虽然缺乏基团专一性，但在一定条件下，也有助于鉴别酶分子上的必需基团。由于非专一性的不可逆抑制剂通常可作用于酶分子中的几类基团，但不同基团与抑制剂的反应性不同，故某一类基团常首先或主要受到修饰。如被修饰的基团中包括必需基团，则可导致酶的不可逆抑制。随着蛋白质一级结构和功能的研究，目前已发现或合成了氨基酸侧链基团的修饰剂。这些化学试剂主要作用于某类特定的侧链基团，如氨基、巯基、胍基、酚基等。但绝大多数试剂都不是专一性的，可借副反应同时修饰其他类型的基团。

专一性的不可逆抑制作用有 KS 型和 Kcat 型两类。KS 型不可逆抑制又称亲和标记试剂，结构与底物类似，但同时携带一个活泼的化学基团，对酶分子必需基团的某个侧链进行共价修饰，从而抑制活性。Kcat 型不可逆抑制剂又称酶的自杀性底物，这类抑制剂也是底物的类似物，但其结构中潜在着一种活性基团，在酶的作用下，潜在的化学活性基团被激活，与酶的活性中心发生共价结合，不能再分解，酶因此失活。

KS 型不可逆抑制剂是根据底物的化学结构设计的：①它具有和底物类似的结构；②可以和靶酶结合；③同时还带有一个活泼的化学基团，可以和靶酶分子中的必需基团起反应；④该活泼化学基团能对靶酶的必需基团进行化学修饰，从而抑制酶的活性。

卤酮是使用最早也是最经典的亲和标记试剂。其中以溴酮及氯酮较佳。例如,胰蛋白酶和胰凝乳蛋白酶是两种专一性不同的内肽酶,分别水解碱性氨基酸或芳香氨基酸的羧基所形成的肽键,也可以分别水解这两类氨基酸的酯类,但其氨基酸必须被阻断而成非游离状态。

Kcat 型不可逆抑制剂即酶的自杀性底物,也是底物的类似物,但其结构中潜在着一种活性基团,在酶的作用下被激活,与酶的活性中心发生共价结合,使酶失活。每种自杀性底物都是酶的作用对象,这是一种专一性很高的不可逆抑制剂。

三、外生亲和试剂与光亲和标记

亲和试剂一般可分为内生亲和试剂和外生亲和试剂。内生亲和试剂是指试剂本身的某些部分可通过化学方法转化为所需要的反应基团,而对试剂的结构没有大的影响。外生亲和试剂是通过一定的方式将反应基团加入到试剂中去,例如,将卤代烷基衍生物连接到腺嘌呤上,氟磺酰苯酰基连接到腺嘌呤核苷酸上。

光亲和试剂是一类特殊的外生亲和试剂,它在结构上除了有一般亲和试剂的特点外,还具有一个光反应基团。这种试剂先与酶活性部位在暗条件下发生特异性结合,然后被光照激活后,产生一个非常活泼的功能基团,能与它们附近的几乎所有基团反应,形成共价标记物。

第五节　酶的大分子结合修饰

采用水溶性大分子与酶的侧链基团共价结合,使酶分子的空间构象发生改变,从而改变酶的特性与功能的方法称为大分子结合修饰。大分子结合修饰是目前应用最广泛的酶分子修饰方法。

通过大分子结合修饰，酶分子的结构发生某些改变，酶的特性和功能也将有所改变。可以提高酶活力，增加酶的稳定性，降低或消除酶的抗原性等。

酶的催化功能本质上是由其特定的空间结构，特别是由其活性中心的特定构象所决定的。水溶性大分子与酶的侧链基团通过共价键结合后，可使酶的空间构象发生改变，使酶活性中心更有利于与底物结合，并形成准确的催化部位，从而使酶活力提高。另外，用水溶性大分子与酶结合进行酶分子修饰，可以在酶的外围形成保护层，使酶的空间构象免受其他因素的影响，使酶活性中心的构象得到保护，从而增加酶的稳定性，延长其半衰期。利用聚乙二醇、右旋糖酐、蔗糖聚合物、葡聚糖、环状糊精、肝素、羧甲基纤维素、聚氨基酸、聚氧乙烯十二烷基醚等水溶性大分子与酶蛋白的侧链基团结合，使酶分子的空间结构发生某些精细的改变，从而改变酶的特性与功能。

酶分子不同，经大分子结合修饰后的效果不尽相同。有的酶分子可能与一个修饰剂分子结合；有的酶分子则可能与 2 个或多个修饰剂分子结合；有的酶分子可能没与修饰剂分子结合。为此，需要通过凝胶层析等方法进行分离，将不同修饰度的酶分子分开，从中获得具有较好修饰效果的修饰酶。

利用水溶性大分子对酶进行修饰，是降低甚至消除酶的抗原性的有效方法之一。酶对于人体来说，是一种外源性蛋白质。当酶蛋白非经口（如注射）进入人体后，往往会成为一种抗原，刺激体内产生抗体。当这种酶再次注射进入体内时，产生的抗体就可与作为抗原的酶特异性结合，使酶失去其催化功能。所以药用酶的抗原性问题是影响酶在体内发挥其功能的重要问题之一。采用酶分子修饰方法使酶的结构产生某些改变，有可能降低、甚至消除酶的抗原性，从而保持酶的催化功能。

第七章　食品工业中常见酶及其应用

国内外食品工业近年来发展的重要标志是现代高新技术(特别是生物技术)在食品工业中的普及应用。其中酶技术是生物技术的核心内容之一,与食品工业的关系最为密切,一方面与食品有关的酶科学技术研究正成为食品领域的研究热点并取得了长足的进展,另一方面酶技术对传统食品工业的提升和改造成果也尤其引人注目。新酶不断被挖掘和开发,食品工业中应用酶的种类和数量在增多,有力地推动了食品工业的发展。

第一节　淀粉酶

淀粉酶是生产淀粉糖和发酵产品最重要的一种物质,对淀粉工业的发展起了巨大的促进作用。其一般是作用于可溶性淀粉、直链淀粉、糖原等 α-1,4-葡聚糖,水解 α-1,4-糖苷键的酶。根据酶水解产物异构类型的不同可分为 α-淀粉酶(EC 3.2.1.1)与 β-淀粉酶(EC 3.2.1.2)。

一、α-淀粉酶

α-淀粉酶(见图 7-1)可以由微生物发酵制备,也可以从动植物中提取,不同来源淀粉酶的性质有一定的区别。工业中主要应用的是真菌和细菌 α-淀粉酶,能产生 α-淀粉酶的微生物有枯草杆菌、芽孢杆菌、吸水链霉菌、米曲霉、黑曲霉和扩展青霉等。α-淀粉酶作用于淀粉和糖原时，从底物分子内部随机地切开 α-1，4-糖苷键，而生成麦芽糖、少量葡萄糖和一系列相对分子质量不等的低聚糖和糊精。α-1，4-糖苷键裂开而产物的构型保持不变。然而从多黏杆菌得到 α-淀粉酶却是一个例外，它用外切的方式作用于淀粉，而寡糖产物的异头炭具有 β-构型。α-淀粉酶以直链淀粉为底物时，反应一般按两个阶段进行。首先，直链淀粉快速地降解产生寡糖，这基本上是 α-淀粉酶以随机的方式作用于淀粉的结果。在这一阶段直链淀粉的黏度及与碘发生呈色反应的能力很快地下降。第二阶段的反应比第一阶段的反应要慢得多，它包括寡糖缓慢地水解生成最终产物葡萄糖和麦芽糖。第二阶段的反应并不遵循第一阶段随机作用的模式。α-淀粉酶作用于支链淀粉时产生葡萄糖、麦芽糖和一系列限制糊精（由 4 个或更多个葡萄糖构成的寡糖），后者都含有 α-1，4-糖苷键。

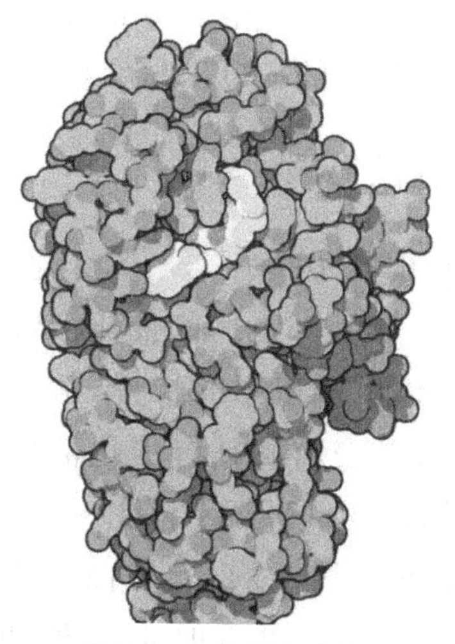

图 7-1 α-淀粉酶结构

（一）α-淀粉酶的氨基酸组成

不同来源的 α-淀粉酶的氨基酸组成存在差异。α-淀粉酶由许多氨基酸组成，其天冬氨酸和谷氨酸含 2 个羟基，而且羧基的含量相当高，而蛋氨酸和胱氨酸等含硫氨基酸的含量特别低，这可能与 α-淀粉酶的稳定性和催化活性有关。枯草杆菌液化型 α-淀粉酶缺乏胱氨酸与半胱氨酸，因此它不含—SH 键和二硫键。酪蛋白的肽链靠氢键、疏水键与其他键折叠为紧密的结构。

α-淀粉酶的相对分子质量约 50 000。枯草杆菌液化型 α-淀粉酶结晶的相对分子质量为 96 900，用葡聚糖凝胶过滤可得到相对分子质量约为 50 000 和 100 000 的两个组分。相对分子质量 50 000 的成分是 α-淀粉酶的单聚体，在有锌存在时，两个单体交联成含 1 个原子锌的二聚体，乙二胺四乙酸(EDTA)可使二聚体解离为单体。嗜热脂肪芽孢杆菌某些菌株的 α-淀粉酶相对分子质量只有 15 000，但另一些菌株的相对分子质量也有 50 000 左右。

枯草杆菌糖化型 α-淀粉酶只含一个半胱氨酸，其—SH 基以掩蔽状态存在。天然的酶不受 PCMB(对氯汞苯甲酸)的抑制，米曲霉 α-淀粉酶中含几个胱氨酸分子，尚有一个掩蔽的半胱氨酸残基。酶蛋白中缺乏暴露的—SH 基或二硫键，也许这是一些 α-淀粉酶耐热、耐碱性的原因。酪氨酸对米曲霉与枯草杆菌 α-淀粉酶活性甚为重要，它的酚基中的—OH 与酶稳定性有关。

(二)pH 对酶活性的影响

一般来说，α-淀粉酶在 pH=5.5～8.0 稳定，pH=4 以下易失活，酶活性的最适 pH 为 5～6。酶的催化活性与酶的稳定性是有区别的。前者指酶催化反应速率的快慢，活性高，反应速率高；反之，则反应速率低。后者表示酶具有催化活性而不失活。酶最稳定的 pH 与酶活性的最适 pH 不一定是一致的，且不同来源的 α-淀粉酶其最适 pH 也不一样。例如，黑曲霉 NRRL330 的 α-淀粉酶的最适 pH 为 4.0，在 pH=2.5 时 40℃处理 30 min 尚不失活；但在 pH=7.0 时 55℃处理 15 min，活性几乎全部丧失。米曲霉则相反，其 α-淀粉酶经过 pH=7.0 时 55℃处理 15 min，酶活性几乎没有损失，而在 pH=2.5 处理则完全失活。

(三)温度对酶活性的影响

温度对酶活性有很大的影响，α-淀粉酶是耐热性较好的一种淀粉酶。不同来源的α-淀粉酶，其耐热程度不一样，一般是动物α-淀粉酶＞麦芽α-淀粉酶＞丝状菌α-淀粉酶＞细菌α-淀粉酶。纯化的α-淀粉酶在50℃以上容易失活，但是有大量Ca^{2+}存在时酶的热稳定性增加。芽孢杆菌的α-淀粉酶耐热性较强。例如，枯草杆菌α-淀粉酶在65℃稳定；嗜热脂肪芽孢杆菌α-淀粉酶经85℃处理20 min，酶活尚残存70%；凝结芽孢杆菌α-淀粉酶在Ca^{2+}存在下，90℃时的半衰期长达90 min。有的嗜热芽孢杆菌的α-淀粉酶在110℃仍能液化淀粉；地衣芽孢杆菌的α-淀粉酶热稳定性不依赖Ca^{2+}。霉菌的α-淀粉酶耐热性较低，黑曲霉耐热性α-淀粉酶的耐热性比其非耐热性α-淀粉酶的高，在pH 4时，55℃加热24 h也不失活；但拟内孢霉α-淀粉酶在40℃以下很不稳定。

（四）Ca^{2+}和α-淀粉酶活性关系

α-淀粉酶是一种金属酶，每分子酶至少含一个Ca^{2+}，有的多达10个Ca^{2+}，钙使酶分子保持适当构象，Ca^{2+}对大多数α-淀粉酶活性的稳定性起重要作用，从而维持其最大的活性与稳定性。不同来源的α-淀粉酶与Ca^{2+}的结合牢固度依次为：霉菌＞细菌＞哺乳动物＞植物，Ca^{2+}对麦芽α-淀粉酶的保护作用最明显。枯草杆菌糖化型α-淀粉酶（BSA）同Ca^{2+}的结合比液化型（BLA）更为紧密，向BSA中添加Ca^{2+}对酶活性几乎无影响，只用EDTA处理也不能引起失活，只有在低pH（3.0）条件下用EDTA处理才能去除Ca^{2+}，但若添加与EDTA相当量的Ca^{2+}，并将pH恢复至中性，则仍然可恢复它的活性。除Ca^{2+}外，其他二价碱土金属Sr^{2+}、Ba^{2+}、Mg^{2+}等也有使无Ca^{2+}的α-淀粉酶恢复活性的能力。枯草杆菌液化型α-淀粉酶（BLA）的耐热性因Na^{+}、Cl^{-}和底物淀粉的存在而提高，当NaCl与Ca^{2+}共存时可显著提高α-淀粉酶的耐热性。

（五）淀粉酶对底物的水解作用

淀粉是由葡萄糖单位组成的大分子，它与水在催化剂的作用下生成较小的糊精、低聚糖，进而水解成最小构成单位——葡萄糖，这个过程称为淀粉的水解。淀粉的水解可用酸或淀粉酶作为催化剂。酶水解具有较强的专一性，不同的酶作用于不同的键。例如，α-淀粉酶从淀粉分子内部随机切割α-1，4-糖苷键，但不能水解α-1，6-糖苷键、α-1，3-糖苷键，甚至不能水解紧靠分支点的α-1，4-糖苷键。

（六）α-淀粉酶的稳定性

α-淀粉酶制剂中添加Ca^{2+}、Na^{+}可以延长保藏期。例如，1 g结晶α-淀粉酶添加80 g乙酸钙、50 g食盐做成酶制剂后，稀释到任何浓度均可保持其耐热性。浓缩的枯草杆菌α-淀粉酶液中可添加5%～15%食盐为稳定剂。甘油、山梨醇也是α-淀粉酶的稳定剂。

不同阴离子的钙盐对α-淀粉酶的稳定效果不同。其中，以乙酸钙的稳定效果最好，乳酸钙、甲酸钙效果较好，氯化钙最差。硼砂、硼酸氢钠可以增强细菌α-淀粉酶的耐热性。例如，枯草杆菌发酵液中加入10%食盐、7%氯化钙、1%硼砂做成液体酶后，经80 ℃处理10 min，残留活性60.7%，而对照（无硼砂）残留活性只有25.8%。

二、β-淀粉酶

β-淀粉酶与α-淀粉酶的不同点在于从非还原端逐次以麦芽糖为单位切断α-1，4-葡聚糖链。其主要见于高等植物中（如大麦、小麦、甘薯、大豆等），但也有报告指出在细菌、牛乳、霉菌中存在。对于像直链淀粉那样没有分支的底物能被完全分解得到麦芽糖和少量的葡萄糖。

β-淀粉酶（β-amylase）又称麦芽糖苷酶，是一种外切酶，系统名称为1，4-α-*D*-葡聚糖麦芽糖水解酶（1，4-α-*D*-glucan maltohydrolase，EC 3.2.1.2）。它作用于淀粉时从淀粉链的非还原端开始，作用于α-1，4-糖苷键，顺次切下麦芽糖单位。由于该酶作用于底物时发生沃尔登转位反应(Walden inversion),使生成的麦芽糖由 α-型转为 β-型,故称 β-淀粉酶。β-淀粉酶不能裂开支链淀粉中的 α-1,6-糖苷键,也不能绕过支链淀粉的分支点继续作用于 α-1,4-糖苷键,故遇到分支点就停止作用,并在分支点残留 1～3 个葡萄糖残基。因此,伊淀粉酶对支链淀粉的作用是不完全的。

β-淀粉酶作用机制:β-淀粉酶的活性部位中至少含有 3 个特异基团 X、A、B,它们参与酶同底物的结合和酶-底物复合物转变成产物的过程,其中 X 基团能识别淀粉分子非还原端 C_4 上的—OH。当 X 基团和 C_4 上的—OH 发生相互作用时,底物分子的第二个糖苷键恰到好处地配置在催化基团 A 和 B 的临近处,这样就形成了具有反应力的酶-底物复合物。当 X 基团未能正确地发挥作用和酶被环状糊精抑制时就生成没有反应力的复合物。

(1)Ca^{2+} 能够降低 β-淀粉酶的稳定性,与对 α-淀粉酶的作用效果相反。利用这一差别,可在 70℃、pH＝6～7、有 Ca^{2+} 存在时,使 β-淀粉酶不发生反应以纯化 β-淀粉酶。

(2)β-淀粉酶作用于直链淀粉时,理论水解率为 100%,但实际上因直链淀粉中含有微量的分支点,故往往不能彻底水解。该酶作用于支链淀粉时,因不能水解 α-1,6-糖苷键,故遇到分解点就停止作用,并在分支点残留 1 或 2 个葡萄糖基,也不能跨越分支点去水解分支点以内的 α-1,4-糖苷键,其水解最终产物是麦芽糖和 β-极限糊精。β-淀粉酶不能作用于淀粉分子内部,因此 β-淀粉酶又称为外断型淀粉酶。

三、γ-淀粉酶

γ-淀粉酶(γ-amylase)又称为葡萄糖淀粉酶、糖化酶,编号 EC 3.2.1.3。γ-淀粉酶是外切酶,从淀粉分子非还原端依次切割 α-1,4-链糖苷键和 α-1,6-链糖苷键,逐个切下葡萄糖残基,与 β-淀粉酶类似,水解产生的游离半缩醛羟基发生转位作用,释放 β-葡萄糖。无论作用于直链淀粉还是支链淀粉,最终产物均为葡萄糖。

四、异淀粉酶

异淀粉酶(isoamylase)又称为脱支酶，其系统命名为支链淀粉 α-1,6-葡聚糖水解酶(EC 3.2.1.9)，只对支链淀粉、糖原等分支点有专一性。该酶最早由日本丸尾等于1940年在酵母细胞提取液中发现，以后又相继在高等植物及其他微生物中发现这种类型的酶。由于来源不同，作用也有差异，名称更不统一。目前异淀粉酶有两种分类方法，一种是把水解支链淀粉和糖原的 α-1,6-糖苷键的酶统称为异淀粉酶，包括异淀粉酶和普鲁蓝酶(pullulanase，又名茁霉多糖酶)。另一种分类根据来源不同，分为酵母异淀粉酶、高等植物异淀粉酶(又称R—酶)和细菌异淀粉酶。

(一)异淀粉酶

异淀粉酶是水解支链淀粉、糖原、某些分支糊精和寡聚糖分子的 α-1,6-糖苷键的脱支酶(EC 3.2.1.68)曾先后从酵母、极毛杆菌和纤维细菌等微生物中分离出来。它对支链淀粉和糖原的活性很高，能完全脱支，但是不能从 β-限制糊精和 α-限制糊精水解由两个或三个葡萄糖单位构成的侧链，而对茁霉多糖的活性却很低。异淀粉酶只能水解构成分支点的 α-1,6-糖苷键，而不能水解直链分子中的 α-1,6-糖苷键。异淀粉酶对 α-1,6-糖苷键所处位置的严格要求，使它成为研究糖类结构很有价值的工具。

(二)普鲁蓝酶

普鲁蓝酶是催化支链淀粉、普鲁糖(茁霉多糖)、极限糊精的一种线性 α-1,6-糖苷键酶，其系统名称为支链淀粉6-葡聚糖水解酶(EC 3.2.1.41)。它能够水解支链淀粉和相应的 β-限制糊精中的 α-1,6-糖苷键，也能裂开 α-限制糊精中的 α-1,6-糖苷键结合的 α-麦芽糖和 α-麦芽三糖残基，但是不能除去以 α-1,6-糖苷键结合的葡萄糖单位。支链淀粉酶不能作用于糖原，但是它能降解支链淀粉。

五、葡萄糖淀粉酶

葡萄糖淀粉酶系统名为 α-1,4-葡聚糖-葡萄糖水解酶(EC 3.2.1.3),它能将淀粉全部水解为葡萄糖,通常用作淀粉的糖化剂,故习惯上称之为糖化酶。葡萄糖淀粉酶是一种重要的工业酶制剂,目前年产量约 70 000 t,是中国产量最大的酶种。该酶广泛用于乙醇、酿酒及食品发酵工业中。

葡萄糖淀粉酶只存在于微生物界,许多霉菌都可以生产葡萄糖淀粉酶。工业生产所用菌种是根霉、黑曲霉及拟内孢酶等真菌,包括雪白根霉、德氏根霉、黑曲霉、泡盛曲霉、海枣曲霉、臭曲霉、红曲霉等的变异株。其中,黑曲霉是最重要的生产菌种。葡萄糖淀粉酶是胞外酶,可从培养液中提取出来。它是唯一用 150 m^3 大发酵罐大量廉价生产的酶,因为其培养条件不适于杂菌生长,污染杂菌问题较少。

葡萄糖淀粉酶的水解方式:葡萄糖淀粉酶是一种外断型淀粉酶,该酶的底物专一性很低,它不仅能从淀粉分子的非还原端切开 α-1,4-糖苷键,还能将 α-1,6-糖苷键和 α-1,3-糖苷键切开,只是后两种键的水解速度较慢。水解作用由底物分子的末端进行,属于外切酶。此酶水解淀粉分子和较大分子的低聚糖,属于单链式,即水解一个分子完成后,再水解另一个分子。但水解较小分子的低聚糖属于多链式,即水解一个分子几次后脱离,再水解另外一个分子。葡萄糖淀粉酶所水解的底物分子越大,水解速率越快,而且酶的水解速率还受到底物分子排列上的下一个键的影响。该酶能够容易地水解含有 1 个 α-1,6-糖苷键的潘糖,却很难水解只含 1 个 α-1,4-糖苷键的异麦芽糖,对含有两个 α-1,6-糖苷键异麦芽糖基的麦芽糖,则完全无法水解,其水解分支密集的糖原较水解淀粉困难。若以分子结构中含有 α-1,6-糖苷键和 α-1,4-糖苷键的潘糖为底物时,首先切开的是 α-1,6-糖苷键,然后切开 α-1,4-糖苷键,因此,它作用于支链淀粉时,在遇到 α-1,6-糖苷键分支处便形成一个类似潘糖的结构，将 α-1，6-糖苷键切开，再将 α-1，4-糖苷键迅速切开，故水解支链淀粉的速率受水解 α-1，6-糖苷键水解速率的控制。

第二节　蛋白酶

一、蛋白酶概述

蛋白酶是食品工业中最重要的一类酶，在干酪生产、肉类嫩化和植物蛋白质改性中大量使用。此外，胃蛋白酶、胰凝乳蛋白酶、羧肽酶和氨肽酶都是人体消化道中的蛋白酶，在它们的作用下，人体摄入的蛋白质被水解成小分子肽和氨基酸。血液吞噬细胞中的蛋白酶能水解外来的蛋白质，而细胞中溶菌体含有的组织蛋白酶能促使蛋白质的细胞代谢。

（一）蛋白酶的分类

最早根据蛋白酶的来源不同分为 3 类：①存在于食品原料中的内源蛋白酶；②由生长在食品原料中的微生物所分泌的蛋白酶；③被加入到食品原料中的蛋白酶制剂。还可以根据蛋白酶所存在的生物体不同，将其分为植物源蛋白酶、动物源蛋白酶、微生物蛋白酶三大类。其中微生物蛋白酶根据其作用时的最适 pH 不同，又分为酸性、中性、碱性蛋白酶。

根据蛋白酶催化蛋白质水解反应的作用方式，1997 年国际生物化学协会酶学委员会公布的酶的命名及其分类中，将作用于蛋白质分子中肽键的酶归类于水解酶的第四亚类中，这一亚类又分为两个亚亚类，即蛋白酶（proteinase）和肽酶（peptidase）。蛋白酶又称肽链内切酶（endopeptidase），它能水解肽链内部的肽键。它广泛存在于植物种子、块茎、叶子及果实等器官中。如番木瓜乳汁中存在的木瓜蛋白酶，菠萝果皮、茎中存在的菠萝蛋白酶，无花果乳汁中存在的无花果蛋白酶，剑麻中存在的剑麻蛋白酶，动物骨中存在的骨蛋白酶。肽酶又称肽链外切酶，它从肽链末端一个一个地或两个两个地将肽键水解。其中，作用于羧基末端肽键的称为羧肽酶；作用于氨基末端的叫氨肽酶。

另外，根据蛋白酶的化学结构、活性中心的特点，1966 年开始将它们分成丝氨酸蛋白酶（serine protease）、巯基（半胱氨酸）蛋白酶（cysteine protease）、金属蛋白酶（metallloprotease）、天冬氨酸蛋白酶（或羧基酸性蛋白酶，aspartic protease）。这种分类方法较常用，从名称中已经指出了在这些酶的活性中心中所含有的必需催化基团分别是羟基、巯基、金属离子和羧基。

（二）蛋白酶的特异性要求

1. R_1 和 R_2 基团的性质

蛋白酶催化的最普通的反应是水解蛋白质中的肽键，反应如下：

$$\text{x}-\underset{\text{H}}{\text{N}}-\underset{R_1}{\overset{\text{H}}{\text{C}}}-\overset{\text{O}}{\overset{\|}{\text{C}}}-\underset{\text{H}}{\text{N}}-\underset{\text{H}}{\overset{R_2}{\text{C}}}-\underset{\text{O}}{\underset{\|}{\text{C}}}-\text{y}\xrightarrow{H_2O}\text{x}-\underset{\text{H}}{\text{N}}-\underset{R_1}{\overset{\text{H}}{\text{C}}}-\overset{\text{O}}{\overset{\|}{\text{C}}}-\text{OH}+H_2N-\underset{\text{H}}{\overset{R_2}{\text{C}}}-\underset{\text{O}}{\underset{\|}{\text{C}}}-\text{y} \tag{7-1}$$

蛋白酶对于 R_1 和（或）R_2 基团具有特异性要求。例如，胰凝乳蛋白酶仅能水解 R_1，是酪氨酸、苯丙氨酸或色氨酸残基侧链的肽键；胰蛋白酶仅能水解 R_1 是精氨酸或赖氨酸残基侧链的肽键。另一方面，胃蛋白酶和羧肽酶对 R_2 基团具有特异性要求，如果 R_2 是苯丙氨酸残基的侧链，那么这两种酶能以最高的速度水解肽键。

2. 氨基酸的构型

蛋白酶不仅对 R_1 和（或）R_2 基团的性质具有特异性的要求，而且提供这些侧链的氨基酸必须是 L 型的。天然存在的蛋白质或多肽都是由 L-氨基酸构成的。

3.底物分子的大小

对于有些蛋白酶，底物分子的大小不重要。例如，α-胰凝乳蛋白酶和胰蛋白酶的最佳合成酰胺类底物分别是 α-N-乙酰基-L-酪氨酰胺和 α-N-苯甲酰-L-精氨酰胺，如图 7-2 所示。虽然这些底物仅含有一个氨基酸残基，但是 R_1 基团的性质和氨基酸的 L—构型都能满足蛋白酶的特异性要求。然而也有一些蛋白酶对于底物分子的大小具有严格的要求，酸性蛋白酶就属于这一类。

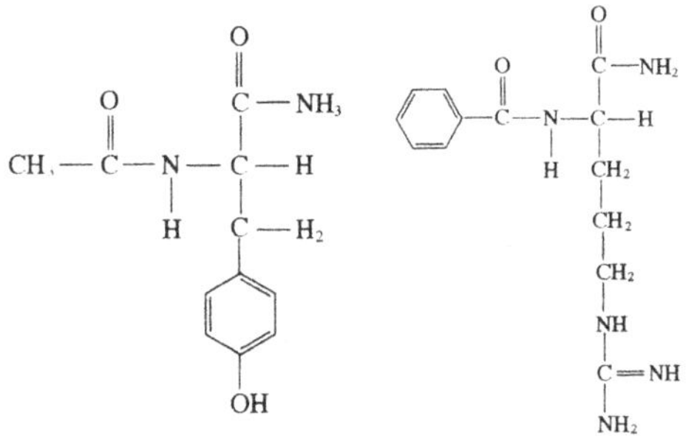

(a)α-N-乙酰基-L-酪氨酰胺　　(b)α-N-苯甲酰-L-精氨酰胺

图 7-2　胰凝乳蛋白酶和胰蛋白酶的酰胺类合成底物

4.x 和 y 的性质

式(7-1)中的 x 和 y 可以分别是—H 或—OH，它们也可以继续衍生下去。从蛋白酶对 x 和 y 性质的特异性要求可以判断它们是肽链内切酶还是肽链端解酶。如果是肽链内切酶，那么在 R_1 和(或)R_2 的性质能满足酶的特异性要求的前提下，它们能从蛋白质分子的内部将肽链裂开。显然，x 和 y 必须继续衍生下去，肽链内切酶才能表现出最高的活力。肽链内切酶的底物中的 x 可以是酰基(乙酰基、苯甲酰基、苄氧基羰基等)，y 可以是酰胺基或酯基，x 和 y 也可以是氨基酸残基。

对于肽链端解酶中的羧肽酶，它要求底物中的 y 是一个—OH。羧肽酶的特异性主要表现在对 R_2 侧链结构的要求上，然而仅在 x 不是—H 时，它才表现出高的活力。

对于肽链端解酶中的氨肽酶，它要求底物中的 x 是—H，并优先选择 y 不是—OH 的底物。氨肽酶的特异性主要表现在对 R_1 侧链结构的要求上。

5.对肽键的要求

大多数蛋白酶不仅限于水解肽键，它们还能作用于酰胺（—NH_2）、酯（—COOR）、硫羟酸酯（—COSR）和异羟肟酸（—CONHOH）。例如，对于 α-胰凝乳蛋白酶和胰蛋白酶等一些蛋白酶，底物只要能和酶的活性部位相结合，并使底物中敏感的键正确地定向到接近催化基团的位置，反应就能发生，至于敏感键的性质倒不是至关紧要的。然而胃蛋白酶和其他一些酸性蛋白酶对于被水解的键的性质具有较高的识别能力。如果肽键被换成酯键，即使 R_2 的性质能满足酶的特异性要求，这样的化合物也不能作为酶的底物。

（三）蛋白酶的活力测定

为了表示酶的活性大小，需要测定酶的活力。酶活力单位大小与测定方法、条件的选择有关，所得结果根据底物的不同、定义的不同而有所不同。例如，以酪蛋白为底物时，通常以在给定的水解条件下（40 ℃，pH=7.2）、单位时间内（1 min）、1 g 酶制剂或 1 mL 酶溶液水解酪蛋白，释放出 1 μmol 的 TCA 可溶酪氨酸的酶量，定义为一个酶活力单位。

1.蛋白质底物

这是测定蛋白酶活性最常用的方法。以蛋白质为底物测定酶活性时，基本原理是：根据蛋白质底物经酶作用后，底物在三氯醋酸（TCA）溶液中溶解度的变化来确定酶的活性大小。由于蛋白酶作用于蛋白质后，所产生的能溶解于一定浓度的三氯醋酸溶液（通常是 10%）中的肽分子的量，正比于蛋白酶的数量和催化反应的时间，因此可以根据酶活性的定义来计算蛋白酶的活性大小。

溶于三氯醋酸溶液的反应产物的量，可以根据上清液在紫外区吸收波长为 280 nm 的吸光度或者根据可溶性肽中酪氨酸或肽键的显色反应来确定，此法具有快速和准确的优点，但是它不能提供在酶催化反应中蛋白质底物被水解的肽键的数目。如果需要测定蛋白质在酶反应中被水解的肽键的数目，可采用茚三酮试剂来定量测定。茚三酮试剂按化学计量与游离氨基反应，产物在波长为 570 nm 处具有最高吸收峰。通常以亮氨酸为标准物质做标准曲线，然后通过比色分析来确定蛋白质实际被水解的肽键数量。

在实际酶活性分析中，最常用的底物是酪蛋白和变性血红蛋白，酪蛋白适用于碱性或中性条件下的分析，血红蛋白适用于酸性条件下的分析。

2.合成底物

硝基苯酯在酶的作用下生成对硝基苯酚，在酸性条件下对硝基苯酚的最大吸收光波长为 340 nm，在碱性条件下它的最大吸收光波长变为 400 nm。因此，可以采用分光光度法测定酶的活力。

α-N-苯甲酰-L-精氨酸乙酯(BAEE)在酶作用下发生水解时，产物中形成有机酸，所以可以利用 pH-Stat 方法进行酶活性测定。

α-N-苯甲酰-L-精氨酰-L-对硝基苯胺在酶的作用下释放出对硝基苯胺，对硝基苯胺在 400 nm 波长下有最大吸收，从而可以用于计算酶活性。

二、丝氨酸蛋白酶

(一)丝氨酸蛋白酶共性

常见的丝氨酸蛋白酶中，有肝脏组织分泌的胰蛋白酶、α-胰凝乳蛋白酶(胰糜蛋白酶)、弹性蛋白酶以及来自于某些细菌的蛋白酶。共同特征包括:均为内切酶,活性中心含有丝氨酸残基,如图 7-3 所示,此外活性中心还有咪唑基和羧基,并且在一些蛋白酶中活性中心部分的氨基酸连接顺序相似,除此外所具有的相似性很少。

蛋白酶	部分氨基酸顺序(加 * 的为活性中心丝氨酸)
牛胰蛋白酶	----Asp-Ser-Cys-Gln-Gly-Asp-Ṡer-Gly-Gly-Pro-Val-Val-Cys-Ser-Gly-Lys----
牛胰糜蛋白酶	-----Ser-Ser-Cys-Met-Gly-Asp-Ṡer-Gly-Gly-Pro-Leu-Val-Cys-Lys-Lys-Asn----
猪弹性蛋白酶	----Ser-Gly-Cys-Gln-Gly-Asp-Ṡer-Gly-Gly-Pro-Leu-His-Cys-Leu-Val-Asn----
牛凝血酶	----Asp-Ala-Cys-Glu-Gly-Asp-Ṡer-Gly-Gly-Pro-Phe-Val-Met-Lys-Ser-Pro----

图 7-3 一些丝氨酸蛋白酶活性中心附近的氨基酸组成

丝氨酸蛋白酶中,由于酶分子中与蛋白质结合的部位有差异,导致了酶分子只能催化不同氨基酸残基形成的肽键的水解,所以底物专一性经常是不同的。从图 7-4 中可以看出,α-胰凝乳蛋白酶由于在肽链的 216、226 位置连接的均是甘氨酸残基,它的侧链只是一个 H,所以在空间上可以允许底物中侧链空间体积较大的残基进入(例如酪氨酸或苯丙氨酸),并由 195 位置上的丝氨酸产生催化作用。对于胰蛋白酶,由于在底部有一个谷氨酸残基(肽链的 189 位置),它的离解使得其带负电荷,所以底物中侧链带正电荷的氨基酸残基(例如赖氨酸或精氨酸)可以进入,并由 195 位置上的丝氨酸产生相应的催化作用;而对于弹性蛋白酶,由于在肽链的 216 位存在缬氨酸、226 位存在丝氨酸,妨碍了底物中有较大侧链基团的残基进入,所以只有拥有较小空间体积的氨基酸残基(例如丙氨酸)进入,只能水解由丙氨酸残基形成的酰胺键。

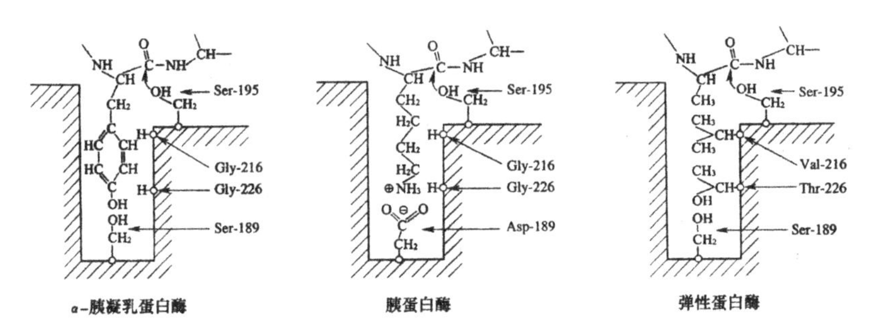

图 7-4 3 种蛋白酶的酶-底物结合示意图

(二)α-胰凝乳蛋白酶

α-胰凝乳蛋白酶(EC 3.4.21.1)是由牛的肝脏中两种没有活性的胰凝乳蛋白酶原 A 和 B 产生,在化学结构上,两个酶原的氨基酸组成不同,等电点分别为 8.5 和 4.5。两种酶原在转化为具有活性的酶时,理化性质也存在差异,但是在进行酶的编号时,仍然给予相同的编号 EC 3.4.21.1。来自猪胰腺的是胰凝乳蛋白酶 C 原,在被胰蛋白酶激活后转变为胰凝乳蛋白酶 C,由于它对亮氨酸残基有专一性,而不是对所有的芳香族氨基酸残基有专一性,所以胰凝乳蛋白酶 C 被给予不同的编号 EC 3.4.21.2。

(三)胰蛋白酶

胰蛋白酶(EC 3.4.21.4)是所有蛋白酶中研究得最为清楚的一个,主要原因是它为消化系统中重要的蛋白质消化酶,在机体内它不仅可以自激活,还激活其他蛋白酶,例如上面提及的胰凝乳蛋白酶。胰蛋白酶由胰脏分泌的胰蛋白酶原,经过肠激酶或自身,从酶原分子的 N 端水解脱除一个六肽片段而被激活,六肽片段的结构为 Val-Asp-Asp-Asp-Asp-Lys。肠激酶激活时 pH 为 6.0～9.0 为最好,自激活时的 pH 为 7.0～8.0 为最好。

胰蛋白酶原的激活过程,可以说明一个酶的立体构象对于酶活性的影响。在酶原中,由于被切除部分的肽链中含有 4 个天冬氨酸残基,离解后的羧基之间的静电排斥力使得这一部分保持伸展结构,也造成了胰蛋白酶原分子整体被拉伸,无法形成活性中心。切除六肽部分后,解除了拉伸张力,剩下的肽链部分可以形成卷曲结构,这样肽链中 His－46 被带到 183 位置上的丝氨酸附近,正好形成了酶分子的活性中心,如图 7-5 所示。

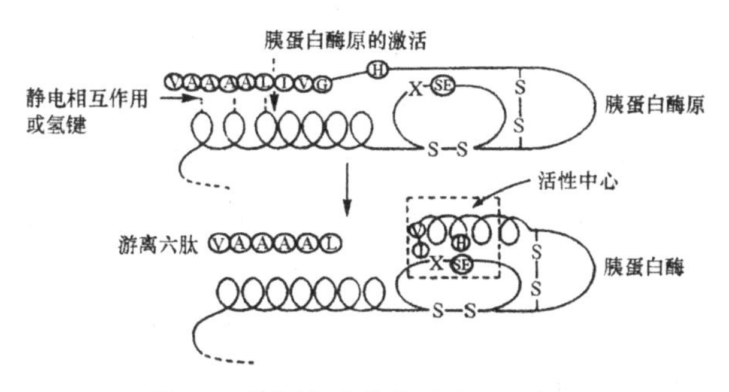

图 7-5 胰蛋白酶的激活过程示意图

不同哺乳动物的胰蛋白酶在氨基酸数目和顺序上有一些差异,但是活性中心均有丝氨酸(活性中心的氨基酸还包括 His、Asp),均由一条单肽链组成,并且作用机制相同。由于 Asp－189 决定了它只能水解由 Arg、Lys 形成的肽键,所以胰蛋白酶具有较高的专一性。牛胰蛋白酶由 233 个氨基酸残基组成,相对分子质量约为 24 000。

胰蛋白酶催化蛋白质水解时的适宜 pH 为 7.0～9.0,较高 pH 下自我催化分解。钙离子对它有保护和激活作用,但是像大豆中存在的胰蛋白酶抑制物、蛋类中存在的卵糖蛋白等对它有抑制作用。

三、巯基蛋白酶

木瓜蛋白酶、无花果蛋白酶和菠萝蛋白酶等是最常见的巯基蛋白酶,微生物蛋白酶中的一些链球菌蛋白酶也是巯基蛋白酶。在这些植物源的巯基蛋白酶的活性中心附近,其氨基酸组成具有相似性,如图 7-6 所示,并且它们在动力学、作用机制等方面也类似。

蛋白酶	部分氨基酸顺序(加＊的为活性中心)
木瓜蛋白酶	----Pro-Val-Lys-Asn-Glu-Gly-Ser-Cys-Gly-Ser-Cys*-Trp----
无花果蛋白酶	----Pro-Ile-Arg-Gln-Gln-Gly-Gln-Cys-Gly-Ser-Cys-Trp ----
菠萝蛋白酶	----Asn-Gln-Asp-Pro-Cys-Gly-Ala-Cys*-Trp----

图 7-6 一些蛋白酶活性中心附近氨基酸残基的连接顺序

巯基蛋白酶的专一性较差，木瓜蛋白酶和无花果蛋白酶可以大致相同的速度催化水解含有 Arg、Lys、Gly 和 Ala 的底物分子，与前面的胰蛋白酶、胰凝乳蛋白酶有所不同。它们的适宜 pH 为 6.0～7.5，并且有较好的热稳定性，在中性条件下，这些酶在 60～80℃活力还是稳定的。

(一)木瓜蛋白酶

木瓜蛋白酶(EC 3.4.22.2)是巯基蛋白酶中研究得最多的一种，它存在于木瓜的汁液中，相对分子质量约为 23 900，是由 212 个氨基酸残基组成的一条多肽链。它的活性中心除了 Cys-25 外(这是唯一的一个游离巯基，其他的半胱氨酸-SH 以双硫键形式存在)，还包括了 His-159 羧基。根据木瓜蛋白酶的 X 射线衍射结果，在巯基附近最近的羧基离巯基有 0.75 nm，这个距离对于 Asp-158 来讲太远，除非底物与酶结合以后酶分子的构象发生改变，才有可能使 Asp-158 成为活性中心的一部分，因而 Asn-175 可能更像是一个活性中心的催化基团。

木瓜蛋白酶在催化反应机制方面，与胰凝乳蛋白酶基本相同，只是此时半胱氨酸的—SH 替代了丝氨酸的—OH。

木瓜蛋白酶在 pH 5.0 的弱酸性条件下最稳定，在 pH＜3.0 或者 pH＞11.0 的条件下很快失活。随底物不同，它的最适 pH 也会改变，对于酪蛋白最适 pH 为 7.0，对于明胶最适 pH 为 5.0。木瓜蛋白酶的一个特点是在较高温度下仍然保持活性，例如在中性条件下 70℃加热处理 30 min，木瓜蛋白酶对牛乳的凝结活性仅下降 20%；它的最适作用温度一般在 65℃。

木瓜蛋白酶不仅具有催化蛋白质水解的能力，同时它还可以催化肽分子之间或肽分子与氨基酸之间的酰胺键形成，所以在研究蛋白质水解物的 Plastein 反应时，应用最多的是木瓜蛋白酶，通过这种反应来改善蛋白质的氨基酸组成模式。

(二)无花果蛋白酶

无花果蛋白酶(EC 3.4.22.3)的相对分子质量约为 26 000，来自于无花果的乳汁中，商品化的酶制剂中含有多种蛋白酶，酶的质量与无花果的种类相关。它的作用与木瓜蛋白酶相似，但是热稳定性差一些，在 80℃下溶液中无花果蛋白酶将完全失活，固体酶制剂则需要数小时才会失活。另外，重金属离子对其有抑制作用。

无花果蛋白酶在 pH 为 3.5～9.0 的范围内稳定，最适 pH 为 6.0～8.0。但它的最适 pH 不随底物的变化而发生明显的改变，例如对于酪蛋白，它的最适 pH 为 6.7～9.5，对于明胶的液化为 pH＝7.5。

四、金属蛋白酶

几乎所有的这类蛋白酶均是外切酶。像羧肽酶 A 和羧肽酶 B 等一些金属蛋白酶需要 Zn^{2+}，脯氨酰氨基酸酶、亚氨基二肽酶等需要 Mn^{2+}，这些酶只是动物体内众多酶中的几种。金属蛋白酶中的金属离子大多是二价金属离子，这些金属离子是否发挥相似的作用尚不清楚，但酶的活性均能被金属离子螯合剂抑制。在所有的金属蛋白酶中，羧肽酶 A 可能是研究得最为彻底的一种。

嗜热菌蛋白酶(EC 3.4.24.4)的活性位点、专一性以及反应机理都与羧肽酶 A 相似，但该酶是一种金属内切酶，另外胶原酶和来自毒蛇毒液中的出血蛋白酶也是金属内切酶。

五、酸性蛋白酶

酸性蛋白酶的活性中心中有羧基，适宜作用 pH 范围为 2.0

～4.0，并且被胃蛋白酶抑制剂（pepstatin）抑制其活性。这类酶中研究得最多的是胃蛋白酶，而在干酪加工中最具有应用价值的是凝乳酶。一些微生物蛋白酶也属于此类蛋白酶，例如来自于微小毛霉（mucor pusillus）、米黑毛霉（mucor hiehei）、栗疫菌（endothia parasitica）中的蛋白酶，其中一些在乳品加工中可以作为凝乳酶的替代物。

在催化作用专一性上，胃蛋白酶和凝乳酶具有一定的基团专一性，例如它们对氧化胰岛素的水解专一性就说明了这一点，它们一般优先作用于芳香族氨基酸残基，同时凝乳酶比胃蛋白酶更具有选择性，因为比较二者的催化肽键数量可以发现，凝乳酶比胃蛋白酶少催化 3 个肽键，如图 7-7 所示。

图 7-7　胃蛋白酶（P）和凝乳酶（R）对氧化胰岛素水解的催化专一性

（一）胃蛋白酶

胃蛋白酶（EC 3.4.23.1）是由胃黏膜细胞分泌出胃蛋白酶原，经过激活而得到的。胃蛋白酶原的激活，既可在胃液中盐酸（约 0.01 mol/L）的作用下发生，也可以在自身催化作用下完成。激活时，酶原分子被分解为若干个片段，其中之一是胃蛋白酶。不同动物源的胃蛋白酶的氨基酸组成有一点差异，脊椎动物的胃液中均有胃蛋白酶。

胃蛋白酶原为相对分子质量 42 000 的单肽链，等电点约为 3.7，有 3 个分子内的双硫键和 1 个磷酸酯键，在 pH 为 7.0～9.0 的环境中相当稳定，在酸性条件下迅速转化为胃蛋白酶。

胃蛋白酶在 pH 为 2.0～5.0 的范围内稳定，在以蛋白质为底物时，最适 pH 为 2.0，超过此范围时胃蛋白酶容易失活，例如，在

pH>6.2 或 70℃以上，酶就开始失活，在温度超过 80℃时，酶不可逆地失活，它的适宜温度为 37～40℃，与动物的体温相近。

(二)凝乳酶

在人和猪的胃液中不存在凝乳酶，凝乳酶(EC 3.4.23.4)是雏牛的第 4 个胃中蛋白酶的主要存在形式，以无活性酶原的形式分泌。凝乳酶从无活性的酶原转化为有活性的酶的过程，发生部分水解，相对分子质量由 36 000 下降为 31 000，介质的 pH 和盐浓度影响酶原的激活过程。在 pH=5.0 时，酶原主要通过自身的催化作用而激活；pH=2.0 时，酶原的激活过程很快，但自身激活作用只发挥很小的作用。

凝乳酶的活性中心有 2 个天冬氨酸残基，催化反应的专一性类似胃蛋白酶。凝乳酶的分子形状为哑铃形，有 1 个扩展的疏水部分和 1 个约为 3 nm 长的深裂缝，2 个天冬氨酸残基掩蔽在裂口中，裂口可能是底物肽链的结合部位，至少由 6 个氨基酸残基组成。

凝乳酶在 pH 为 5.5～6.5 的范围内稳定，在 pH 低于 2.0 时还相当稳定，在 pH 为 3.5～4.5 的范围内由于酶的自催化作用而很快被分解，在中性或碱性 pH 范围内，凝乳酶很快失去活性。凝乳酶主要应用于制造干酪，此时的 pH 一般为 5.0～6.0，利用基因工程技术，可以将小牛的凝乳酶基因转移到大肠杆菌中，通过发酵的方法得到具有凝乳能力的微生物凝乳酶，以此来满足干酪生产的需要。凝乳酶分子中的 Tyr-77 或 Val-113 用 Phe 替代后，其凝乳能力相对于原来的酶明显增强。

六、蛋白酶在食品工业中的应用

(一)蛋白酶对蛋白质性质产生的影响

通过蛋白酶催化蛋白质有限或广泛的水解作用，能改进食品蛋白质的功能性质。水解过程中，蛋白质分子中的一些酰胺键被破坏，食品蛋白质(肽)的相对分子质量分布发生变化，相对分子质量较小的肽所占的比例随水解程度的增加而提高，与此同时，水解蛋白质的溶解度增加，而其他的功能性质，例如乳化能力、起泡能力、胶凝作用等则随蛋白质水解度的增加而变化，但是这些功能性质的变化情况比较复杂。此外，如果蛋白质的平均疏水性较高、含有较多的疏水性氨基酸，它的水解产物还可能出现苦味。因此，在利用蛋白酶的作用将食品蛋白质改性和制备蛋白质水解物时，控制蛋白质的水解程度至关重要。

(二)蛋白酶在食品生产中的应用

蛋白酶除了可以用来制备水解蛋白质、进行蛋白质功能性质的改性以外，还有许多食品加工上的重要应用。例如，从油料种子中加工分离蛋白质，制备浓缩鱼蛋白，改进明胶的生产工艺，从加工肉制品的下脚料中回收蛋白质，以及对猪(牛)血中蛋白质进行酶法改性、脱色等，都应用蛋白酶的水解处理。

在面粉中如存在适量的蛋白酶，可以促进面筋的软化，增加面团的延伸性，还可以减少面团的揉和时间，改善面团的发酵效果。所产生的少量氨基酸有利于同还原糖发生美拉德反应，使产品具有良好的色泽与风味。不过，蛋白酶的过度作用将产生蛋白分子过分水解、面筋强度降低的不良后果。

啤酒在保藏中常发生混浊现象，原因之一是微生物污染(比较少见)，另一个原因是啤酒在低温下产生化学反应(比较多见)。由化学反应产生的混浊物质主要由蛋白质(15%～65%)和多酚类化合物(10%～35%)构成，此外还有少量的碳水化合物和其他的物质。减少啤酒混浊的一个有效方法是添加一些蛋白酶以除去啤酒中的蛋白质，经过木瓜蛋白酶的处理，啤酒样品经过 Sephadex G-25 凝胶过滤，所得到的不同组分再利用 Folin 试剂进行分析，可以明显看出相对分子质量较大的蛋白质部分减少，同时伴随着游离氨基酸量的增加。一般可以在啤酒巴氏杀菌之前加入蛋白酶,经常使用的是木瓜蛋白酶;由于木瓜蛋白酶具有较高的耐热性,因此,在啤酒经巴氏杀菌后,酶活性仍有残存的可能。在啤酒生产过程中,当过滤除去酵母后,啤酒中蛋白酶已经失活。

第三节 脂酶

一、脂肪酶

(一)来源

脂肪酶在自然界中广泛存在,是最早被研究的酶类之一,自1834年发现兔胰脂肪酶的活性,至今已有近200年的历史。目前,动物、植物和微生物来源的脂肪酶都已经得到了广泛应用。动物体内含脂肪酶较多的是高等动物的胰脏和脂肪组织,在肠液中含有少量的脂肪酶,动物脂肪酶主要控制消化吸收、脂类蛋白代谢等过程;植物中含脂肪酶较多的是油料作物的种子,如蓖麻子、油菜籽。当油料种子发芽时,植物脂肪酶与其他酶协同作用催化分解脂质生成糖类,供给养料和能量,植物脂肪酶可通过种子萃取获得。1901年Eijkmann首次发现微生物可以分泌脂肪酶。之后研究发现微生物脂肪酶具有催化特异性强、催化范围广(广泛的反应温度和pH范围)、来源丰富、种类繁多、易于大量生产等特点,因此,逐渐成为了工业脂肪酶最重要的来源。据不完全统计,目前检测到的共计约65个属的微生物产脂肪酶,包括细菌28个、霉菌23个、酵母10个、放线菌约4个,其中约30多种脂肪酶实现了工业化生产。适用于油脂加工的脂肪酶约有33种,其中霉菌脂肪酶18种、细菌脂肪酶7种。目前已从根霉属中分离得到30余种脂肪酶,如米根霉脂肪酶、雪白根霉脂肪酶、德氏根霉脂肪酶等已经商品化。

(二)性质

脂肪酶,全称三酰基甘油酰基水解酶,是一类可以在油水界面催化三酰基甘油酯水解为甘油和脂肪酸或不完全水解为中间产物甘油单酯、甘油二酯的酶类。脂肪酶是一类特殊的酯键水解酶,其天然底物是生物产生的天然油脂。脂肪酶的功能具有多样性,除了能催化甘油酯的水解,脂肪酶还能催化酯化、转酯以及酯交换等反应。同时,脂肪酶还具有化学选择性、底物专一性、位点选择性、立体选择性、催化反应不需要辅助因子、良好的有机溶剂耐受性、催化活性高且副反应少等特点。因此,脂肪酶成为最重要的工业酶制剂之一,在油脂加工、食品、化工等各个领域应用广泛。

脂肪酶的性质主要包括底物特异性、反应最适温度和温度稳定性、等电点、反应最适 pH 和 pH 稳定性、有机溶剂耐受性、金属离子影响以及脂肪酶的分子量等。由于来源不同,它们在分子量大小、等电点、温度和 pH 稳定性等方面存在较大差异。

1.脂肪酶底物特异性

不同来源的脂肪酶具有不同的底物特异性,脂肪酶的底物特异性取决于酶的活性中心结构,也与底物的物理化学性质有关。底物的化学性质包括底物中脂肪酸的链长、饱和度及所处位置等,目前对脂肪酶底物特异性的研究着重于底物的化学性质方面,而底物的物理性质方面研究甚少。有研究表明,底物的表面活性是影响胰脂肪酶活性大小的主要因素。按照底物的化学性质分,脂肪酶的底物特异性主要表现在脂肪酸特异性、位置特异性以及立体异构特异性等。

作用于甘油三酯底物时,众多脂肪酶普遍具有 1,3-位置特异性,优先催化甘油三酯中 1 位和 3 位上的脂肪酸;而有一些脂肪酶,如来源于真菌 Penicillium camembertii U－150 和 Aspergilus oryzae 的脂肪酶则仅对甘油二酯和甘油单酯起作用,对甘油三酯却没有作用。不同的脂肪酶对脂肪酸碳链长度也有不同的特异性，如猪胰脂肪酶对短链脂肪酸（特别是三丁酸甘油酯）活性很高，黑曲霉和根霉脂肪酶对中长链（C_8～C_{12}）脂肪酸具有很高的选择性，而皮炎葡萄球菌（Staphylococcushyicus）脂肪酶则偏向于水解以磷脂为底物。

（1）脂肪酸特异性。脂肪酸的选择性，是指脂肪酶对不同饱和度、不同碳链长度的脂肪酸的特异性反应。大多数的脂肪酶并没有脂肪酸选择性，一些特殊的脂肪酶对脂肪酸显示出偏好性。例如，黑曲霉和根霉脂肪酶对链长为 C_8～C_{12} 的脂肪酸水解活性高；猪胰脂肪酶水解短链脂肪酸，特别是对三丁酸甘油酯水解活性高。脂肪酶对不饱和脂肪酸双键的位置也呈现出特殊的反应。例如白地霉脂肪酶对 cis-9-$C_{18:1}$ 和 cis-9-$C_{18:2}$、cis-12-$C_{18:2}$ 脂肪酯表现出较高的水解活性。

（2）位置特异性。脂肪酶催化甘油三酯的酯键位置选择性主要表现为 3 种类型：①作用于甘油酯的 sn-1 位、sn-3 位酯键，对 sn-2 位不起作用，多数微生物脂肪酶都属于这一类型；②作用于甘油酯的 sn-1 位、sn-2 位和 sn-3 位酯键，无位置特异性；③作用于油酸形成的甘油三酯酯键，例如来源于白地霉的脂肪酶。

（3）立体异构特异性。

立体异构特异性也就是对映体选择性，指酶对特定异构体的识别并选择性催化作用。利用脂肪酶的这一特性可以进行手性药物的合成。用脂肪酶进行消旋体药物的手性拆分是目前研究的热点之一。相比物理化学方法，生物法手性拆分反应具有条件温和、副反应很少或几乎没有、能耗低等特点，具有很大的应用潜力。

2.反应最适温度和温度稳定性

根据脂肪酶作用温度的高低可以分为低温脂肪酶、中温脂肪酶和高温脂肪酶。不同菌种来源的脂肪酶在最适温度上有很大的差别，一般真菌脂肪酶的最适温度相对较低，而细菌脂肪酶更为耐热。脂肪酶的温度作用范围一般比较广泛，为 30～60℃。当酶的最适温度超过 55℃时，则被定义为嗜热脂肪酶，例如超嗜热矿泉古生菌 Aeropyrumpernix K1 脂肪酶 AEPl547 最适温度为 90℃；而一些来自特殊环境下的微生物分泌的脂肪酶，最适温度比较低，则被称为低温脂肪酶，例如来自 Photobacterium lipolyticum M37 的脂肪酶，最适反应温度为 25 ℃。

3. 反应最适 pH 和 pH 稳定性

不同来源的脂肪酶，反应最适 pH 及 pH 稳定性都有一定差异。大多数微生物脂肪酶的最适反应 pH 在中性或碱性范围内。反应最适 pH 还与反应种类、底物种类、反应缓冲液条件等多种因素有关。来源于 Candida sabicians LIP4 的最适 pH 范围为 pH 为 5～8，其中酯化反应最适 pH 为 5～6，醇解反应最适 pH 为 6～7，水解反应最适 pH 为 7～8。微生物脂肪酶的 pH 稳定性范围较宽，一般在 pH4. 0～11. 0 之间。

4. 有机溶剂耐受性

利用有机溶剂耐受性强的脂肪酶催化反应具有很大意义，脂肪酶不仅在有机溶剂或水中保持生物活性，而且催化的反应具有突出优点，如：增加非极性底物的溶解度，进而加快反应速率；提高产物产率和回收率；抑制副反应；酶回收容易；减少微生物污染等。随着脂肪酶在热门的制药行业和生物柴油领域的应用开发，人们对有机溶剂耐受性脂肪酶的开发越来越重视。

5. 金属离子对脂肪酶的影响

不同来源的脂肪酶在金属离子存在的情况下，表现不同的活性。研究表明，S. epidermidis 脂肪酶为金属酶，需要 Ca^{2+} 作为辅因子；而金属离子对 P. aeruginosa KKA－5 来源的脂肪酶表现不同程度的抑制，Ca^{2+}、Mg^{2+} 几乎不影响其活性，Mn^{2+}、Cd^{2+}、Cu^{2+} 轻微抑制酶的活性，重金属离子 Fe^{2+}、Zn^{2+}、Hg^{2+}、Fe^{3+} 强烈抑制酶的活性，金属离子可能会影响酶的三维结构。

二、磷脂酶

(一)来源

磷脂酶是一类可以将磷脂水解成为脂肪酸和其他亲脂性物质（如胆胺、胆碱、丝氨酸、乙醇胺等）的酶类，与脂肪酶合称为脂酶（脂肪酸与一元醇构成的酯，称为酯酶）。根据磷脂酶对磷脂水解部位的不同，可将磷脂酶分为磷脂酶 A_1、A_2、B、C、D 五类。不同磷脂酶的作用位点如图 7-8 所示。

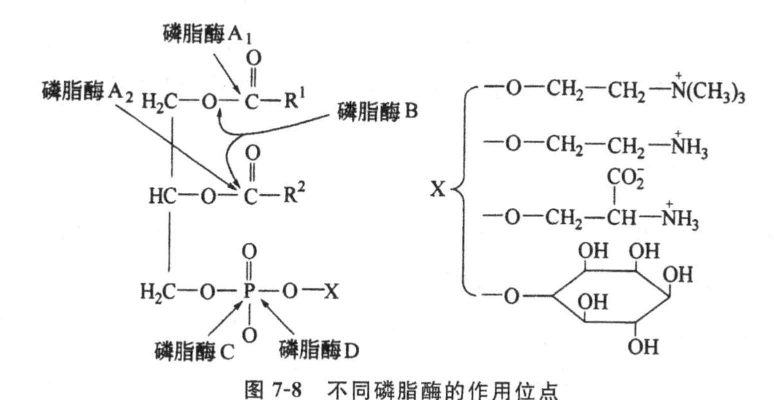

图 7-8 不同磷脂酶的作用位点

1. 磷脂酶 A_1

磷脂酶 A_1 广泛存在于原核生物（细菌）和真核生物（霉菌、哺乳动物、植物）中。少量磷脂酶 A_1 可从蛇毒或动物体内提取，植物体内也发现含有少量磷脂酶 A_1。国外已发现多种微生物均产磷脂酶 A_1，国内很少有关于筛选产磷脂酶 A_1 菌株的报道。目前研究发现，产磷脂酶 A_1 的微生物已有多种，但普遍产量很低，主要有：液化沙雷氏菌（*s. liquefaciens*）、沙雷氏菌属（*serratia sp.*）、嗜热四膜虫（*tetrahymena thermohila*）、假单胞菌（*pseudomonas*）、居泉沙雷氏菌（*serratia fonticola*）等。

2. 磷脂酶 A_2

磷脂酶 A_2 广泛存在于细菌、植物、哺乳动物细胞、组织和分泌物中，而今人们已从细菌、酵母、植物、动物体内分离、纯化得到很多种 PLA_2，包括 Novozymes、Amano Pharmaceutical Co、Biocatalysts 等多家公司都已推出商品化 PLA_2 产品，其中较有代表性的商品是 Novozymes 公司从猪胰脏中提取的 PLA_2，商品名 Lecitasel0L。

3. 磷脂酶 B

磷脂酶 B 广泛分布于胰脏、小肠、大麦、点青霉（*penicillium nototum*）、草分枝杆菌（*mycobacterium phlei*）中，并已从后两种微生物中提纯，因其多半结合在细胞内颗粒上，所以提纯困难。

4. 磷脂酶 C

磷脂酶 C 在自然界分布广泛，微生物及动植物的组织和细胞中均含有磷脂酶 C。磷脂酶 C 最早是在产气荚膜梭菌（*clostridium perfrinsens*）的 α 毒素中发现的，主要从微生物中提取获得，例如：水肿梭菌（*coedemariens*）、溶血梭菌（*c. haemslyticum*）、双酶梭菌（*c. bifermentans*）和蜡状芽孢杆菌（*bacillus cereus*）、蕈状芽孢杆菌（*b. mycoiddes*）以及铜绿假单胞菌（*pseudomonas aeruginosa*）、荧光假单胞菌（*p. uorescens*）。

5. 磷脂酶 D

磷脂酶 D 是 1974 年 Hanahan 和 Chaikoff 首次在胡萝卜根和白菜叶中发现的。大量研究表明，在动、植物组织和一些微生物体内均存在有这种酶。动物体内的磷脂酶 D 主要分布于脑、肝脏等组织中；植物磷脂酶 D 主要集中分布在植物叶子、根和种子等器官中，并随植物生长发育的转变而变化。至今已报道的产磷脂酶 D 的微生物主要存在于棒状杆菌属（*corynebacterium*）、链丝菌属(*streptomyces*)及嗜血杆菌属(*haemophilus*)中。其中,磷脂酶D在链霉菌中分布最为广泛,报道也最多,也可从酿酒酵母(*saccharomyces cerevisiae*)中纯化提取。

(二)性质

1. 磷脂酶 A_1 性质

磷脂酶 A_1(PLA_1),作用于1位的脂肪酸,水解生成的溶血性磷脂为2-酰基溶血性磷脂,该溶血性磷脂2位上的脂肪酸有转移至1位继续被水解的倾向,所以在磷脂酶 A_1 的作用下有部分磷脂可被完全降解。研究亦表明,磷脂酶 A_1 能表现出较为宽泛的底物专一性,除磷脂酶 A_1、A_2 活性,还具有一定的溶血磷脂酶 A_1、A_2 活性,甚至是脂肪酶活性。

磷脂酶 A_1 催化水解磷脂制备溶血磷脂是界面反应,磷脂在水中较难分散。磷脂酶 A_1 游离到磷脂胶束和水的界面,酶的活性部位和磷脂胶束结合后,发生水解,反应中不需要金属离子的参与。反应界面的大小直接影响反应速率和水解程度。

2. 磷脂酶 A_2 性质

磷脂酶 A_2(PLA_2)可以特异性地水解Sn-3-磷酸甘油酯2位上的羧酸酯键,生成游离脂肪酸(FFA)和溶血磷脂(lysophospholipid),是一种水溶性酶。PLA_2 可分为3类:分泌型 PLA_2(secretory PLA_2,$SPLA_2$)、胞浆型 PLA_2(cytosolie PLA_2,$EPLA_2$)及钙非依赖型 PLA_2(Ca^{2+}-independent,$iPLA_2$),如表7-1所示。Teshima认为,在团粒底物表面存在许多相同的酶结合位点,和酶的结合常数是单层脂的40倍;动力学和N端化学修饰表明,PLA_2 活力的发挥,必须和脂水界面结合,只有微胶团的脂水界面才能激活酶的活性。

表 7-1　磷脂酶 A_2 的性质

性质	分泌型 PLA_2	胞浆型 PLA_2	钙非依赖型 PLA_2
定位	细胞外	细胞内	细胞内、外
分子质量	约 14kDa	约 85kDa	约 80kDa
氨基酸残基	约 125	约 750	
半胱氨酸个数	10～14	9	
二硫键	5～8	0	−
二硫苏糖醇敏感性	+	−	−
AA 优先选择型	−	+	+
所需钙离子浓度	mmol/L 级	μmol/L 级	−
钙离子作用	催化	膜结合	−
调节蛋白	−	−PFK	
磷酸化调节作用	−	+	−
辅助调节因子	−	−	ATP
溶血磷脂酸活性	−	高	+
PLA_1 活性	−	+	−
转酰酶活性	−	+	−
脂肪酰 CoA 水解酶	−	−	+

尽管不同种类的 PLA_2 在结构功能上有一定的差别，其生化特性方面却有许多相似之处：

(1)热稳定性。置 65℃水浴中 75 min 或 90℃ 30 min 酶活性不变。

(2)底物分子排列方式影响。酶的活性 PLA_2 易溶于水，但与许多水溶酶不同的是，PLA_2 水解聚集状态底物(如脂微团、单层和双层膜脂)的活力远远大于水解分散存在底物的活力，即 PLA_2 主要催化的是非均相反应。

3. 磷脂酶 B 性质

磷脂酶 B(PLB)，它比 PLA_1 和 PLA_2 水解更彻底，因 PLA 水解后产生的溶血磷脂可以被 PLB 水解，又称溶血磷脂酶。它可分为 L_1 和 L_2 两种，L_1 催化由磷脂酶 A_2 作用后的产物 1-脂酰甘油磷酸胆碱上 1 位酯键的水解；L_2 催化由磷脂酶 A_1 作用后的产物 2-脂酰甘油磷酸胆碱上 2 位酯键的水解，产物都是 L α-甘油磷酸胆碱和相应的脂肪酸。磷脂酶 B 具有水解酶和溶血磷脂酶-转酞基酶的活性，其中水解酶的活性可使该酶清除磷脂（磷脂酶 B 的活性）和溶血磷脂中的脂肪酸（溶血磷脂酶的活性），转酞基酶活性可使该酶将游离脂肪酸转移至溶血磷脂生成磷脂。

4. 磷脂酶 C 性质

磷脂酶 C（PLC），一种水解甘油磷脂 C—3 位点甘油磷酸酯键的脂类水解酶，水解卵磷脂为二甘油酯和胆碱磷酸酯，是对磷脂结构的破坏。微生物磷脂酶 C 有 3 种专一性类型：第 1 种仅专一性地水解肌醇磷脂生成甘二酯和环磷酸肌醇；第 2 种专一性地水解鞘磷脂；第 3 种有较宽的专一性，以磷脂酰胆碱为最适底物。根据其氨基酸序列的不同分为 5 大类：PLC-β、PLC-γ、PLC-δ、PLC-ε 和新近发现的 PLC-ζ。

随着发酵培养及分离纯化技术的发展，可以从各微生物的培养上清液中直接分离制备较高纯度的磷脂酶 C 样品，国外已开始对各微生物磷脂酶 C 的理化特性以及生物学特性展开了深入的研究。这些特性包括磷脂酶 C 的分子量、分子结构、稳定性、酶学特性、底物特异性、离子依赖性、溶血性、等电点以及免疫原性等。从研究报道可以看出，不同种类的微生物，所产磷脂酶 C 在特性上存在很大的差异性。即使同一种类的微生物，来源不同，其所产磷脂酶 C 的特性也存在一定的差异，如表 7-2 所示。

表 7-2　磷脂酶 C 性质

细菌	磷脂酶	底物特异性	离子需求	溶血性
B. cereus	PC—PLC	PC,PE,PS	Zn^{2+},Ca^{2+}	—
	SMase	SPM	Mg^{2+}	h
	PI—PLC	PI,LPI	None	—
B. thuringiensis	PI—PLC	PI,LPI	NR	NR
C. bifermentans	PLC	NR	NR	±
C. novyi	γ—Toxin	PC,SPM,LPC,PE,PI	Zn^{2+},Ca^{2+},Mg^{2+}	+
	PI—PLC	PI		
C. perfringens	α—Toxin	PC,SPM,PS,LPC	Zn^{2+},Ca^{2+}	+
L. monocytogenes	PLC—A	PI	None	—
	PLC—B	PC,PE,PS,SPM	Zn^{2+}	±
S. anreus	β—Toxin	SPM,LPC	Mg^{2+}	h
	PI—PLC	PI,LPI	None	
P. aerug2inosa	PLC—H	SPM,PLC,PC	NR	+
	PLC—N	PC,PS	NR	
P. cepacia	PLC	PC,SPM	NR	—
S. hachijoensis	PLC	PC	Mg^{2+}	NR
A. calcoacetws	PLC	PC,SPM,PE,PS	Mg^{2+}	—
	PLC	PC,SPM,PE,PS	Mg^{2+}	+
U. urealyticum	PLC	PNPPC	NR	NR
Leptospira interrogans	SMase	SPM,PC		
			Mg^{2+}	h
L. pneumophila	PLC	PC	NR	—

注:PLC—磷脂酶 C;PC—磷脂酰胆碱;PE—磷脂酰乙醇胺:PS—磷脂酰丝氨酸;SPM—鞘磷脂;PI—磷脂酰肌醇;SMase—鞘磷脂酶;NR—未报道;h—混合溶血性。

5. 磷脂酶 D 性质

磷脂酶 D(PLD),能水解磷脂分子中磷酸和有机碱(如胆碱、乙醇胺等)羟基成酯的键,水解产物为磷脂酸和有机碱。除水解作用外,在特定条件下,还能催化各种含羟基的化合物结合到磷脂的碱基上,形成新的磷脂,这一特性称为磷脂酶 D 的磷脂转移特性(transphosphatidylation reaction),通常也称作碱基交换反应

(base exchange reaction,见图 7-9)。磷脂酶 D 有膜结合磷脂酶 D (membrane-bound PLD)和胞液磷脂酶 D(cytosolic PLD)两种类型。

磷脂酶 D 只能在异相系统上起作用,对均匀分散或水溶性底物无作用或作用极为缓慢。不同来源的磷脂酶 D 其最适 pH 和温度不同,植物中的磷脂酶 D 的最适 pH 范围较窄,一般在 5～6 之间;而微生物磷脂酶 D 的最适 pH 在 4～8 之间。大多数磷脂酶 D 的最适作用温度为 25～37℃,但也有一些酶在 55～60℃时活力最高。

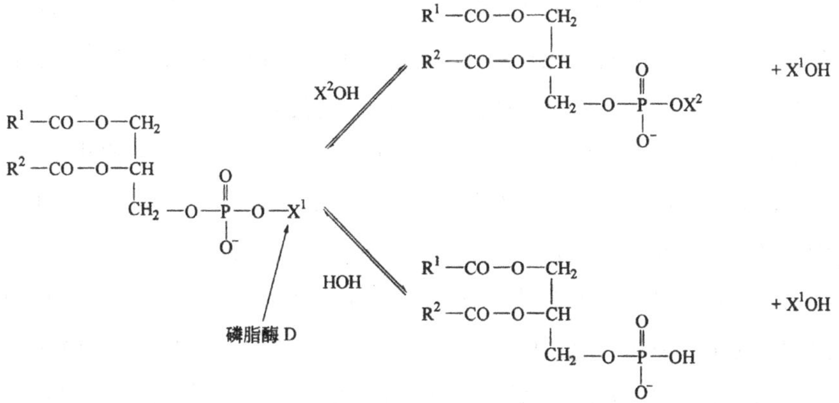

图 7-9 磷脂酶 D(PLD)水解及转磷脂作用

大量研究证明,Ca^{2+} 对磷脂酶 D 的催化作用是绝对必需的,Ca^{2+} 不仅能激发磷脂酶 D 作用,而且能提高其热稳定性。其他离子对磷脂酶 D 的催化作用的大小依次为:$Ca^{2+}>Ni^{2+}>Co^{2+}>Mg^{2+}$。此外,一些不饱和游离脂肪酸(如花生四烯酸、亚油酸、亚麻酸等)以及部分有机溶剂(如乙醚、乙酸乙酯等)也可以产生较高的激活作用。SDS、EDTA、Sn^{2+}、Fe^{2+}、Fe^{3+}、Al^{3+} 等对磷脂酶 D 具有明显的抑制作用。底物的聚合形式对酶活力也有显著影响。只有当底物以微胞、小聚合状态或呈乳化颗粒时,磷脂酶 D 对底物才有最适水解率。

第四节　新型酶剂的开发和应用

一、葡萄糖氧化酶的开发和应用

(一)来源

早在1904年人们就发现了葡萄糖氧化酶,但是由于当时对葡萄糖氧化酶的商业价值认识不足,因而没有引起人们足够的重视。Muller于1928年从黑曲霉的无细胞提取液中发现葡萄糖氧化酶,在深入研究了其催化机理后,将其正式命名为葡萄糖氧化酶(glucose oxidase,简称GOD),并归入脱氢酶类。到目前为止,人们已在扩展青霉(*penicillium expansum*)、变幻青霉(*penicillium variabile*)、黄色蠕形霉(*talatomyces flvavus*)等多个真菌中克隆到GOD基因,因此GOD被认定为一种真菌酶类。GOD广泛分布于动物、植物以及微生物体内,从动植物组织中提取GOD有一定的局限,酶量亦不丰富;细菌GOD产酶量少;一般采用黑曲霉(具有GRAS资格)和青霉属菌株作为GOD生产菌。

我国及美国均采用点青霉及产黄青霉生产GOD,日本常用尼崎青霉,俄罗斯用生机青霉,近年报道胶霉属(*clioctadium*)、拟青霉属(*paecilomyces*)和帚霉属(*scopulariopsis*)也能用于生产GOD。

目前国外主要用基因克隆、表达等提高菌株的产酶活力,并取得了显著成绩。Whittington等先后在酵母中表达了GOD,并用于酿造啤酒;Szynol在大肠杆菌中表达了GOD;周亚凤等在酵母中高效表达黑曲霉GOD基因;彭吴等利用根癌农杆菌介导将GOD基因转入水稻;母敬郁等用瑞氏木霉表达了黑曲霉GOD。21世纪是分子技术的世纪,GOD基因在各种生物组织中克隆和表达的进一步研究,将会使GOD的应用范围和规模进一步扩大。

(二)性质

高纯度的葡萄糖氧化酶为淡黄色晶体,制品中一般含有过氧化氢酶(hydrogen peroxi dase,简称 HPD),可与葡萄糖氧化酶组成复合酶系。GOD 易溶于水,可制成液体制剂,却完全不溶于乙醚、甘油、丁醇、氯仿、吡啶和乙二醇等有机溶剂,60%(质量分数)甲醇和 50%(质量分数)丙酮能使其沉淀。葡萄糖氧化酶的分子质量一般在 150 kDa 左右。其 pH 值作用范围在 3.5~6.5,最适 pH 在 5.0 左右,在没有葡萄糖等保护剂存在的条件下,pH>8.0 或 pH<3.0 时会迅速失活。葡萄糖氧化酶的催化温度范围一般为 30~60℃。葡萄糖氧化酶的最大光吸收波长为 377 nm 和 455 nm,在紫外光下无荧光,但是在热、酸或碱处理后呈现特殊的绿色。固体酶制剂在 0℃下至少可以保存 2 年,在 −15℃下保存时间可达 8 年之久。葡萄糖氧化酶不受乙二胺四乙酸(EDTA)、氰化钾(KCN)及氟化钠(NaF)抑制,但受氯化汞、氯化银、对氯汞苯甲酸、铜离子等的影响而使酶活性降低或抑制,枯草杆菌蛋白酶(pH6.0)、胰蛋白酶(pH6.8)和蛋白酶(pH4.5)不能将其分解。一般来说,酶反应受底物浓度的影响不大,葡萄糖浓度在 5%~20%,反应速率几乎不变。

葡萄糖氧化酶(GOD)能够与过氧化氢酶(HPD)组成氧化还原酶体系,如图 7-10 所示。葡萄糖氧化酶在分子氧存在的条件下能氧化 β-D-葡萄糖生成葡萄糖酸和过氧化氢。

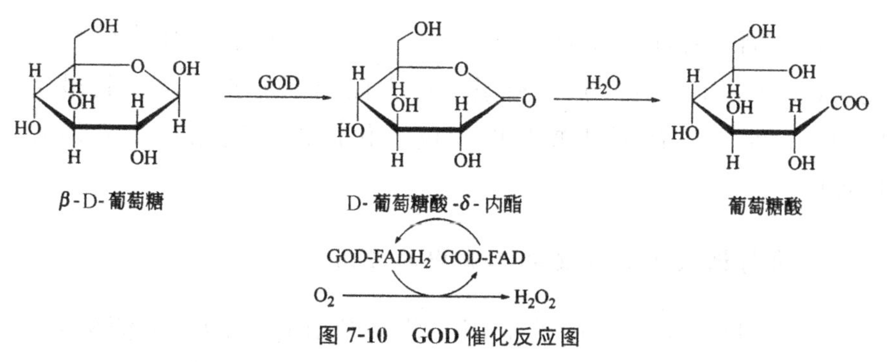

图 7-10　GOD 催化反应图

GOD 的催化反应按反应条件分有 3 种类型:

(1)没有过氧化氢酶存在时，每氧化 1 g 分子葡萄糖消耗 1 g 分子氧：

$$C_6H_{12}O_6 + O_2 \rightarrow C_6H_{12}O_7 + H_2O_2$$

$$\beta\text{-D-葡萄糖} + O_2 \rightarrow \delta\text{-葡萄糖内酯} + H_2O_2$$

(2)有氧化氢存在时，每氧化 1 g 分子葡萄糖消耗 l g 原子氧：

$$C_6H_{12}O_6 + 1/2O_2 \rightarrow C_6H_{12}O_7 + H_2O_2$$

(3)有乙醇及过氧化氢酶存在下，过氧化氢也可用于乙醇的氧化，每氧化 1 g 分子葡萄糖消耗 1 g 分子氧：

$$C_6H_{12}O_6 + C_2H_5OH + O_2 \rightarrow C_6H_{12}O_7 + CH_3CHO + H_2O_2$$

产物中过氧化氢的逐渐积累，会对 GOD 的活性起到抑制作用。所以要保持 GOD 的活性，往往需要及时地去除或者消耗掉产生的过氧化氢。此外，GOD 的催化专一性比较强，β-D-葡萄糖是其最佳底物，并对 β-D-葡萄糖表现出强烈的特异性。但 GOD 对 L-葡萄糖则几乎没有氧化能力，葡萄糖分子 C-1 上的羟基对酶的催化活性至关重要，且羟基处于 β 位的活性要比在 α 位时高约 160 倍。GOD 也能催化其他单糖或硝基烷基的羟基复合物，但底物 C-2、C-3、C-4、C-5、C-6 结构的改变也会大大影响其酶活性，虽然酶活性仍有部分保留。GOD 除了对 β-D-吡喃葡萄糖具有高度催化活性之外，还能催化 2-脱氧-D-葡萄糖、D-半乳糖、D-甘露糖等单糖，但催化速度远低于 β-D-吡喃葡萄糖。

(三)应用

葡萄糖氧化酶由于具有催化专一性、高活性和催化高效性等优点，在食品工业、医药、饲料添加等方面应用非常广泛。其最主要的用途是生产葡萄糖酸及作为抗氧化剂而广泛用于食品保鲜过程中。

1. 葡萄糖氧化酶在食品工业中的应用

(1)在酿酒类生产中的应用。葡萄糖氧化酶能抗啤酒氧化，保持啤酒风味，延长保存期。主要作用是除去啤酒中的溶解氧和瓶颈氧，阻止啤酒的氧化变质过程，可以使氧与啤酒中的葡萄糖生成葡萄糖酸内酯而消耗溶解氧。葡萄糖酸内酯性质较稳定，没有酸味、无毒副作用，对啤酒的质量没有什么影响，而且不具有氧化能力。葡萄糖氧化酶又具有酶的专一性，不会对啤酒其他物质产生作用。所以，使用葡萄糖氧化酶有很好的安全性。

(2)在面粉及其制品中的应用。葡萄糖氧化酶是面粉改良剂与面包品质改良剂。在面粉及各种制品生产中，能有效地改善面团的操作性能，提升产品质量。用于烘焙面包、面条制作及各种高面筋面粉的生产均有理想效果，可替代各种化学添加剂(溴酸钾等)，降低成本。在面包生产中，面粉中添加葡萄糖氧化酶，对面粉品质改良达到最佳效果，面包的比容和质量均有很大改善，面团不黏，有弹性，醒发后面团表面白而且光滑、细腻，烘烤后体积膨大，皮质细致，无斑点，不起泡，气孔细密均匀，纹理结构好，咀嚼时有嚼劲，不黏牙。葡萄糖氧化酶比溴化钾对面包抗老化性能效果更好。

(3)在包装食品中的应用。在瓶装及罐装食品中的氧，由于多酚氧化酶和过氧化氢酶作用会引起质量恶化，添加少量葡萄糖氧化酶，可阻止产品质量降低。在粉状包装食品(瓶装或罐装)贮存时，因密封性差，在薄膜及包装纸表面附葡萄糖氧化酶，有去氧、提高保存性效果。

(4)在果汁和蔬菜中的应用。由于果汁及蔬菜中含有大量的VC容易被溶解在汁液中的氧所氧化而被破坏，添加适量的葡萄糖氧化酶与葡萄糖，可有效保护VC不被氧化。

2.葡萄糖氧化酶在医药行业中的应用①

葡萄糖氧化酶和乳酸过氧化物酶(LPO)、淀粉葡糖苷酶、葡聚糖酶、溶菌酶等酶制剂可除去或缓解牙斑、牙垢和龋齿的形成。含有葡萄糖氧化酶的药物，其稳定性提高3倍。含有GOX、LPO

---

① 李艳，李静.葡萄糖氧化酶及其应用[J].食品工程，2006(3):9-11.

和含碘化合物等成分的制剂，可用于口腔卫生除口臭，并具有抗头皮屑的作用。含 GOX 和 LPO 的双酶口香糖，在咀嚼时抑菌有效率达 96%～99%。GOX 可用于对 H_2O_2 敏感的淋巴瘤的导向目标的治疗。作为试剂盒、酶电极等用于血清（浆）、尿液及脑脊液中葡萄糖的体外定量分析。

二、过氧化物酶的开发和应用

（一）来源

过氧化物酶广泛地分布于自然界中，主要来源于动物、植物和微生物中。过氧化物酶在植物细胞中以可溶和结合两种形式存在，可溶形式存在于细胞浆中，结合形式是与细胞壁或细胞器相结合而存在。可直接从植物材料中提取过氧化物酶；此外，也可以先制备丙酮粉提取。辣根是过氧化物酶最重要的一个来源。

过氧化物酶按照来源可以分为哺乳动物过氧化物酶、植物过氧化物酶和微生物过氧化物酶；按照等电点（p*I*）可以分为酸性过氧化物酶、中性过氧化物酶和碱性过氧化物酶；按照植物来源的不同可分为辣根过氧化物酶、莲藕过氧化物酶、大豆皮过氧化物酶等；按照催化底物的特性可以分为愈创木酚过氧化物酶、抗坏血酸过氧化物酶等。按照酶序列的相似性可以分为两个过氧化物酶超家族：一是动物来源的过氧化物酶；二是真菌、细菌和植物来源的过氧化物酶。第 2 个超家族又可以分为 3 类：胞内型过氧化物酶、真菌胞外型过氧化物酶和高等植物分泌型过氧化物酶。

（二）性质

过氧化物酶（peroxidase，POD）属于一类以血红素为辅基的酶，多为含铁卟啉的血红素蛋白，该酶的分子质量分布范围为 35 000～100 000 Da，一般含有 Cu 和 Fe 等金属离子，其中含 Fe 的过氧化物酶是一类结构相似、功能相同的酶。过氧化物酶由单一肽链与铁卟啉辅基结合构成，脱辅基蛋白分子需与血红素结合才能构成全酶。它由300多个氨基酸的残基组成，其中存在血红素结合区域和酸碱催化区域、含有8个半胱氨酸、1个原高铁血红素、8个糖、2个葡萄糖胺、2个糖基化位点、2个Ca^{2+}、N端为吡咯烷酮碳酸、C端为精氨酸。过氧化物酶二级结构的折叠方式高度保守，酶的两个不同结构域中间包埋着血红素，每个结构域由10个或11个α-螺旋组成，环和转角连接着各个螺旋，很少有β-折叠结构。

许多过氧化物酶的热失活是一个双向和部分可逆的过程。热失活的双向过程指的是过氧化物酶中含有不同的耐热性部分，其中不耐热的部分在热处理时很快失活，而耐热的部分在同样的温度下缓慢失活。在大多数情况下，过氧化物酶的失活曲线包括3部分，即陡峭直线部分、中间曲线部分、平缓直线部分，如图7-11所示。

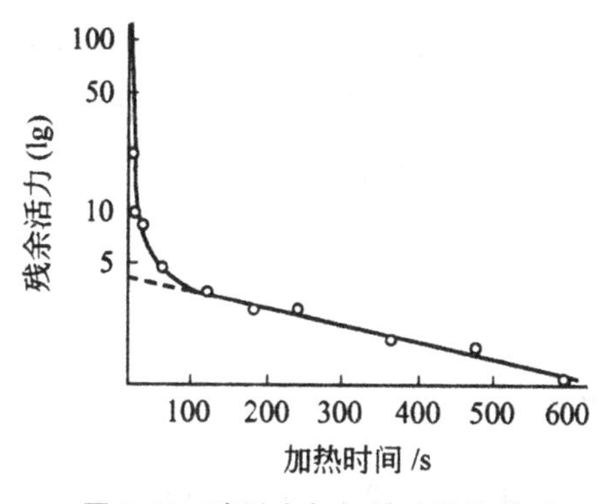

图7-11 酶活力与加热时间的关系

热处理失活的过氧化物酶，在常温或较低的温度下保藏过程中，酶活力的部分恢复即称为酶的再生。这种现象是热失活的部分可逆过程，是过氧化物酶的一个特征。虽然这个现象早在20世纪初已被发现，但有关它的机制仍然没有研究清楚。

影响过氧化物酶失活的因素包括两类：①酶的来源不同，耐热性不同，同工酶在耐热性上有差别；②热处理参数，包括温度、时间、水分含量、pH。热稳定性还与测定酶活力采用的氢供体底物有关。

过氧化物酶催化底物氧化作用，有4类反应：

(1)过氧化反应。有氢供体存在的条件下，催化过氧化氢或氢过氧化物分解，即过氧化活力：

$$ROOH + AH_2 \rightarrow H_2O + ROH + A$$

R=—H、—CH_3 或—C_2H_5，AH_2=氢供体（还原形式）和A=氢供体（氧化形式）

许多化合物可以作为反应中的氢供体，它们包括：酚类化合物、芳香族胺、抗坏血酸、某些氨基酸、NADH和NADPH。

(2)氧化反应。在没有过氧化氢存在时的氧化作用，反应需要O_2和辅助因素：Mn^{2+}和酚。许多化合物（例如草酸、草酸乙酸、二羟基富马酸和吲哚乙酸等）能作为这类反应的底物。

(3)过氧化氢分解反应。在没有氢供体存在的条件下催化过氧化氢分解：

$$2H_2O_2 \rightarrow 2H_2O + O_2$$

这类反应很慢，比起前两类反应是可以忽略的。

(4)羟基化反应。从一元酚和氧生成邻二羟基酚，反应必须要有氢供体参加，例如二羟基富马酸。

（三）应用

1.合成染料中的脱色剂

合成染料广泛应用于报纸印刷、彩色摄影、纺织品印染和作为石油产品的添加剂，是一种具有复杂的芳香族分子结构的化合物。据估计每年有超过10 000万种商业化的染料投放市场，总产量超过7×10^5 t。然而，大约有10%～15%的合成染料产物被倾倒，造成巨大的环境污染。目前采用的治污方法，如化学氧化、反渗透、吸附等虽然效率较高，但是有很多的缺点，例如成本高、应用条件限制、耗能大等，局限性很大；并且这些方法很可能产生有毒的副产物。用微生物来降解染料会更加经济、安全而且稳定，因此现在更倾向于应用微生物降解的方法。

2.在有机物和聚合物合成方面的应用

酶的催化作用产生一系列的自由基,这些自由基参与不同的有机聚合反应。研究表明,在氧化还原酶的作用下,芳香族化合物的氧化聚合反应,可产生出新的聚合体功能基团,并能合成具有良好的化学选择性的酚醛树脂。在化学聚合反应过程中,要完成此转化必须有甲醛的参与,酶法催化很好地避免了甲醛的使用。HRP已经应用于苯酚和芳香胺的聚合反应,并且利用HRP已在水相系统或者水油混合系统中合成了新型的芳香族化合物。腰果酚已经作为生产树脂的原材料而广泛应用。已经报道的Kim等的研究发现,大豆过氧化物酶在甲醇、乙醇、2-丙醇、叔丁醇的作用下催化腰果酚的氧化聚合反应,用2-丙醇作为溶剂有较高的产率(62%)。过氧化物酶在合成导电聚合物方面,有着巨大的应用前景。聚苯胺在环境中有很强的稳定性,并且是一种潜在的具有导电特性的材料。目前聚苯胺可以在强酸、低温和过硫酸铵存在的条件下,氧化苯胺的单体而得到,其中过硫酸铵作为自由基聚合反应的引导物。这是一个自由基的聚合反应,它的反应动力学难以控制;反应后残液的pH值很低,难以处理,对环境影响较大。因此,用酶来催化苯胺单体生成聚苯胺将是一个很好的选择。

3.在纸浆工业中的应用

如前所述,白腐真菌可作用于木质素,其降解产物为二氧化碳和水。有的白腐真菌可以高效地选择性降解木质素而不作用于纤维素或者半纤维素。直接地利用微生物细胞来降解木质素材料,往往同时包含有纤维素的降解,而且滞留时间比较长,甚至需要几天的时间。生物制浆就是利用白腐真菌分泌的胞外酶(如水解酶和氧化酶)来降解木质素的。生物制浆完成后,大约有10%木质素被初步降解,呈褐色。初步降解的木质素再在一个生物漂白的过程中,在酶的作用下被进一步降解。从白腐真菌提取的主要的木质素降解酶包括 MnP、漆酶以及含量较低的 LiP。在 MnP 中，锰主要以 Mn(Ⅱ)络合物的形式存在。从海洋担子菌类 Phlebia sp. MG 60 中制备的 MnP 能高效地漂白 UKP (hard wood kraft pulp)浆，它的漂白效果要好于从金孢子菌属(*chrysosporium*)中制备的过氧化物酶，因此它在生物漂白方面有很好的应用前景。LiP 在没有过氧化物存在的条件下，也能很好地催化降解木质纸浆，而且这种酶通过化学修饰可以避免纸浆的吸附。目前，在木质素降解酶的高效性和选择性方面需要做进一步的研究，特别是保持木质素和纤维素的降解平衡方面，仍需努力。

4. 处理农业废弃物

在农作物及树木等植物中，木质素大约占 15%～20%。白腐菌 MnP 只降解其中的木质素而保留纤维素和半纤维素，此纤维素和半纤维素可被利用，作为制纤维二糖和多聚糖等药品的原料。2000 年，日本科学家开发出一种降解木质素选择性高的白腐菌分解农业废弃物，研究结果表明，将一种主要产 MnP 的白腐菌混入碎木片中，8 周之后，80%的木质素能够被分解，从而为有效利用农业废弃物找到一条新路。

孙立水等①利用白腐真菌降解秸秆中的木质素和纤维素，使其成为含有酶的糖类，从而使秸秆变得香甜可口，易于消化吸收。其中起关键作用的是 2 类过氧化物酶——LiP 和 MnP，在 O_2 的参与下，依靠自身形成的 H_2O_2，触发启动一系列自由基链反应，实现对木质素无特异性的彻底氧化，从而使秸秆变得利于消化。

① 孙立水，高强. 过氧化物酶的应用研究进展[J]. 化工技术与开发，2006，35(12)：14-16.

三、溶菌酶的开发与应用

(一)来源

人、动物体内、植物、微生物和鸟类蛋清中都具有此酶。除了这些天然原材料外,现在还可能通过基因工程的手段获得溶菌酶。

1. 天然溶菌酶

(1)人和哺乳动物中的溶菌酶。在人和许多哺乳动物的组织和分泌液中均发现有该酶存在。已知在人的眼泪、鼻黏液、唾液、乳汁等分泌液及肝、肾、淋巴组织中含有此酶。人体溶菌酶由130个氨基酸组成,含4个二硫键,一级结构的氨基酸的组成和排列顺序与鸡蛋清溶菌酶有较大差异,但与鸡蛋清溶菌酶的高级结构却十分相似,人溶菌酶活性比鸡蛋清溶菌酶活性高3倍。目前,从牛、马等的乳汁中已分离出了溶菌酶,其理化性质与人溶菌酶基本相似,但结构尚不清楚。

(2)植物中的溶菌酶。目前,已从木瓜、芜菁、大麦、无花果和卷心菜等植物体中分离出该酶。此种酶对溶壁小球菌活性较鸡蛋清溶菌酶低,但对胶体状甲壳质的分解活性则为鸡蛋清的10倍左右。

(3)微生物中的溶菌酶。微生物产生的溶菌酶可分为7类:蛋白酶与内肽酶;酰胺酶;N-乙酰己糖胺酶;β-1,3-葡聚糖酶、β-1,6-葡聚糖酶、甘露糖酶(葡甘露糖酶);壳聚糖酶;磷酸甘露糖酶;脱乙酰壳聚糖酶。

(4)鸟蛋清中的溶菌酶。已从其他鸟类如鹤、鹊、珍珠鸡、火鸡等的蛋清中分离纯化出溶菌酶,与鸡蛋清溶菌酶活性非常相似,也由129个氨基酸组成,虽排列顺序有所不同,但活性部位的氨基酸排列则大体相同。

(5)鸡蛋清中的溶菌酶。鸡蛋清中约含有0.3%的溶菌酶,可分解溶壁小球菌、黄色八叠球菌和巨大芽孢杆菌等革兰氏阳性菌,但对革兰氏阴性菌无效。当有EDTA存在时,某些革兰氏阴性菌也可为该酶分解。鸡蛋清中的溶菌酶是动植物中溶菌酶的典型代表,是溶菌酶群中的重要研究对象,也是目前了解最清楚的溶菌酶之一。该种酶相对分子质量为14 000,等电点为11.1,最适温度为50℃,最适pH为7,其化学性质非常稳定,pH在1.2~11.3剧烈变化时,结构仍稳定不变。遇热也很稳定,在pH为4~7,100℃处理1 min,仍保持原酶活性。在碱性环境中对热稳定性较差,其L级结构由129个氨基酸组成,维持其结构的主要作用力为二硫键、氢键和疏水键。

2.利用基因工程技术制备人溶菌酶

一些动物和微生物来源的溶菌酶已进入工业化生产,国内企业生产的溶菌酶主要是蛋清溶菌酶。然而从生物材料提取溶菌酶有其固有缺陷:一是受生物材料来源限制;二是生物材料由于取自不同生物体,保鲜程度不一,难以保证不受病毒和其他有害物质污染,这会造成产品质量不稳定。而利用DNA重组技术进行生产,则可以克服这一弊病。另外,目前的溶菌酶主要是蛋清溶菌酶,由于它是一种异源蛋白,在人体内会产生免疫原性和副作用。人溶菌酶则不然,它本来就是人体内的一种蛋白质,和人体具有天然相容性,且没有刺激性和副作用,溶菌酶比蛋清溶菌酶具有更高的溶菌活性和热稳定性。

人溶菌酶的溶菌活性比蛋清溶菌酶高出3倍,且热稳定性也高于蛋清溶菌酶。目前,已有利用DNA重组技术将人溶菌酶基因克隆到原核或真核生物中进行表达的报道。

(1)大肠杆菌作宿主。钱世均等构建了人溶菌酶工程菌JPB-HLY。通过E. coli工程菌高效表达,经培养、诱导后,酶活力测定结果为30 000 U/L。同时发现,人溶菌酶基因插入质粒的不同位置对酶蛋白表达有很大影响,说明表达质粒核糖体结合位点

(SD)与基因起始密码子(ATG)之间的距离会影响基因表达调控。

(2)以巴斯德毕赤酵母作宿主。Murakami 等在酿酒酵母中表达人溶菌酶基因,但表达产物以不溶解的包涵体形式存在,没有生物学活性。随后 Yoshimura 等在人溶菌酶基因上游连接一段鸡溶菌酶信号肽,从而使酿酒酵母工程菌分泌出了有活性的人溶菌酶,但表达量仅 5.5 mg/L。

(3)以霉菌作宿主。Shigeru 等将溶菌酶基因在枝顶孢霉中表达,他们构建了 4 种不同表达载体,主要区别在于碱性蛋白酶启动子和人溶菌酶基因之间结构不同,其中 pNLH2 表达水平最高,超过了 40 mg/mL,说明在人溶菌酶基因上游添加适当的信号肽和前肽有利于基因表达。

(二)性质

溶菌酶又称为胞壁质酶,其化学名为 N-乙酰胞壁质聚糖水解酶,由一条多肽链组成,分子内有 4 个二硫键交联,结构非常稳定,并且耐酸碱,在 pH 为 1.2～11.2 范围内剧烈变化仍能保持良好的稳定性,对热也极为稳定,在 pH＝3.0 条件下,沸水浴中加热 60 min 仍保持 90%以上。所以溶菌酶是一种比较稳定的蛋白质。

不同来源的溶菌酶分子大小不一样,其氨基酸排列顺序也有所不同,因此它们的理化性质有很大差别:T_4 噬菌体溶菌酶由 164 个氨基酸组成,分子质量为 19 kDa,鸡蛋溶菌酶只有 129 个氨基酸,其分子质量约为 14.3 kDa;人溶菌酶由 130 个氨基酸残基组成,分子质量为 14.6 kDa;植物中分离出溶菌酶,其分子质量较大,约为 24～29 kDa。各种溶菌酶的等电点在 10.7～11.5 之间。

溶菌酶细胞壁多糖是 N-乙酰氨基葡萄糖(NAG)-N-乙酰氨基葡萄糖乳酸(NAM)的共聚物,其中的 NAG 及 NAG 通过 β-1,4-糖苷键交替排列。Phillips 等于 1965 年用 X 射线晶体结构分析法阐明了溶菌酶的三维结构，溶菌酶分子近椭圆形，大小为4.5 nm×3.0 nm×3.0 nm，其构象复杂，α-螺旋仅占25%，在分子的一些区域有伸展着的β-片层结构。研究表明，溶菌酶的内部几乎都为非极性的，疏水相互作用在溶菌酶的折叠构象中起到重要作用。其分子表面有一个容纳多糖底物6个单糖的裂隙，这是溶菌酶的活性部位。

溶菌酶是一种葡萄糖苷酶，能催化水解NAG的C-1和NAM的C-4之间的糖苷键，但不能水解NAG的C-1和NAM的C-4之间的β-1,4-糖苷键。

溶菌酶对细菌作用受各种条件制约。溶菌酶主要破坏革兰氏阳性菌的细胞壁，β-1,4-糖苷键被分解，在内部渗透压的作用下，细胞胀裂开。有些革兰氏阴性菌，如大肠埃希氏菌，也会受到溶菌酶的破坏。对于溶菌酶的活性来说，最理想的条件是pH6.0～7.0、温度25 ℃。碱和氧化剂对它起阻遏作用，而食盐则相反，起活化作用。粉状溶菌酶若采用低温干燥贮存，则几乎可永不变质。即使在pH值为中性的水溶液中，该酶也可维持数天而不损失其活性。1972年，Jolles和Berthou注意到，四边形晶体在温度高于25℃时，则变得不稳定，特别是在37～40℃时，它们转变成斜方体状晶体，在低温下得到的其他形式能够转变成稳定的斜方体形式。无论怎样，它们晶体的最初条件都是一样的，唯一不同的是过渡点，因而在高温下似乎是稳定的。

溶菌酶具有广泛的抑菌谱。蛋清溶菌酶能分解溶壁微球菌、巨大芽孢杆菌、黄色八叠球菌等许多革兰氏阳性菌。不同来源的溶菌酶的抑菌谱不同。杨向科等通过实验研究表明，海洋微生物溶菌酶对多种蛋清溶菌酶不能直接作用的微生物如大肠埃希氏菌、金黄色葡萄球菌、变形链球菌等都有溶菌作用；并且海洋微生物溶菌酶对一些革兰氏阴性菌也具有明显的抑制作用。Holzapfel等推测，革兰氏阴性菌可能拥有一层外膜，能保护细胞免遭蛋清溶菌酶作用，这层膜可以被螯合剂EDTA破坏，从而使细菌对溶菌酶敏感。Morrison等认为，革兰氏阴性细菌细胞壁外膜上的脂多糖对蛋清溶菌酶有很强的亲和性，从而阻止溶菌酶的渗透，使蛋清溶菌酶不能分解革兰氏阴性菌。不同来源的溶菌酶的酶学性质也有很大差别，人溶菌酶活性比鸡蛋溶菌酶高3倍，而植物溶菌酶活性比鸡蛋溶菌酶低。微生物产生的溶菌酶通常是几种相关酶的混合物，由于彼此间的协同作用，使其对细菌细胞壁的溶解能力增强。在溶菌酶上连接疏水基团能明显扩大其抑菌谱，增强对革兰氏阴性菌的抑制作用，并随配基疏水能力的增强而增强。

溶菌酶是一种专门作用于细菌细胞壁肽聚糖的细胞壁水解酶，按照作用方式不同可以大致分为作用于糖苷键与作用于肽和酰胺两大类，其中糖苷键型是主要的溶菌酶。它通过肽键上的第35位的谷氨酸和第52位的天冬氨酸构成的活性部位，水解切断N-乙酰胞壁酸与N-乙酰葡萄糖胺间以及甲壳质中N-乙酰葡萄糖胺残基间的β-1,4-糖苷键，破坏微生物细胞壁肽聚糖支架。溶菌酶不管以何种方式作用于细菌，都会使细菌细胞壁出现部分缺失，形成L型细菌而失去对细胞的保护作用，在内部渗透压的作用下，细胞膜破裂，内容物外溢而使细菌溶解。

有报道称，溶菌酶还具有抗病毒的作用。溶菌酶是一种碱性蛋白质，在中性环境中带大量的正电荷，可与带负电荷的病毒蛋白直接结合，与DNA、RNA、脱辅基蛋白形成复盐，使病毒失活。

溶菌酶还有止血、消肿、防腐、抗肿瘤及加快组织修复、增强免疫力等功能。溶菌酶作为机体非特异免疫因子之一，参与机体多种免疫反应。溶菌酶具有激活血小板的功能，可以改善组织局部血液循环障碍，增强局部防卫功能，从而体现出止血、消肿等作用。溶菌酶水解细胞壁时所释放的肽聚糖碎片是合成与分泌各种抗菌蛋白(包括溶菌酶)的诱导物。溶菌酶可清除其他抗菌因子作用后所残余的细菌细胞壁并增强其他免疫因子的抗菌敏感性，协同抵制外来病原的入侵。

溶菌酶是婴儿生长发育必需的抗菌蛋白，对杀死肠道腐败球菌有特殊作用。它可以杀死肠道内的腐败球菌，直接或间接促进婴儿肠道细菌双歧杆菌增殖，使人工喂养婴儿肠道细菌群正常化；促进婴儿胃肠内乳酪蛋白形成微细凝乳，有利于消化吸收；能够加强血清免疫球蛋白和体内防御因子对感染的抵抗力，特别是对早产婴儿有预防消化器官疾病的功效。

柴向华等通过向小儿急性鼻窦炎患者处方药中添加溶菌酶来研究溶菌酶的功效时发现，服用溶菌酶的患儿的治愈时间明显短于未服用溶菌酶的患儿，证明溶菌酶能明显增强机体免疫力。刘树青等给中国对虾腹腔注射海藻多糖和北虫草多糖后，对虾血清中溶菌酶、碱性磷酸酶、酸性磷酸酶活力显著提高，中国对虾对外源致病菌的抵御能力显著增强，这说明溶菌酶具有增强机体免疫力的作用，可用于治疗细菌感染、免疫功能异常及与遗传因素等有密切关系的疾病。

（三）应用

1.微生物溶菌酶在食品领域的应用

由于微生物溶菌酶本身是一种天然蛋白质，无毒副作用，因此被认为是一种很安全的食品添加剂。由于其具有选择性抑菌的特点，目前已被许多国家和组织批准为食品防腐剂或保鲜剂使用。广泛应用于水产品、肉食品、蛋糕、清酒、料酒及饮料中的防腐；还可以添加入乳粉中，使牛乳人乳化，以抑制肠道中腐败微生物的生存，同时直接或间接地促进肠道中双歧杆菌的增殖。此外，还能利用溶菌酶生产酵母浸膏和核酸类调味料等。食品腐败时，早期出现的微生物通常是该食品特有的微生物。如果通过某种手段杀死或抑制这些特定微生物生长，便能延长食品的保质期。近年来发现，化学合成杀菌剂都有一定的毒性，因此不宜向食品中添加。所以，用安全性高的微生物溶菌酶进行食品防腐将与日俱增。

2.微生物溶菌酶在酶工程上的应用

微生物溶菌酶是基因工程及细胞工程必不可少的工具酶，用以制造和提取菌体内的活性物质如核酸、酶及活性多肽等。利用其专一性水解细胞壁的特点，有助于人们对细胞壁细微结构的认识，为我们深入研究细胞壁的构造打下了坚实的基础，同时作为一种重要的破壁酶，在原生质体的制备方面提供了新的方法，因此微生物溶菌酶被广泛应用于生物技术、生物工程中。

3. 微生物溶菌酶在医学上的应用

微生物溶菌酶对预防龋齿有一定效果。据统计，龋齿在儿童中的发病率达85%以上。龋齿是在齿质、糖和病原菌等因子相互作用时发生的，防止其中一个环节便可产生预防效果。口含含有溶菌酶的口腔药片或用漱口液漱口，经电子显微镜观察发现，口腔中细菌明显溶解，大多数细菌变成带状无定形物质，只有少数仍呈球形。如与抗菌素合用，则具有良好的协同作用。刘同军等从球孢链霉菌发酵液中提取的溶菌酶变溶菌素，能有效溶解最主要的致龋菌变形链球菌。在临床应用上，微生物溶菌酶多用于副鼻窦炎、口腔溃疡、扁平苔鲜和渗出性中耳炎等疾病的治疗。微生物溶菌酶作为机体非特异免疫因子之一，参与机体多种免疫反应，在机体正常防御功能和非特异免疫中，具有保持机体生理平衡的重要作用。它可改善和增强巨噬细胞吞噬和消化功能，激活白细胞吞噬功能，并能改善细胞抑制剂所导致的白细胞减少，从而增强机体的抵抗力。此外微生物溶菌酶还具有激活血小板的功能，可以改善组织局部血液循环障碍，分解脓液，增强局部防卫功能，从而体现其止血、消肿等作用。它还可以作为一种宿主抵抗因子，对组织局部起保护作用。

4. 微生物溶菌酶在饲料工业上的应用

由于微生物溶菌酶本身是一种天然蛋白质，无毒性，是一种安全性高的饲料添加剂。它能专一性地作用于目的微生物的细胞壁，而不能作用于其他物质，对革兰氏阳性菌、枯草杆菌、耐辐射微球菌有强力分解作用。对大肠杆菌、普通变形菌和副溶血弧菌等革兰氏阴性菌等也有一定的溶解作用。与聚合磷酸盐和甘氨酸等配合使用，具有良好的防腐作用，在饲料中添加溶菌酶可防止霉变，延长饲料的贮存期，减少不必要的损耗。溶菌酶用于饲料中，与葡萄糖氧化酶有增效作用，且抗酸作用还可以通过花生四烯酸的加入得到进一步增强。微生物溶菌酶还能改变动物肠道微生物群，增加肠道有益菌，使肠道内的胺、甲酚等有害物减少，增加机体抗病力，提高动物的生产性能。

第八章 酶技术在食品领域的应用

自古以来，酶和食品就有着天然的联系，人们在生产各种食品时有意无意就会利用酶。近50年来，酶科学得到了飞速发展，目前人类发现的酶已超过300种。随着酶技术的发展，酶在粮油食品加工中得到了广泛应用。本章着重介绍酶在焙烤食品加工、制糖工业、糊精和麦芽糊精生产、环状糊精生产、油脂生产以及在改善食品的品质、风味和颜色中的应用。

第一节 酶在焙烤食品加工中的应用

焙烤食品是以谷物、酵母、食盐、糖和水为基本原料，添加适量油脂、乳品、鸡蛋、添加剂等，采用焙烤加工工艺定型和熟制的一大类食品。

常用于焙烤食品中的酶有：α-淀粉酶、β-淀粉酶、葡萄糖氧化酶、蛋白酶、半纤维素酶、巯基氧化酶和脂肪氧化酶等。表8-1为建议用于面包和面粉改良的酶及其实际作用。

表8-1 建议用于面包和面粉改良的酶

酶	实际作用
α-淀粉酶，真菌的	提供酵母食品
α-淀粉酶，细菌的	液化
α-淀粉酶，媒介加热稳固	抗老化
淀粉葡萄糖酶（葡萄糖淀粉酶）	提供能量，颜色，风味
支酶（葡萄糖转移酶）	影响面包结合水
纤维素酶	影响面包结合水

续表 8-1

酶	实际作用
呋喃糖苷酶,树胶醛呋喃糖苷酶	影响面包面团结构及结合水
阿魏和香豆素酸酯酶	影响面包面团结构及结合水
谷胱甘肽氧化酶	增强蛋白质
甘油脂肪酶,半乳糖脂肪酶	使面团稳定,增大体积
β-葡聚糖酶	影响面包结构,使淀粉液化
葡萄糖氧化酶,半乳糖氧化酶,己糖氧化酶	增强蛋白质
半纤维素酶,木聚糖酶,戊聚糖	影响面包面团结构及结合水,增大体积
漆酶,多酚氧化酶	增强面团稳定性
脂肪酶	改良风味,定位乳化,面团稳定,增大体积
脂肪氧合酶,脂肪氧化酶	影响面团结构,脱色
外肽酶	改良风味、颜色
过氧(化)物酶	增强蛋白质
磷脂酶	影响面包气孔结构,增大体积
蛋白酶	蛋白质醒发,增大体积
支链淀粉酶	影响面包结构及结合水
巯基氧化酶	增强蛋白质
巯基转移酶	增强蛋白质
转谷氨酰胺酶	使蛋白质交联,面筋质稳定

在制造面包等糕点时,面团中的酵母依靠面粉本身的淀粉酶和蛋白酶的作用所生成的麦芽糖和氨基酸来进行繁殖和发酵。为了保证面团的质量,一般添加 α-淀粉酶来调节麦芽糖生成量,使 CO_2 产生和面团气体保持力相平衡。蛋白酶可促进面筋软化,增强延伸性,减少揉面时间和动力,从而改善发酵效果。而用 β-淀粉酶强化面粉可防止糕点老化。

小麦面粉中含有蛋白酶、脂酶与脂氧化酶。内源的小麦蛋白酶对面筋蛋白无活力,因而对面团的性能影响不大。加入外源蛋白酶(如米曲霉菌蛋白酶)则可改善面筋的弹性和质构,相应地面包体积增加。在发酵阶段使用蛋白酶可以减少 30% 的面团混合时间,在更低的投入情况下获得更好的延伸性。在面包生产中若使用经过乳糖酶处理过乳粉,则可改善乳粉在焙烤中的功能:乳糖水解生成葡萄糖及半乳糖,葡萄糖为酵母提供碳源,半乳糖则在面包皮的颜色及面包的风味形成中起作用。内源的或以脱脂大豆粉的形式加入面团中的脂氧化酶有漂白面粉中的天然色素

（如叶黄素）的作用，这可能是过氧化脂肪酶作用的结果。

蛋糕生产中，鸡蛋液是关键原料。用量大成本高且要求良好的乳化性能、持泡性能，对不同产地、季节的性能不同的鸡蛋进行处理，获得稳定性质的蛋液，且蛋糕配料中蛋的比例可下降10%～20%，成本降低且风味湿润爽口。

面包、蛋糕的保质期相当短，仅几天。若添加纤维素酶、半纤维素酶、溶菌酶及配合必要的加工卫生、包装工艺，保质期可提高百倍。目前，中国市场上的进口单体蛋糕货架期已达6个月。纤维素酶、半纤维素酶、溶菌酶能水解细菌微生物的细胞壁，N-乙酰胞壁酸与2-乙酰氨基-2-脱氧-D-葡萄糖以α-1，4键结成的多糖结构，从而起到有效的杀菌、保鲜作用。烘烤面制的淀粉老化也是影响货架期的重要因素，淀粉酶有效切断长链淀粉键连接，退化率大为降低，良好质构得以长久维持。

第二节　酶在葡萄糖生产中的应用

在20世纪80年代初之前，我国一些制药厂和食品厂采用传统的酸解法水解淀粉生产葡萄糖。虽然该法具有设备生产能力大、水解时间短等优点，但由于采用高温、高压，并在酸性条件下进行，要求设备耐酸碱、耐高温高压，而且淀粉转化率较低，易产生分解反应和环境污染等问题。1980年10月6—10日由华南理工大学、广州第一制药厂和广东省微生物研究所承担的中央石化部、国家医药总局下达的“葡萄糖双酶法新工艺的研究”攻关项目通过了国家部委级技术鉴定。专家委员会一致认为，该项目的研究采用连云港酶制剂厂生产的BF-7658细菌淀粉酶和无锡酶制剂厂生产的黑曲霉生产的糖化酶，以木薯淀粉和玉米淀粉为原料经过30多批次试验，糖化液DE值达到97%以上。注射用结晶葡萄糖达到1977年版中国药典标准并达到行业优级品标准。注射糖产率比酸法提高20%，每吨成品原料成本可降低14%左右。

母液可继续回收利用，有利于环保。这是我国淀粉糖工业的一项重大革新。

现在，我国淀粉糖的生产，包括葡萄糖、麦芽糊精、麦芽糖、超高麦芽糖、高果糖浆及其他功能低聚糖的生产，已基本不使用传统的酸法工艺，而是采用酶工程技术及液化喷射技术，推动了我国淀粉糖工业的高速发展。

一、双酶法生产葡萄糖的流程

淀粉原料生产葡萄糖，是利用 α-淀粉酶和糖化酶(即为双酶法)水解淀粉分子而生成葡萄糖。其工艺流程和设备流程如图 8-1 和图 8-2 所示。

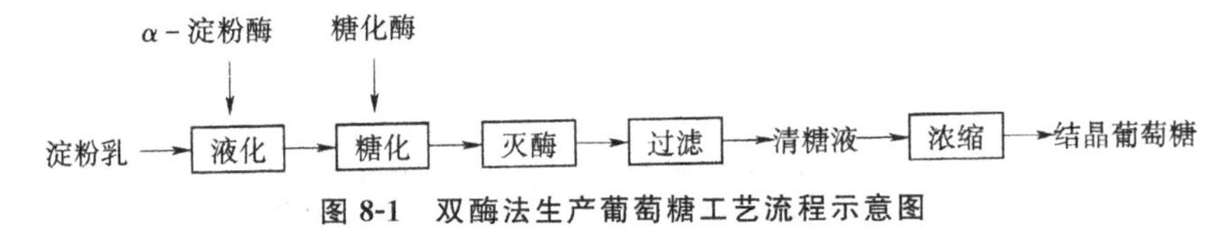

图 8-1　双酶法生产葡萄糖工艺流程示意图

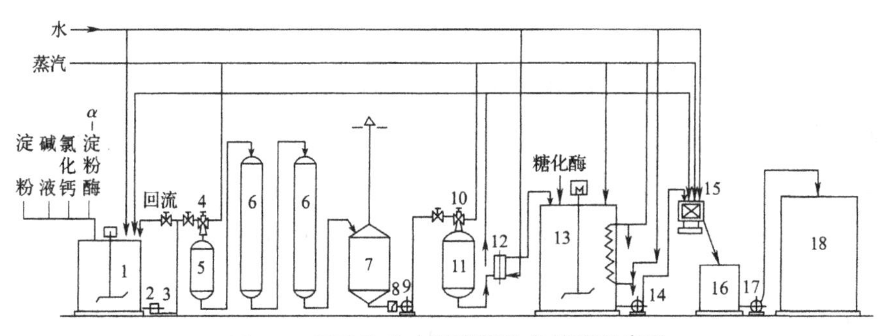

图 8-2　双酶法生产葡萄糖设备流程示意图

1—调浆配料槽；2、8—过滤器；3、9、14、17—泵；4、10—喷射加热器；5—缓冲器；6—液化层流罐；7—液化液贮槽；11—灭酶罐；12—板式换热器；13—糖化罐；15—压滤机；16—糖化暂贮槽；18—贮糖槽

二、双酶法生产葡萄糖工艺控制

(一)淀粉的糊化与老化

淀粉的糊化是指淀粉受热后,淀粉颗粒膨胀,晶体结构消失,变成糊状液体。发生糊化现象时的温度称为糊化温度。糊化温度有一个范围,不同的淀粉有不同的糊化温度,表 8-2 为各种淀粉的糊化温度。

表 8-2　各种淀粉的糊化温度(范围)

淀粉来源	淀粉颗粒大小/μm	糊化温度范围/℃		
		开始	中点	终点
玉米	5～25	62.0	67.0	72.0
蜡质玉米	10～25	63.0	68.0	72.0
高直链玉米(55%)	—	67.0	80.0	
马铃薯	15～100	50.0	63.0	68.0
木薯	5～35	52.0	59.0	64.0
小麦	2～45	58.0	61.0	64.0
大麦	5～40	51.5	57.0	59.5
黑麦	5～50	57.0	61.0	70.0
大米	3～8	68.0	74.5	78.0
豌豆		57.0	65.0	70.0
高粱	5～25	68.0	73.0	78.0
蜡质高粱	6～30	67.5	70.5	74.0

淀粉老化是分子间氢键已断裂的糊化淀粉又重新排列形成新的氢键过程。在此情况下,淀粉酶很难使淀粉液化。因此,必须采取相应措施控制糊化淀粉的老化。老化程度可以通过冷却时凝结成的凝胶体强度来表示。几种淀粉糊的老化程度比较见表 8-3。

表 8-3　几种淀粉糊的老化程度比较

淀粉糊名称	淀粉糊丝长度	直链淀粉含量/%	冷却时的凝胶体强度
小麦	短	25	很强
玉米	短	26	强
高粱	短	27	强
黏高粱	长	0	不结成凝胶体
木薯	长	17	很弱
马铃薯	长	20	很弱

(二)淀粉液化控制

淀粉液化方法包括酸法、酸酶法和酶法，采用液化喷射式以酶法为优，如图 8-3 所示。

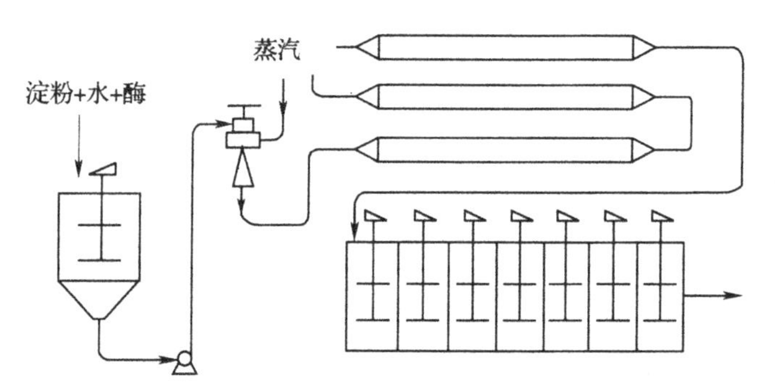

图 8-3　一次加酶喷射液化工艺

国产 BF-7658 淀粉酶在 30%～35%淀粉浓度下，85～87℃时活力最高，但当温度达到 100℃时，10 min 后，酶活力则全部消失。在淀粉的水解中，应用耐高温的淀粉酶，将使液化速度加快，不溶性微粒减少，糖液 DE 值升高。因此，在淀粉的液化过程中，需要根据酶的不同性质，控制反应条件。目前发酵工厂常用淀粉乳浓度 30%～40%、pH 为 6.0～7.0、85～90℃进行生产。淀粉酶制剂的加入量，随酶活力的高低而定，但一般控制在 5～8 U/g 淀粉。

(三)淀粉糖化控制

糖化是利用糖化酶(即葡萄糖淀粉酶)将淀粉液化产物进一步水解成葡萄糖的过程。

糖化初期,糖化进行速度快,葡萄糖值不断增加。迅速达到95%,达到一定时间后,葡萄糖值不再上升。因此,在葡萄糖值达到最高时,应当停止酶反应(可加热至80℃、20 min 灭酶),否则葡萄糖值将由于葡萄糖经 α-1,6 糖苷键起复合反应而降低。

三、双酶法生产葡萄糖的两种关键酶

(一)α-淀粉酶

1. α-淀粉酶的特点

α-淀粉酶(1,4-α-D-glucan glucanohyrolase 或 α-amylase)作用于淀粉和糖原时,从底物分子内部随机内切 α-1,4 糖苷键生成一系列相对分子质量不等的糊精和少量低聚糖、麦芽糖和葡萄糖。它一般不水解支链淀粉的 α-1,6 糖苷键,也不水解紧靠分支点 α-1,6 糖苷键外的 α-1,4 糖苷键。α-淀粉酶水解淀粉分子在最初阶段速度很快,将庞大的淀粉分子内切成较小分子的糊精,淀粉浆黏度急剧降低。工业上将 α-淀粉酶称为液化型淀粉酶。随着淀粉分子相对分子质量变小,水解速度变慢,而且底物相对分子质量越小,水解速度越慢。因此,工业生产上一般只利用 α-淀粉酶对淀粉分子进行前阶段的液化处理。α-淀粉酶是一种金属酶类,钙离子使酶分子保持适当的构象,从而可以维持其最大的活力与稳定性。钙与酶蛋白结合的牢固程度一般依次为:霉菌>细菌>哺乳动物>植物。用 EDTA 透析处理,可将钙离子与酶蛋白分开,重新加入钙后可恢复其稳定性。

2. α-淀粉酶的来源及性质

α-淀粉酶广泛存在于动物、植物和微生物中,目前,工业上应用的α-淀粉酶主要来自于细菌和曲霉。细菌主要为芽孢杆菌,尤其是耐热性的α-淀粉酶。不同来源的α-淀粉酶性质差异较大,见表8-4。

表8-4 不同来源的α-淀粉酶的性质

来源	淀粉水解限度/%	主要水解产物	碘反应消失时的水解度/%	最适pH	pH稳定范围(30℃,24 h)	最适作用温度/℃	热稳定性(15 min)/℃	钙离子保护作用	淀粉吸附性
麦芽	40	G_2	13	5.3	4.8~8.0	60~65	<70	+	−
淀粉液化芽孢杆菌	35	G_5,G_2(13%)G_3,G_6	13	5.4~6.4	4.8~10.6	70	65~80	+	+
地衣芽孢杆菌	35	G_6,G_7 G_2,G_5	13	5.5~7.0	5.0~11.0	90	95~110	+	+
米曲霉	48	G_2(50%)G_3	16	4.9~5.2	4.7~9.5	50	55~70	+	−
黑曲霉	48	G_2(50%)G_3	16	4.0	1.8~6.5	50	55~70	+	−

注:G_2,G_3,……表示葡萄糖的聚合度;"+"正反应,"−"负反应。

工业生产的耐热性α-淀粉酶通常指最适反应温度为90~95℃,热稳定性在90℃以上的α-淀粉酶,比中等耐热性α-淀粉酶高10~20℃。与一般α-淀粉酶相比,具有反应快,液化彻底,可避免淀粉分子胶束形成难溶性的团粒等优点,而且易过滤,节省能源。液化时不需添加Ca^{2+},减少精制费用,降低成本。因此,在淀粉糖生产及发酵工业中,一般细菌淀粉酶逐步被耐热性淀粉酶取代。几种耐热性的α-淀粉酶特性见表8-5。几种耐热的α-淀粉酶商品名、厂商名及国别见表8-6。

表 8-5　几种耐热性 α-淀粉酶的特性

来源	最适温度/℃	最适 pH	pH 稳定性	相对分子质量
脂肪嗜热芽孢杆菌	65～73	5～6	6～11	48 000①
地衣芽孢杆菌	90	7～9	7～11	62 650②
枯草杆菌	95～98	6～8	5～11	—
酸热芽孢杆菌	70	3.5	4～5.5	66 000②
梭状芽孢杆菌	80	4.0	2～7	—

注：①超离心法；②SDS-PAGE 法。

表 8-6　几种耐热 α-淀粉酶商品名、厂名及国别

商品名	厂商名	国别
Nervanase T	A. B. M. C. Food division	英国
MKC Amylase LT	Mile Kali-chemic GmbH	德国
Opitherm-L	Mile Kali-chemic GmbH	德国
Opitherm-Ph	Mile Kali-chemic GmbH	德国
Take Therm	Miles Laborato ries Inc.	美国
Termamyl	Novo Industri A/S	丹麦

近十多年来，耐热性 α-淀粉酶的研究进展较快。枯草芽孢杆菌 α-淀粉酶耐热性比霉菌要高，而地衣芽孢杆菌 α-淀粉酶耐热性更高，它可以在高达 105～110℃温度下使用，有底物存在时其耐热性更强。目前，地衣芽孢杆菌已成为许多国家酶制剂生产厂商普遍采用的菌种。该菌株经各种方法诱变和采用现代生物技术改造得到了许多新的变异株，产酶量比亲株提高了几十倍到几百倍，发酵液中酶活力达到 7 000 U/mL 以上。

（二）葡萄糖淀粉酶

葡萄糖淀粉酶（α-D-glucoside glucohydrolase）对淀粉的水解作用也是从淀粉分子非还原端开始依次水解一个葡萄糖分子，并把构型转变为 β-型，然后再转变为 α-型。因此，产物为 β-葡萄糖。葡萄糖淀粉酶不仅能水解淀粉分子的 α-1，4 糖苷键，而且能水解

α-1,3 糖苷键、α-1,6 糖苷键,但水解速度是不同的,如表 8-7 所示。

表 8-7 黑曲霉葡萄糖淀粉酶水解双糖的速度

双糖	糖苷键	水解速度/[mg/(U·h)]	相对速度/%
麦芽糖	α-1,4	2.3×10^{-1}	100
黑曲霉糖	α-1,3	2.3×10^{-1}	6.6
异麦芽糖	α-1,6	0.83×10^{-2}	3.6

葡萄糖淀粉酶即为糖化酶,其最基本的催化反应是水解淀粉生成 β-葡萄糖,但在一定条件下也能催化葡萄糖合成麦芽糖或异麦芽糖。目前,通过对葡萄糖淀粉酶催化淀粉糊精降解各种键的速度和平衡值的研究表明,当葡萄糖浓度增加和温度提高时,这种逆反应速度也随水解速率的增加而增加。此外,葡萄糖淀粉酶水解速度与底物分子大小有关,如图 8-4 所示,底物分子越大,反应速度越快。

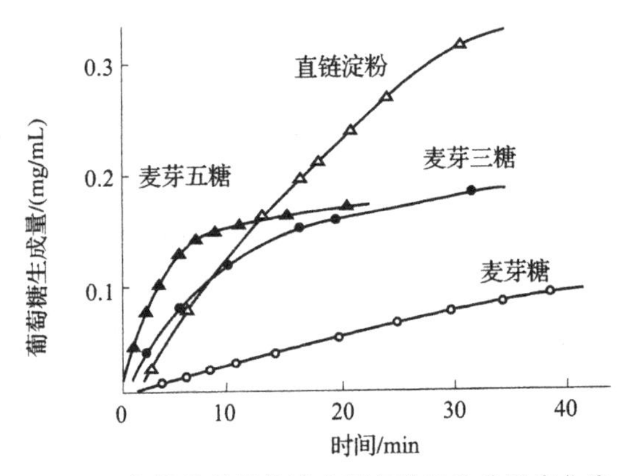

图 8-4 根霉结晶糖化酶水解各种底物的反应曲线

目前,葡萄糖淀粉酶主要生产菌的基因已被分离出来,并克隆到噬菌体和酿酒酵母中表达,测定其碱基顺序和酶蛋白的氨基酸序列,并对其产生同功酶的原因进行了分析。糖化酶的基因在酵母中表达所形成的菌株可利用淀粉同时进行糖化和发酵。这种酵母可转化非发酵性糖,从而可缩短或取消糖化工艺,提高发酵率。

第三节　酶在油脂生产中的应用

酶工程技术作为环境友好型加工技术，在油脂加工方面越来越受到重视。酶技术在油脂加工业中的应用主要有酶法脱胶、酶法酯交换、酶法脱酸、水酶法油脂提取技术。

一、酶法脱胶

脱胶是植物油精炼中一步非常重要的工序，脱胶效果的好坏直接影响精炼的效率和产品的质量。

酶法脱胶的原理是采用磷脂酶对非水合磷脂进行特异性水解，增加其亲水性，从而方便地水化除去。最初酶法脱胶采用一种从猪胰脏提取的磷脂酶 A_2，此方法称为“En-zymax”工艺。近年来，人们发现了可以用于油脂脱胶的微生物来源的磷脂酶 A_1，可以采用发酵法大规模生产微生物酶。采用微生物磷脂酶 A_1，进行酶法脱胶的工艺流程如图 8-5 所示。

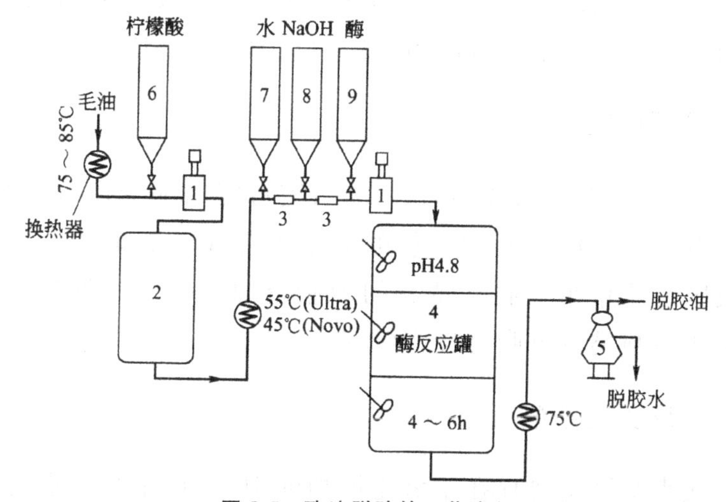

图 8-5　酶法脱胶的工艺流程

1—高速混合器；2—酸反应罐；3—静态混合器；4—酶反应罐；5—离心机；6—柠檬酸罐；7—软水罐；8—NaOH 罐；9—酶罐

二、酶法脱酸

一般未经过精炼的粗油中，均含有一定数量的游离脂肪酸，脱除油脂中的游离脂肪酸的过程称为脱酸。

酶法脱酸主要是指油脂和醇（常见的有甘油、甲醇或乙醇）在脂肪酶的催化作用下，发生酯化反应，将游离脂肪酸转变成酯的形式，从而达到降低酸值的目的。酶法脱酸效果主要受脂肪酶及底物醇的影响。

三、酶法酯交换

酶法酯交换是一种定向酯交换，根据酶种类的不同，可以实现针对不同脂肪酸位置和脂肪酸种类的酯交换，比化学酯交换具有更灵活的反应控制。

将一种酶与另一种脂肪酸或醇或酯混合并伴随酰基交换生成新酯的反应叫酯交换反应。其中，酯—酸交换、酯—酯交换反应可以改变油脂的脂肪酸和甘油酯组成，从而改变油脂的性质，这是油脂工业常用来进行油脂改性的一种重要手段。

（一）可可脂

利用1,3—定向脂肪酶催化油脂进行定向酯交换这个特性，有实际意义的应用是利用廉价的油脂进行改性而生产高价值油脂。我国近几年来对我国特有的油脂资源——乌桕脂和茶籽油经酶促改性制类可可脂有较多研究。

（二）反式脂肪酸

反式脂肪酸主要存在于氢化植物油中，常见于起酥点心和人造奶油中。大量科学研究表明，食品中的反式脂肪酸超标，会导致人体胆固醇升高，诱发心血管疾病，对胎儿和婴幼儿的发育也会造成不良影响。利用“酶法酯交换”能够避免反式脂肪酸的生成，而且比化学法工艺流程简单，可在不产生有害副产品的情况下，得到最接近天然油脂的稳定产品。

（三）生物柴油的合成

生物柴油属于可再生能源的一种，是指由大豆油、蓖麻油等动植物油脂与短链醇经过酯基转移作用而得到的有机脂肪酸酯类物质，其燃烧后发动机排放出的尾气中有害物质比传统石化柴油降低了50%。

利用脂肪酶催化是一种高度环保的生产生物柴油的方法，脂肪酶催化还具有一般化学催化剂不具有的特点。化学碱催化剂对油脂原料的酸值有严格要求，而脂肪酶催化生产生物柴油对酸值没有严格要求。

四、酶法油脂合成

（一）酶法生产单甘酯

生物转化法合成单甘酯是制备单甘酯的新方法，国内外研究者以天然油脂、甘油为原料，在脂肪酶催化作用下，通过不同的反应途径，在不同的反应体系中合成单甘酯，如采用猪胰脂肪酶在反相胶团体系中催化棕榈油的甘油解反应，产物中单甘酯含量达48%。

（二）固定化酶在合成甘二酯中的应用

甘二酯是由丙三醇（甘油）与两分子脂肪酸酯化后得到的产物，简写为DG、DAG。研究表明，DG在降血脂、减少内脏脂肪、抑制体重增加等方面有重要功能。

Noboru Matsuo等将从天然植物油得到的脂肪和甘油，在固定化脂肪酶的作用下合成富含1,30甘二酯的油脂。

五、酶法油脂提取

(一)酶法提油机理

油料中油脂主要存在于细胞液泡中,还有部分油与蛋白质、多糖等大分子化合物结合,存在于细胞质中。要将油脂从油料中提取出来,首先要将油料细胞壁破坏。细胞壁的主要成分为:果胶、纤维素、半纤维素和蛋白质。酶法提油原理系利用能降解植物油料细胞壁或对脂蛋白、脂多糖等复合体系有降解作用的酶作用于油料,使油脂从油料中释放而出。

(二)酶法提油方法

酶法提油工艺可分为以下两种:

1. 水相酶解水提油法

工艺路线如图 8-6 所示。

蛋白质
↑
油料→清理破碎→浸泡磨浆→热处理→酶解→固液分离→液相沉淀→浓缩→破乳→分离→油脂

图 8-6　水相酶解水提油法工艺路线

该法又称水酶法,粉碎油料在水相中进行酶解,以水为溶剂提取油脂。油料经研磨等处理后调节固液比,在适当条件下加酶酶解,酶解结束后固液分离,固相为植物蛋白,液相为油水混合物(乳化液),再经破乳分离得油脂。该过程分为粉碎、酶解、分离 3 个部分,其中酶解过程影响条件较多,一直是研究重点。

2. 水相酶解有机溶剂萃取法

工艺路线如下:

油料→水磨→热处理→酶解→己烷萃取→过滤(除固形物)→离心分离→有机相→回收溶剂→油脂。

该法是在水酶法基础上发展而来,即在酶解前或酶解后加入有机溶剂进行萃取,反应结束后分离水相和有机相,有机相经真空回收溶剂后得油脂;而油料蛋白(可溶性蛋白)则存于水相中。该法适用于油料果实和种子的提油。

第四节 酶在果蔬食品、果汁加工中的应用

果蔬类食品是指以各种水果或蔬菜为主要原料加工而成的食品。在果蔬类食品的生产过程中,为了提高产量和产品质量,常常加入各种酶。常用的有果胶酶、柚皮苷酶、橙皮苷酶、花青素酶等,主要用于果汁、果酒、果冻、果蔬罐头等的生产。

果胶在植物中作为一种细胞间隙物质而存在,它是由半乳糖醛酸以 α-1,4 键连接而成的链状聚合物,其羧基大部分(约 75%)被甲酯化,而不含甲酯的果胶称为果胶酸。果胶的一个特性是在酸性和有高浓度糖的存在下可形成凝胶,这一性质是制造果冻、果酱等食品的基础。但在果汁加工中,却会导致压榨与澄清困难。采用果胶酶处理破碎后的果块,可加速果汁过滤,促进果汁的澄清。1930 年美国的学者先把果胶酶应用于苹果汁的生产,每批生产能力可从每小时 10 t 提高到 12～16 t。食品工业使用的果胶酶一般是由黑曲霉、文氏曲霉或根霉生产的。

果胶酶在橘子罐头加工中已得到有效应用。黑曲霉所产生的半纤维素酶、果胶酶和纤维素酶的混合物可用于橘瓣除囊衣,已代替传统的碱法脱囊衣。

果胶酶(pectinase)是指催化水解果胶质的一组酶类。果胶质是由部分甲基化了的多聚半乳糖醛酸构成的高分子物质。在大分子链中,酶的作用位点包括内切、外切、甲基酯外切、聚半乳糖链中内切等 6 个不同的位点。果胶酶包括两大类:

一、果胶聚半乳糖醛酸酶(pectin polygalacturonase,PG)

按照其作用机制,该酶可分为:

(1)内切聚半乳糖醛酸酶(endo PG)。内切聚半乳糖醛酸酶可在果胶分子链的 α-1,4 糖苷键中任意切割,使果胶、果胶酸的黏度迅速下降。

(2)外切聚半乳糖醛酸酶(exo PG)。外切聚半乳糖醛酸酶作用于果胶分子链的末端,形成聚半乳糖醛酸和半乳醛酸,黏度降低不大,后者具有还原性。

(3)聚甲基半乳糖醛酸酶(PMG)。聚甲基半乳糖醛酸酶也可分为内切 PMG 和外切 PMG 两种。

(4)聚半乳糖酸裂解酶(polygalacturonate lyase,PGL)。又称果胶酸裂解酶(pectalelyase,PL),聚半乳糖酸裂解酶通过反式催化水解果胶酸分子链的 α-1,4 糖苷键,生成含有不饱和键的半乳糖醛酸酯。这种酶最适 pH 为 6.8～9.5,需要 Ca^{2+},可使果胶黏度迅速下降。

(5)聚甲基半乳糖醛酸裂解酶(polymethylgalacturon lyase,PMGL)。聚甲基半乳糖醛酸裂解酶通过反式催化水解高度甲基化的聚半乳糖醛酸中的 α-1,4 糖苷键,生成不饱和键的半乳糖醛酸酯,也有内切和外切之分。

二、果胶甲基酯酶(pectin methylecsterase,PE)

果胶甲基酯酶是催化水解果胶质中的甲基酯键的酶,脱下甲基成为甲醇,它是水果加工时,首先用的酶。为了完全达到果胶酸的水解,必须与 PG 配合使用。

水果组织的细胞壁主要由果胶质组成的初层以及由果胶质、纤维素、半纤维素组成的次层组成。水果的果胶物质含量可达 4%。当水果被挤压时,果胶物质分为两部分:水溶性果胶质存在于液相，形成果汁的黏性并带来诸多工艺问题；水不溶性果胶仍留存于细胞壁中。

果胶酶在果胶降解过程中有两种作用：脱酯以及解聚。果胶酯酶作用于果胶生成果胶酸及甲醇。此类酶在马铃薯和柑橘类水果中含量丰富，起果胶解聚作用的有果胶裂解酶与聚半乳糖醛酸酶，前者通过反式消除机理水解半乳糖苷键，生成具有不同甲氧基的寡聚糖，后者降解果胶生成半乳糖醛酸以及寡聚糖。

对于高果胶含量的软水果，其果汁由于黏度高，以一种半凝胶结构吸附于果胶中，压榨难以使之分离。向果浆中加入酶则凝胶结构破坏，黏度降低，果汁易榨出。这种方法应用于草莓加工可使果皮中的色素释放而赋予果汁均匀颜色。若与阿拉伯糖酶、纤维素酶一起使用，可大大提高出汁率、成品率。在澄清过程中，向果蔬汁中加果胶酶，可降低黏度，有利于过滤。

柑橘类水果包含的果胶甲基化酯酶使浆液中的果胶脱酯而与钙形成云状沉淀物，可加入聚半乳糖醛酸酶以降解果胶酸，使产品具有很好的稳定性并利于果汁浓缩。柑橘类水果中有两类苦味物质：类黄酮与柠檬苦素。柚苷在柑橘类水果汁中含量较多，使用真菌柚苷酶可将类黄酮脱苷而脱苦。

果胶酶是果蔬加工中有极其重要作用的酶类。特别结合华南地区果蔬资源情况，科学地应用果胶酶及其他酶，对大量种植的水果、蔬菜进行深度加工，具有重要实践意义。

果胶酶和半纤维素酶组成的复合果浆酶在果蔬加工中应用广泛。例如，加工胡萝卜、芹菜等蔬菜时，应用这种复合果浆酶，可以促使不溶性果胶和半纤维素水解成为可溶性果胶酸和糖类。在加工猕猴桃、草莓、樱桃、山楂等浆果时，采用这种复合酶制剂，也同样可提高果蔬汁的出汁率，还增加了色度、酸度和糖分等。

第五节　酶在肉制品和水产食品加工中的应用

一、酶在肉制品加工中的应用

对肉类加工应用的共同点是：专一性强，可以在温和条件下进行；可降低成本和原料消耗，提高生产效率；改善肉类性质，提高肉品质量，用酶制品加工的肉品中无有害成分残留。

（一）谷氨酰胺转氨酶在肉制品加工中的应用

谷氨酰胺转氨酶（TG）是一种能使蛋白质分子发生交联，使蛋白质分子由小变大的新型食品酶制剂。

1. 改善肉制品的质构

将谷氨酰胺转氨酶制剂应用于火腿中，可达到明显改善产品品质的效果。在乳化香肠、肉糕、鱼糕等食品中加入0.3%～0.6%的谷氨酰胺转氨酶，与对照组相比，产品的弹性大、感官特性好、得率高。

2. 增强保水性，提高产品得率

以禽胸脯肉为原料，加入大豆蛋白和转谷氨酰胺酶，制成肉饼，随着谷氨酰胺转氨酶添加量的增加，蒸煮损失呈逐渐下降趋势。

3. 提高原料利用率

由于谷氨酰胺转氨酶催化的蛋白质分子内和分子间形成的异肽键属于共价键，在一般的非酶催化条件下很难断裂，所以用该酶处理碎肉使其成型后虽经冷冻、切片、烹饪等也不会重新散开。

（二）中性蛋白酶从骨头上回收残存肉

蛋白酶制剂也可用于加工处理肉制品（如咸牛肉）、罐藏肉、去骨肉以及加工肉边角料。在去骨肉中，蛋白酶作用于骨膜结缔组织蛋白质，使之降解而利于肉的去除。这些肉可用于汤料、三明治涂抹料及宠物食品中。

（三）猪胰酶提高碎肉利用率

利用猪的胰脏提取的粗制胰酶，可以显著提高肉的水解率，分解肌原纤维，破坏肌纤维的结构，对肉起软化作用。

（四）嫩化酶及其在畜产品加工中的应用进展

禽畜屠宰中的天然蛋白质水解酶使肌肉蛋白质与结缔组织蛋白质水解，从而使肉嫩化的过程称为肉的成熟。使用外源蛋白酶可达到加速成熟的效果。常用的酶有木瓜酶、菠萝蛋白酶、无花果蛋白酶。微生物（枯草杆菌与米曲霉菌）蛋白酶制剂业已获准用于肉类处理。这些酶水解的温度较高，所以肉的嫩化是在烹调过程中发生的。为了解决肉中酶的均匀分布这一问题，有人建议使用预嫩化工艺：在屠宰前将嫩化酶浓缩液注入活动物的颈静脉而直接进入血流，通过循环系统而达到酶的均匀分布。此法可达到使动物尸体中甚至那些一般来说肉质坚硬的部位的肉都能嫩化的效果。预处理工艺不影响肉的品质、风味、外观。

二、酶在水产品加工中的应用

随着现代人对健康的重视程度越来越高，传统方法制得的水产品已经不能满足现代人的生活要求，利用酶技术加工水产品可以提高水产品的质量，改善水产品的营养价值，提升水产品的加工利用率。

（一）酶在鱼类加工中的应用

鱼类加工业中，蛋白酶可将不能食用的鱼及边角料加工生产鱼油、鱼肉及鱼溶解物。另外，酶也用于鱼类去膜、去皮（如虾）、去除内脏（如蛤）等中，在鱼露生产中酶可作为发酵的助剂。

（二）酶在虾蟹加工中的应用

虾蟹壳中含有钙、蛋白质、类胡萝卜素和类脂等营养物质。可利用酶对虾、蟹等加工下脚料进行处理，获得深加工产品。一种混合蛋白酶水解虾壳蛋白的工艺过程如图 8-7 所示。

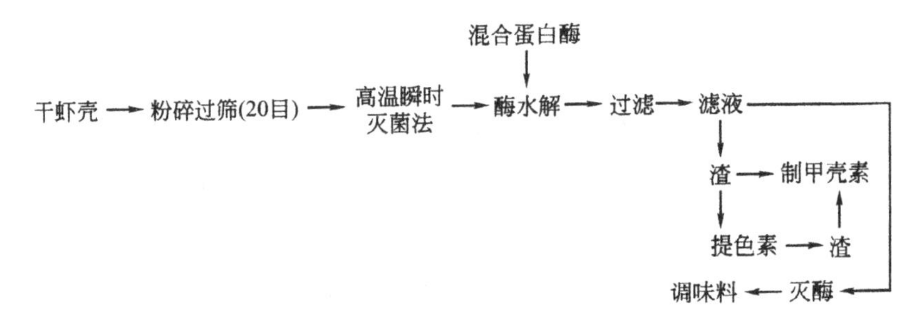

图 8-7　混合蛋白酶水解虾壳蛋白的工艺过程

（三）酶在贝类加工中的应用

扇贝边或贻贝干粉含有丰富的优质蛋白质，并含有多种微量元素，以其为主要原料，酶解后制成保健食品胶囊，具有提高机体免疫力、抗疲劳、改善心血管供血机能等显著生理作用。如将水解液精制浓缩，可制成氨基酸含量丰富、组成平衡、接近于理想模式的全营养复合氨基酸食品强化剂。

第六节　酶在乳品工业中的应用

在乳品工业生产过程中常用的酶主要有凝乳酶（制造干酪）、乳糖酶（分解乳糖）、脂肪酶（黄油增香）等。

凝乳酶在乳品工业中的应用最为常见。干酪生产的第一步是将牛奶用乳酸菌发酵制成酸奶，再加凝乳酶水解 κ-酪蛋白，在酸性环境下，Ca^{2+} 使酪蛋白凝固，再经切块、加热、压榨、熟化而成。用基因工程的方法将牛凝乳酶原生成基因植入大肠杆菌，已经表达成功，可生成凝乳酶。

乳糖酶可分解乳糖生成半乳糖和葡萄糖，乳糖是甜味低且溶解度低的双糖，牛奶中含有 4.5％的乳糖，有些人由于体内缺乏乳糖酶，在饮用牛奶后常发生腹泻、腹胀等现象；由于乳糖难溶于水，常在炼乳、冰淇淋中呈现沙样结晶而析出，影响风味；如将牛奶用乳糖酶处理，即可解决上述问题。

脂肪酶在乳制品的增香过程中发挥着重要的作用。乳制品的特有香味主要是由于加工过程中所产生的挥发性物质带来的，乳品加工时添加适量脂肪酶可增强干酪和黄油的香味，将增香黄油用于奶糖、糕点等可节约用量。

第七节　酶在酒类生产中的应用

一、酶应用于啤酒发酵生产

啤酒生产是以大麦为主要原料，大米或谷物和酒花为辅料。大麦制成麦芽，然后经过糊化、糖化、主发酵和后发酵等工序酿制成啤酒产品。整个过程都离不开植物细胞酶和微生物酶的作用。但是，由于原料质量的差别和内源酶的活性差异，影响糖化力、发酵度和产品风味。因此，在啤酒生产中除了采用啤酒专用淀粉糖浆代替部分辅料外，还可采用添加酶制剂解决以下问题。

（一）提高辅料比例，改善啤酒口味

在啤酒生产中，一般添加大米、玉米、小麦等作为辅料，其辅

料比例为30%左右，有的啤酒厂添加辅料高达40%～50%。提高辅料比例后，采用耐高温α-淀粉酶可降低粮耗，同时又可改善啤酒质量。其口感转向清爽型而受到顾客普遍欢迎。例如，美国啤酒辅料比例为40%～50%，制造出清爽型"百威啤酒"；丹麦用玉米渣为辅料，生产出世界有名的"嘉士伯啤酒"；我国北方大部分啤酒厂，辅料比例均在30%～45%，也同样可生产出优质啤酒。

(二).提高发酵度

发酵度是指原麦芽汁中的浸出物被酵母发酵所消耗的量与原浸出物总量的比值。这是啤酒酿造的重要参数之一，也是检查啤酒质量的一个重要因素。采用外加酶的方法，可以弥补麦芽中内源酶的不足，可增加发酵性糖，提高啤酒酿造的发酵度。在生产中采用黑曲糖化酶、真菌β-淀粉酶和脱支酶等。

糖化酶最适温度60℃，pH为4.0～4.5，加入量控制为10^5 U/mL，丹麦Novozyme公司生产的Fungamyl-8001真菌淀粉酶，最适温度50～60℃，pH为6.0～7.0，加入量为20～30g/t麦芽汁。

脱支酶能切断淀粉分子中的α-1,6键，异淀粉酶和普鲁兰酶均属于此类。但后者也能水解支键淀粉、糖原和其他β-极限糊精。丹麦Novozyme公司生产的Promozyme 200L能切支链的普鲁兰酶，可在糖化或发酵过程中提高其发酵度。

(三)固定化酶的应用

传统的啤酒酿造，后发酵需3周左右时间。采用固定化酵母技术，有利于工艺革新，可大大缩短啤酒后发酵时间。同时，可由原来分批发酵法改为连续化生产。目前此法仍在试验阶段，采用的设备为固定床和流化床生物反应器。

(四)酶法可降低双乙酰含量

双乙酰又名丁二酮($CH_3COCOCH_3$)，是啤酒酵母在发酵过程中形成的副产物。双乙酰会影响啤酒风味，是评价啤酒成熟与否的主要依据。双乙酰过量极大地影响啤酒风味，会使啤酒产生“馊饭味”。

一般成品啤酒的双乙酰含量不得超过 0.1 mg/L。在啤酒酿造中需要控制双乙酰的极限值 0.1～0.15 mg/L。加入 α-乙酰乳酸脱羟酶使其前体 α-乙酸乳酸转化为 3-羟基丙酮，从而有效地降低其双乙酰含量，可大大地加快啤酒的成熟和改善啤酒口感。

(五)改善麦芽汁过滤

麦芽汁中存在的 β-葡聚糖是一种黏性多糖，它由 β-1,4 键连接而成高分子多糖。一般添加 β-葡聚糖酶后，麦芽汁过滤速度可加快 33%，有效麦芽汁量也随之增加。

(六)提高啤酒稳定性

啤酒稳定性是指酿造的啤酒产品在保质期内无混浊、无杂味，保持口味纯正的能力。造成啤酒不稳定因素主要为生物混浊和非生物混浊。前者主要由微生物残留和污染引起的。因此，必须严格工艺操作和灭菌控制。而后者主要由蛋白质和多酚类物质引起的。同时，大麦中的 β-球蛋白与麦芽汁中的大麦表皮和酒花花色苷以氢键结合形成沉淀。解决非生物混浊的有效方法，是采用酸性蛋白酶降解溶液中的蛋白质，包括木瓜蛋白酶或菠萝蛋白酶，这些酶液称为“酶清”，以解决啤酒澄清问题。

我国国产木瓜蛋白酶活力一般为 10^5 U/mL，pH＝3～9，作用温度 60℃，在后发酵开始时添加，其添加量约为 10 g/t 啤酒。此外，还有的采用葡萄糖氧化酶以除去啤酒中的溶解氧，以防止啤酒氧化变质，提高啤酒稳定性。

二、酶法应用酒精和酒类生产

在酒精生产中，淀粉质原料的蒸煮是一个关键工序。采用连续高温蒸煮是我国的传统工艺，由于此法原料出酒率高，发酵容易控制，一直沿用至今。这一工艺必须采用耐高温 α-淀粉酶，此酶是一种内切淀粉酶，能随机水解淀粉 α-1，4 糖苷键变为可溶性糊精。在酿造生产中此酶适用于蒸煮前的调浆工序，其最适温度为 90～105℃，pH 为 5.5～7.0。但此法需要高温、高压，会造成淀粉分解成不发酵性糖，其淀粉损失为 1.2%左右，同时，还会造成设备腐蚀。随着酶制剂工业的发展，采用酶法低温或中温蒸煮工艺代替传统的高温蒸煮工艺是一个重要的技术革新。

低温蒸煮工艺采用 α-淀粉酶经过液化喷射器，温度控制在 80～85℃，而中温蒸煮工艺则采用耐高温 α-淀粉酶，温度控制在 100℃，对淀粉质原料进行充分糊化和液化。上述方法均已在山东省莒县酒厂、苏州太企酒精厂和东北某酒精厂得到有效的应用。

酶法应用于白酒、黄酒、食醋和酱油的生产中，主要在加曲糖化过程中采用外加糖化酶，可加速糖化工序，便于缩短生产周期。白酒包括大曲酒和小米曲酒。前者以高粱为主料，采用大曲和窖泥为糖化发酵剂，用地窖发酵生产茅台酒、五粮液等浓香大曲酒；后者则以大米为原料，采用小曲为糖化发酵剂，生产米香型白酒，例如桂林三花酒和五华长乐烧为代表的白酒。

传统大曲酒生产工艺是采用老五甑混蒸混烧法，其出酒率不高，为了提高出酒率，缩短生产周期和改革生产工艺，现在，已有一些厂开始应用糖化酶或采用活性干酵母。糖化酶的添加必须满足每克原料有 120～140 U/g 的糖化力。以 1 t 原料计算，必须用 5×10^4 U/g 的固体糖化酶量。可按下式计算：

固体糖化酶用量(%)＝原料用量×糖化力单位－大曲用量×大曲糖化力/所用固体酶的糖化力

＝(1 000×140－200×500)/50 000＝0.72(kg)

因此，对原料而言，酶活力为 5×10^4 U/g 的固体糖化酶的使用量为 0.72/1 000＝ 0.072%，即为 0.07%～0.1%。

其生产工艺流程如图 8-8 所示。

丢糟
原料
粉碎
配料
蒸煮糊化
出甑
加曲、糖化酶、酵母
入窖发酵
酒醅
蒸馏
窖藏
勾兑
成品

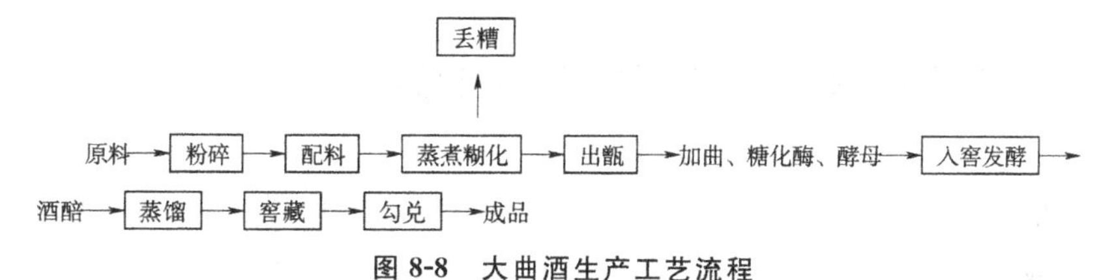

图 8-8　大曲酒生产工艺流程

传统小曲米酒以大米为原料经蒸煮后采用半固体发酵,边糖化边发酵。小曲为糖化发酵剂,出酒率不高,一般其出酒率在65%左右。为了提高其出酒率,采用添加糖化酶并与小曲中糖化酶协同作用,其生产工艺流程如图 8-9 所示。

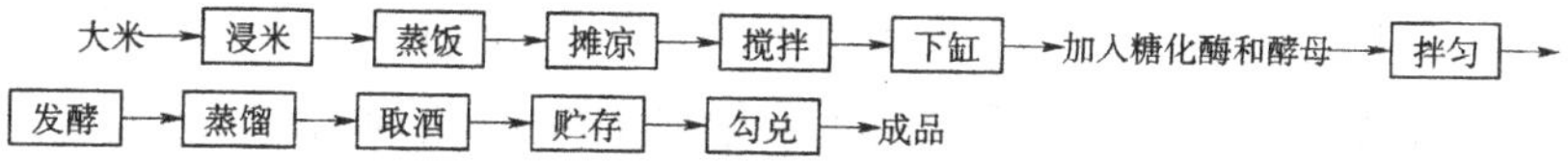

大米
浸米
蒸饭
摊凉
搅拌
下缸
加入糖化酶和酵母
拌匀
发酵
蒸馏
取酒
贮存
勾兑
成品

图 8-9　小曲米酒生产工艺流程

黄酒是我国三大传统酒之一,主要在我国南方江、浙一带盛产此类营养保健酒。为了提高黄酒生产效率,也同样在传统工艺生产基础上,在大米落缸发酵工序要适当添加糖化酶,与酵母起协同作用,边糖化边发酵,以提高黄酒质量和出酒率。

糖化酶加入量按大米量加入 5×10^4 U/g,与小曲一起混合均匀后加入饭缸进行糖化发酵。

第八节　酶在食品保鲜方面的应用

食品原料和配料在运输和贮藏过程中,常常由于受到微生物、氧气、温度、湿度、光线等因素的影响,而使其色、香、味及营养发生变化,甚至发生腐败变质,不能食用。此外,食品原料和配料的变质会直接影响到其后续加工和加工食品的品质,因此,各类食品原料和配料的防腐保鲜始终是一个需要解决的重要问题。

一、酶在粮油类原料防霉保鲜中的应用

粮油食品原料在贮藏过程中由于酶和微生物的作用而产生陈化或变质。如大豆脂肪氧化酶(lipoxygenase,LOX)能使多元不饱和脂肪酸(PUFA)氧化产生豆腥味;禾本科作物水稻陈化变质可由多元不饱和脂肪酸酶促降解所致。有研究表明,导致稻谷陈化变质的关键酶是脂肪氧化酶。脂肪氧化酶除存在于大豆和水稻中外,还广泛地存在于其他植物特别是高等植物体内。LOX_1、LOX_2 可能是影响种子生活力的关键因素。LOX_1、LOX_2 的缺失可以大大地延缓稻谷的陈化变质,延长种子生活力和寿命,使稻谷经长期贮藏后仍气味清香;LOX_3 缺失可以部分地延缓稻谷的陈化变质,但是对仓贮害虫如谷蠹等的危害具有明显的寄主抗虫性,所以可以通过控制食品原料中酶的活性来延缓这种变化。

二、酶在果蔬原料贮藏保鲜中的应用

果蔬在加工、运输和贮藏中,会受到很多因素的影响,从而使果蔬的某些特性发生改变,进一步影响果蔬及果蔬制品的色、香、味、营养等特性。

果蔬采后保鲜技术方法主要有:控温方法,包括冰温贮藏、低温胁迫和变温贮藏;气调保藏,即控制气体成分和湿度等;采用化学保鲜剂,主要有 10MCP、SO_2、硅酸钾、H_2O_2、次氯酸等,虽然保鲜效果显著,但可能带来健康危害和环境污染等问题。

(一)葡萄糖氧化酶的应用

葡萄糖氧化酶(glucose oxidase,GOD)对 β-D-葡萄糖具有高度专一性,可催化 β-D-葡萄糖反应,生成葡萄糖酸和过氧化氢。GOD 可作为除葡萄糖剂和除氧剂。

1.消除氧气保鲜

葡萄糖氧化酶作为一类有效除氧剂，可催化葡萄糖与氧反应生成葡萄糖酸和双氧水(双氧水本身具有杀菌作用)，达到保鲜目的。

2.脱除葡萄糖保鲜

含蛋白质及葡萄糖的脱水果蔬制品，在一定条件下，葡萄糖羧基和蛋白质氨基会发生 Maillard 反应生成类黑色素，使其外观品质下降。可用葡萄糖氧化酶脱糖处理脱水果蔬，防止其褐变。

(二)几丁质酶的应用

几丁质酶对多种果蔬采后病害引起的腐烂具有显著的防治作用。研究表明，几丁质酶对植物病原菌立枯丝核菌(Rhizoctoniasol anikuhn)有抑制作用；能有效地抵御这类真菌对番茄的感染；灰霉病菌和青霉病菌感染苹果的组织，可诱导苹果的几丁质酶进行抗病反应；几丁质酶对葡萄的病原菌灰葡萄孢霉有生物防治作用；链孢黏帚霉几丁质酶除对小麦雪腐病、葡萄白腐病、玉米黄斑病及斑点落叶病等病原菌的孢子萌发具有明显的抑制作用外，还能明显抑制核盘菌和立枯丝核菌的菌核萌发。

(三)溶菌酶、蛋白酶的应用

溶菌酶、蛋白酶等应用于拮抗菌保鲜技术。拮抗菌的保鲜机理之一是产生抗生素、细菌素、溶菌酶、蛋白酶、过氧化氢和有机酸等。其次，重寄生作用也是拮抗菌的保鲜机理之一。重寄生作用是指拮抗菌以吸附生长、缠绕、侵入、消解等形式抑制病原菌，以达到抑菌效果。

(四)抗坏血酸氧化酶的应用

将抗坏血酸氧化酶(ascorbic acid oxidase，AAO)应用于柑橘

汁保鲜,利用酶法脱氧的专一性、高效性和条件温和性脱除瓶装甜橙原汁中的溶解氧。该方法安全、条件温和、无副作用、操作简便,有较好的市场前景。

(五)纤维素酶的软化保鲜

某些蔬菜、水果纤维素酶通过适当处理可使细胞壁膨胀、软化,并可提高可消化性和改进食感。马铃薯、胡萝卜等经纤维素酶适当处理、干燥后,再加水时具有复原性,便于蔬菜、果品的贮存和运输。

三、酶在畜禽原料保鲜中的应用

畜禽原料包括肉品、乳品和蛋品等。

(一)酶在原料肉保鲜中的应用

1.溶菌酶的作用

在原料肉的保鲜中,溶菌酶作为一种天然蛋白质的绿色防腐保鲜剂,得到了广泛的研究及运用。溶菌酶是一种无毒、无害、安全性很高的蛋白质,能够在人体内消化吸收,无毒,无残留,且对人体具有多方面的保健功能,能够专一性地作用于肽聚糖分子的N-乙酰胞壁酸与N-乙酰葡萄糖胺之间的β-1,4-糖苷键,使微生物细胞壁变得松弛,失去对细胞的保护作用,最后使细胞溶解死亡,而对其他物质无反应。它是一种广谱抑菌剂,不仅对细菌有明显的抑制作用,对真菌和病毒也有一定的抑制作用,在一定程度上能够阻止或延缓原料肉变质,同时延长其货架保存期,溶菌酶可以作为一种绿色食品防腐剂,应用于原料肉的防腐、保鲜和杀菌等。

2.内源酶的作用

嫩度是肉的重要品质之一,很多研究者认为,宰后肌肉嫩度的变化是在多种酶的协同作用下完成的，包括钙蛋白酶(calpain)、钙蛋白酶抑制蛋白(calpastatin)和钙激活酶激活蛋白(calpain activator)。

通过蛋白酶的适度降解，肉质可以变得柔嫩多汁，口感更好；但如果内源酶过度降解肌纤维蛋白，肉质会非常柔软，失去固有弹性，从而降低食用品质。所以，在保鲜肉加工中应考虑内源酶的活性，使保鲜肉保持良好的品质。

3.冷却肉保鲜中的应用

近年来，为了延长冷却肉的货架期，许多学者将溶菌酶作为单一或复合保鲜剂用于冷却肉保鲜的研究。已有研究以溶菌酶为主要原料，开发出了一种纯天然冷却肉保鲜剂。它可以保证肉品在相对较长的时间内不变质、不腐败，而且能保持鲜肉的外观和滋味。

(二)酶在原料乳保鲜中的应用

原料乳的保鲜是世界性的难题。在发展中国家，高达20%的牛乳由于酸败而损失，原料乳质量差是普遍存在的问题。目前，国内外常用的原料乳的保鲜技术除传统的物理、化学方法以外，还有乳酸链球菌素保鲜法、二氧化氯保鲜法、溶菌酶保鲜法、蜂胶保鲜法、大黄色素保鲜法、壳聚糖保鲜法、乳过氧化物酶体系保鲜法等。

乳过氧化物酶(lactoperoxidase，LP)体系包括3个组分：乳过氧化物酶、硫氰酸盐和过氧化氢。LP是一种天然的捕杀微生物剂，天然的牛乳、人体和眼泪中都含有此酶。乳过氧化物酶本身单独存在时并没有杀菌作用，但与硫氰酸根(SCN^-)和H_2O_2共同形成的乳过氧化物酶体系(简称LPS)可通过酶反应杀死微生物或使广谱微生物失活。

LPS最典型的应用是在贮藏和运输至加工地过程中用于原料乳的保鲜。

采用LPS保存生鲜乳是迄今为止除了冷贮之外最有效的方法，不仅保鲜效果好、时间长、方法简便易行、成本低、经济效益显著，而且对人体无害，不影响牛奶的成分和质量。

(三)酶在蛋类保鲜中的应用

酶制剂也可应用于蛋类原料及制品的保鲜，但该类应用目前尚处于起始阶段。如用酶对蛋黄进行处理，生产改性“耐热蛋黄粉”。此外，鸡蛋卵清蛋白中糖蛋白的含量在80%以上，若用选择性蛋白酶(如链霉蛋白酶)处理这些糖蛋白，能够释放出具有重要生理活性的糖肽——卵清糖肽。研究酶在蛋类中的应用具有非常重要的理论意义及应用价值。

第九节　酶在食品分析方面的应用

一、酶法分析评价食品品质

在食品加工过程中，对未加工食品的品质评价、优化特定食品中的加工参数及酶制剂使用之前的分析是很重要的，酶分析方法就是利用这些食品品质发生变化过程中酶活力会随之变化的原理，测定酶活力的变化以指示食品品质发生变化的程度。表8-8为部分评价食品质量的指示酶。

表8-8　评价食品质量的指示酶

目的	指示酶	食品原料
适度热处理	过氧化物酶	水果和蔬菜
	碱性磷酸酶	乳，乳制品，火腿
	β-乙酰氨基葡萄糖苷酶	蛋

续表 8-8

目的	指示酶	食品原料
冷冻和解冻	苹果酸酶	牡蛎
	谷氨酸草酰乙酸转氨酶	肉
细菌污染	酸性磷酸酶	肉，蛋
	过氧化氢酶	乳
	谷氨酸脱羧酶	乳
	过氧化氢酶	青刀豆
	还原酶	乳
昆虫污染	尿酸酶	保藏谷物
	尿酸酶	水果产品
新鲜程度	溶血卵磷脂酶	鱼
	黄嘌呤氧化酶	鱼中次黄嘌呤
成熟度	蔗糖合成酶	马铃薯
	果胶酶	梨
发芽	淀粉酶	面粉
	过氧化物酶	小麦
色泽	多酚氧化酶	咖啡，小麦
	多酚氧化酶	桃，鳄梨
	琥珀酸脱氢酶	肉
风味	蒜氨酸酶	洋葱，大蒜
	谷氨酰胺酰基转肽酶	洋葱
	碱性磷酸酶和辣根过氧化物酶	橙汁
营养价值	蛋白酶	酶水解能力
	蛋白酶	蛋白质抑制剂
	L-氨基酸脱羧酶	必需氨基酸
	赖氨酸脱羧酶	赖氨酸

食品在冷冻和解冻过程中，酶会因为细胞的完整性被破坏而释放出来。这样，就可以根据测定释放出的酶的活力，检测食品原料在冷冻和解冻时的品质变化。

水果的成熟度与许多酶的活力变化相关，可以果胶酶酶活力大小作为判断梨成熟度的指标。颜色和风味是评价食品品质，乃至新鲜程度的重要指标，多酚氧化酶的活力反映了富含多酚类化合物的水果、蔬菜褐变的程度。同样，一些特殊风味酶可以作为某些蔬菜、水果特征风味强弱的指标。

二、酶法分析评价食品安全

食品安全事关国计民生，受到各国政府的高度重视和广大民众的广泛关注。食品安全快速检测技术是保障食品安全的重要手段。传统的超微量检测技术主要有气相色谱法和高效液相色谱法等，这些方法操作比较复杂，影响检测的效率。酶法分析具有较大的优势，尤其是20世纪80年代开始，酶联免疫分析方法的快速发展，开发了一系列的农药、兽药及其他小分子有害物质的酶联免疫检测技术及试剂盒、试剂条等快速检测产品，使酶联免疫分析技术成为当前国内外食品安全技术研究的热点之一。

（一）酶法检测食品中的农药残留

食品中残留的农药主要是除草剂、杀菌剂和杀虫剂，包括氨基甲酸酯类农药、拟除虫菊酯农药和有机氯农药等。目前，已研究了多种监测农药污染的方法。

1. 利用脂肪酶检测含氯杀虫剂及氨基甲酸酯杀虫剂残留

无荧光的4-甲基伞形酮庚酸酯在脂肪酶的催化下可分解为能发荧光的4-甲基伞形酮：含氯杀虫剂、艾氏剂、氨基甲酸酯杀虫剂如胺甲萘等，是脂肪酶的抑制剂。因此，上述反应在这些杀虫剂存在的条件下会受到抑制，从而导致荧光强度的下降。在一定的浓度范围内，荧光强度的下降和杀虫剂的浓度成正比，可以利用荧光法测定它们在食品中的含量，该方法的检测范围是0.1～100 mg/kg。

2. 应用 ELISA 检测食品中的农药残留

自 20 世纪 80 年代以来，免疫分析技术在农药残留检测中的应用较广泛，尤其是 ELISA 技术应用较多。目前，ELISA 分析技术已用于食品中氨基甲酸酯类农药、有机磷农药、拟除虫菊酯农药和有机氯农药等的残留检测。

表 8-9 为近年来国外部分资料所报道的 ELISA 检测农药残留的检测项目和检测限。

表 8-9 已报道的 ELISA 检测农药残留的检测项目和检测限

农药种类	农药名称	检测限	被测样品种类
除草剂	西玛津	1～10 mg/mL	水、乳粉
	草甘磷	0.076 mg/mL	水
	绿麦隆	0.015 mg/L	水、生物液体
	麦草畏	0.23 mg/L	水
杀虫剂	灭多威	0.9 ng/mL	兔毛
	克百威	0.01 μg/mL	乳、血、尿
	西维因	0.05 ng/mL	水、土壤、体液、食品
	氯菊酯	1.5 ng/mL	谷物
杀菌剂	噻菌灵	9 ng/mL	果汁、蔬菜
	噻苯咪唑	20 ng/mL	肝脏
	福美双	5 ng/mL	菜叶

3. 应用固定化酶、酶电极检测食品中农药残留

将胆碱酯酶做成固定化酶片、酶电极可以应用于各种报警器材中，以检测空气、水源、食品中的有机磷化合物。例如，山东京蓬生物药业公司在乙酰胆碱酯酶基础上开发研制的快速检测试纸可快速而准确地检测有机磷和氨基甲酸酯类农药残留，灵敏度达 0.01～5.00 mg/kg，准确率达 90%以上。

(二)酶法检测食品中的兽药残留

为促进动物生长,预防动物的各种传染病、寄生虫病的发生,越来越多的激素类兽药、抗菌药、抗寄生虫药被用作饲料添加剂,导致肉类食品中兽药残留超标现象日益严重。

1984年,Campbell等建立了检测氯霉素(chloramphenicol,CAP)的ELISA方法。他们以人工合成的氯霉素-牛血清白蛋白(CAP-BSA)为包被抗原,抗CAP-BSA为抗体,建立了间接ELISA方法检测CAP的标准曲线,并确定该法用于检测CAP的最小限量为0.1 ng/mL,最适检测范围为1～100 ng/mL。应用ELISA可检测肠衣中氯霉素残留量,氯霉素检测下限达到0.1 μg/kg。

目前,国外在应用ELISA方法检测兽药残留方面发展较快,对几乎所有重要的兽药残留检测已建立或正试图建立ELISA分析方法。

(三)酶法检测食品中的生物毒素

酶联免疫吸附分析法(ELISA)具有灵敏度高、干扰小、操作简便快捷、安全性高、污染小等优点,适合于食品中生物毒素的快速检测:

1.微生物毒素的检测

目前发现能引起人中毒的霉菌代谢产物至少有150种,常见的产毒真菌有曲霉属、青霉属和镰刀菌属等。常见的微生物毒素主要有黄曲霉毒素、伏马毒素、赭曲毒素、玉米赤霉烯酮、展青霉素、肉毒毒素、金黄色葡萄球菌肠毒素等。自1977年抗黄曲霉毒素B_1的单克隆抗体问世至今,几乎所有重要的微生物毒素的ELISA检测方法均已建立。

2.动物毒素的检测

贝类毒素与双壳纲如蚌、蚶、牡蛎、江珧(带子)及扇贝等有关,但并非由这些贝类产生。贝类是以藻类为食的滤食性动物,其毒性主要是由于贝类积聚的微小藻类,如涡鞭毛藻、硅藻、甲藻等所产生的毒素所致。大部分贝类毒素都溶于水,在热与酸的环境中稳定,且一般煮食方法不能去除。美国 Abraxis 麻痹性毒素检测试剂盒用于检测贝类、水产及环境中的腹泻性贝类毒素,检测限 3 μg/kg。

3. 植物毒素的检测

植物蓖麻毒素(ricin,WA)是一种具有两条肽链的高毒性的植物蛋白,主要存在于蓖麻子中。蓖麻毒素是一种细胞毒素,中毒后数小时出现症状,早期有精神不振、恶心呕吐、腹痛、腹泻、便血;继而出现脱水、血压下降、休克嗜睡;严重者可出现抽搐、昏迷、牙关紧闭,最后因循环衰竭死亡。郭建巍等建立的检测蓖麻毒素的双抗体夹心 ELISA 法,灵敏度高,操作简便快速,但检测自来水样回收率不高。

植物非蛋白毒素是小分子有机化合物,要与载体蛋白连接才能激发免疫反应。Tong 等采用苦马豆素—人血清白蛋白(SW-HBA)建立间接竞争 ELISA 法检测苦马豆素,结果显示,第二次免疫后一些山羊产生的抗-SW 抗体含量较高。Lapeik 等合成香豆雌酚的半抗原和偶联物,建立免疫分析方法检测香豆雌酚,此方法的线性范围为 20～4 000 pg/mL,检出限为 140 pg/mL,回收率为 94.8%,适合微量样品的检测。

(四)酶法检测食品中的有害微生物

在各种食品安全问题中,首要的问题是微生物污染。利用 ELISA 方法可以很好地弥补这些缺陷。ELISA 检测方法比常规培养法所需时间短,不需要特殊实验设备,肉眼即可观察结果,样品易保存:对于常规培养法无法检测到"活的非可培养状态",ELISA 在这方面具有一定的潜力。

镰刀菌能引起植物的根腐、茎腐、花腐和穗腐等多种病害,其对饲料产品的危害不容小视，尤其是它对母猪的毒副作用已对养殖业造成了一定的损失。据报道，M. s. Lyer 等利用间接 ELISA 法检测食品和饲料中的镰刀菌，可检测出 $10^2 \sim 10^3$ cfu/mL 的含量。

将 4-甲基香豆素基-β-萄聚糖苷酶掺入选择性培养基中，样品中如果有大肠杆菌存在，大肠杆菌中的 β-葡聚糖苷酶就会将其水解，生成甲基香豆素。甲基香豆素在紫外光的照射下发出荧光，由此可以监测水或食品中是否有大肠杆菌污染。

研制的用于检测食品品质的微生物传感器，实际测量了发酵罐中啤酒酵母菌总数及鲜牛乳中的细菌总数，结果分别与显微镜下直接计数法及平板接种 24 h 菌落计数法吻合。测量时间仅需数分钟，基本做到了现场、实时的测定。免疫传感器还应用于食品污染的检测，如食品中金黄色葡萄球菌和鼠伤寒沙门氏菌的检测。

(五)酶法检测食品添加剂和非法添加物

食品添加剂是食品中一种常见的物质，它是为改善食品品质和色、香、味以及为防腐保鲜和加工工艺的需要而加入食品中的化学合成或天然物质。

洋红酸是一种蒽醌类天然色素，常用作调味料的添加剂：由于其杂质可使人体过敏，导致过敏性哮喘等疾病，因此必须使用精制的色素制品。Yoshida 和 Takagaki 建立了针对食品添加剂洋红酸的竞争 ELISA 分析法，检测到面酱和海鲜酱等红色调味料中的洋红酸含量超标：该法检测限低至 0.2 mg/g，是一种快速灵敏的检测方法。

酸法水解生产的动植物蛋白液中含有氯丙醇，它对人体的肝、肾和神经系统有损害，是调配酱油和各种复合调味酱的一大污染源。黄晓钰等制备了特异性识别氯丙醇的单克隆抗体，并建立了快速检测酱油中痕量氯丙醇的 ELISA 方法。

市场上曾出现在食品中掺入罂粟壳等毒品的事件，严重危害人民身体健康。现有的检测方法，如比色法、极谱法、色谱法和免疫分析法无法有效检测样品中的这类物质，而新建立的罂粟碱酶联免疫吸附分析方法灵敏度高，特异性强，操作方便，能快速检测。

参考文献

[1]于殿宇. 酶技术及其在油脂工业中的应用[M]. 北京:科学出版社,2017.

[2]胡爱军,郑捷. 食品工业酶技术[M]. 北京:化学工业出版社,2014.

[3]赵学超. 酶在食品加工中的应用[M]. 广州:华南理工大学出版社,2017.

[4]李斌,于国萍. 食品酶工程[M]. 北京:中国农业大学出版社,2010.

[5]曹健,师俊玲. 食品酶学[M]. 郑州:郑州大学出版社,2011.

[6]巴延德尔勒. 酶在果蔬加工中的应用[M]. 北京:中国轻工业出版社,2015.

[7]何国庆,丁立孝. 食品酶学[M]. 北京:化学工业出版社,2015.

[8]李斌. 食品酶学与酶工程[M]. 北京:中国农业出版社,2017.

[9]彭志英. 食品酶学导论[M]. 北京:中国轻工业出版社,2009.

[10]刘欣. 食品酶学[M]. 北京:中国轻工业出版社,2007.

[11]高向阳. 食品酶学[M]. 北京:中国轻工业出版社,2016.

[12]贾蓓蕾,魏涛,黄申,等. α-胡萝卜素降解产香菌株的分离、鉴定及发酵条件优化[J]. 食品与发酵工业,2015,41(1):34-39.

[13]魏涛,封盛雪,毛多斌,等. 根霉 ZZ-3 脂肪酶发酵条件的

优化及酶学性质研究[J]. 食品工业,2011(2):20-23.

[14]张飞,魏涛,刘寅,等. 缬氨酸转氨酶拆分 DL-缬氨酸的催化条件[J]. 食品与发酵工业,2013,39(2):41-44.

[15]张兰威. 发酵食品原理与技术[M]. 北京:科学出版社,2018.

[16]张春红. 食品酶制剂及应用[M]. 北京:中国计量出版社,2008.

[17]黄京平. 食品酶工程[M]. 北京:中国农业大学出版社,2010.

[18]郭勇. 酶工程[M]. 北京:科学出版社,2017.

[19]陈清西. 酶学及其研究技术[M]. 厦门:厦门大学出版社,2015.

[20]段钢,姜锡瑞. 酶制剂应用技术问答[M]. 北京:中国轻工业出版社,2014.

[21]韦和平,李冰峰,闵玉涛. 酶制剂技术[M]. 北京:化学工业出版社,2012.

[22]周济铭. 酶制剂生产及应用技术[M]. 重庆:重庆大学出版社,2014.

[23]刘毅. 酶技术在食品加工与检测中的应用[J]. 食品工程,2015(3):12-14.

[24]陈燕银. 微生物酶技术在食品加工与检测中的应用[J]. 现代食品,2016(5):94-96.

[25]江正强,杨绍青. 食品酶技术应用及展望[J]. 生物产业技术,2015(4):17-21.

[26]衣婷婷,刘均洪. 食品中酶技术的应用[J]. 食品科技,2003(6):1-2+13.

[27]吴巨贤,石晓艳,黄和,等. 固定化酶技术在食品中的主要应用[J]. 中国食品工业,2010(2):49-50.